国家级一流本科专业建设成果教材

高分子结构与性能的现代测试技术

高分子材料与工程系列
Polymer Materials and Engineering

Advanced Testing Techniques for
Polymer Structures and Properties

阮文红　杨立群　章明秋　等 编

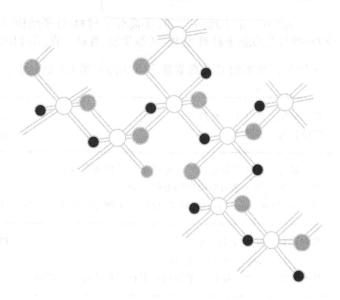

化学工业出版社

·北京·

内 容 简 介

高分子材料的结构与性能密切相关，先进的现代测试技术为深层次研究高分子材料的结构与性能提供了重要保障。本书融合了高分子结构分析和高分子材料性能的理论、测试技术方法及实验教程，介绍了高分子结构与性能以及它们之间存在的内在联系和基本规律。

本书共分为 7 章：高分子结构部分包括第 1 章绪论，第 2 章高分子的化学结构，第 3 章高分子的分子量及溶液构象，第 4 章高分子的凝聚态结构；第 5 章高分子的分子运动和热力学分析，作为高分子结构与性能内在联系和基本规律的桥梁；高分子的性能部分包括第 6 章高分子的性能分析，第 7 章高分子的形态分析。

本书可作为高等院校高分子科学领域以及高分子材料与工程类研究生的教材，也可作为相关专业本科生的参考教材，对从事高分子科学和高分子材料研制、开发、测试工作的科技人员也是一本有参考价值的专业书籍。

图书在版编目（CIP）数据

高分子结构与性能的现代测试技术/阮文红等编 . —北京：
化学工业出版社，2023.5（2025.1重印）
国家级一流本科专业建设成果教材
ISBN 978-7-122-43041-0

Ⅰ.①高⋯　Ⅱ.①阮⋯　Ⅲ.①高分子材料-分子结构-高等
学校-教材②高分子材料-性能-高等学校-教材　Ⅳ.①TB324

中国国家版本馆 CIP 数据核字（2023）第 039645 号

责任编辑：吕　尤　杜进祥　　　　　　　文字编辑：胡艺艺　杨振美
责任校对：王鹏飞　　　　　　　　　　　装帧设计：韩　飞

出版发行：化学工业出版社（北京市东城区青年湖南街 13 号　邮政编码 100011）
印　　装：北京盛通数码印刷有限公司
787mm×1092mm　1/16　印张 11¾　字数 304 千字　2025 年 1 月北京第 1 版第 2 次印刷

购书咨询：010-64518888　　　　　　　　售后服务：010-64518899
网　　址：http://www.cip.com.cn
凡购买本书，如有缺损质量问题，本社销售中心负责调换。

定　　价：39.00 元

从 20 世纪 20 年代 Staudinger 创立高分子学说以来已经过去了百余年，高分子科学已经成为一门富有活力的学科，在与医学、信息学、环境学的交叉渗透中不断发展。高分子材料也走入千家万户，成为人们生活中不可或缺的部分，同时在现代工程学的推动下，向着绿色化、高性能化和多功能化发展。

高分子科学的发展和高分子材料性能的提升离不开各种现代测试技术。现代测试技术能够帮助高分子科学的研究人员更加准确地了解材料的结构和性能，并以此促进高分子科学的发展，设计出性能更加优良、具有更强功能性的材料。高分子结构与性能的现代测试技术种类繁多，随着科学技术的发展，各种新的测试技术不断地涌现，原有的技术也在革新发展。本书从高分子科学规律出发，较为全面地覆盖高分子的结构与性能测试中最为常用的现代分析手段，包括高分子化学结构的测定、分子量和溶液构象的测定、凝聚态结构的测定、热力学和动力学分析、性能分析和形态分析等现代测试技术。在对这些技术的基本原理和应用进行介绍的基础上，根据多年的教学实践，总结了具有代表性的实验案例，便于教学单位开展实验教学，希望读者能够通过实验来对各个技术进行进一步的理解。同时与时俱进，总结了高分子结构与性能的最新测试技术，以开拓读者的视野。

本书分为 7 章，编写分工如下：第 1 章绪论，由杨立群编写；第 2 章高分子的化学结构，杨立群编写第 2.1 节和第 2.4 节，陈旭东和刘红梅共同编写第 2.2 节，阮文红编写第 2.3 节；第 3 章高分子的分子量及溶液构象，杨立群编写第 3.1 节和第 3.2 节，陈水挟和易菊珍共同编写第 3.3 节；第 4 章高分子的凝聚态结构，由杨立群编写；第 5 章高分子的分子运动和热力学分析，曾春莲和章自寿共同编写第 5.1 节，符若文编写第 5.2 节；第 6 章高分子的性能分析，章明秋和杨桂成共同编写第 6.1 节，杨立群编写第 6.2 节，阮文红编写第 6.3 节；第 7 章高分子的形态分析，阮文红编写第 7.1 节至第 7.4 节，张艺编写第 7.5 节。全书由阮文红和杨立群修改和统稿。本书的编写得到"聚合物复合材料及功能材料教育部重点实验室"、"广东省高性能树脂基复合材料重点实验室"和中山大学化学学院同事们的大力支持与帮助，也得到国内高分子界同仁的关心。在此我们表示衷心的感谢！

本书可作为高等院校和科研院所攻读高分子科学和高分子材料与工程专业的本科

生和硕士研究生的教学用书，也可为从事高分子材料研究和生产的科研人员和工程技术人员提供有价值的参考，使读者对高分子结构与性能的现代测试技术有更加全面的了解。

材料的现代测试技术涉及各个学科的专业知识，内容繁多，编者水平有限，编写时间短促，书中难免会有疏漏和不妥之处，敬请各位读者批评指正。

阮文红　杨立群　章明秋
2023 年 5 月于中山大学

目录

第1章

绪 论

高分子科学是研究高分子的合成、结构（链结构和凝聚态结构）、性能、加工及应用的科学，具有较强的理论性和实践性。高分子材料已成为国民经济的基础产业和国家安全的重要保障。随着科技的快速发展和人民对美好生活的向往，高分子科学正与材料科学、信息科学、生命科学和环境科学等学科相互交叉融合，对推动社会进步、改善人们生活质量发挥着重要作用。所以，高分子科学的发展直接影响到与国民经济和社会发展密切相关的能源、信息、生物、农业、环境、人口与健康等领域的发展与进步。

高分子材料的结构与性能密切相关，高分子结构与性能之间存在内在的联系及其基本规律（图1-1），高分子通过分子运动表现出不同物理状态和宏观性能，不同结构的高分子、高分子不同的分子运动方式使得高分子材料体现出不同的宏观性能，即使是同一种高分子，由于外界环境（如温度、作用力等）造成的分子运动差异，也能使高分子材料表现出完全不同的宏观性能。所以，高分子结构与性能的关系及其基本规律对于高分子材料的设计、合成、加工以及实际应用起着至关重要的作用。

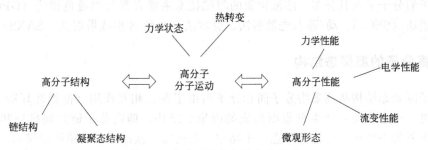

图1-1 高分子结构与性能的关系

高分子结构与性能研究的目标是建立连接高分子材料结构与性能关系的桥梁，掌握高分子材料在不同尺度结构的形成机制与控制因素，揭示高分子材料独特的相态和形态选择规律，为构筑具有特定结构的高分子材料提供新途径和新技术，实现对高分子材料的性能优化和新功能开发，拓宽高分子材料在各领域的应用。

先进的现代测试技术为深层次研究高分子材料的结构与性能提供了重要保障，本书融合了高分子结构分析和高分子材料性能的理论、测试技术方法及实验教程，让学生学习和掌握高分子结构分析与性能测试实验的基础知识、基本操作和基本性能，强调这些实验的综合性和先进性，突出"个性化"培养。

1.1 高分子的结构

1.1.1 高分子的化学结构

高分子的化学结构一般分为近程结构和远程结构。高分子链近程结构即其化学结构和立体结构，包括高分子结构单元的化学组成、结构单元的键合结构（键合方式和键合序列）、单个链的键合方式(线型、支化、交联和星型)、结构单元的立体构型和空间排列（旋光异构和几何异构）。近程结构的测试技术主要有核磁共振法、红外光谱法、荧光光谱法、拉曼光谱法以及紫外-可见光谱法等。高分子链远程结构指高分子链的尺寸和构象，具体见第 1.1.2 节。

1.1.2 高分子的分子量及溶液构象

高分子链的尺寸（大小）通常用高分子的分子量及其分布来表征。高分子的分子量具有分子量高及多分散性特点，根据统计学原理计算出的高分子分子量分为数均分子量（$\overline{M_n}$）、重均分子量（$\overline{M_w}$）、黏均分子量（$\overline{M_\eta}$）和 Z 均分子量（$\overline{M_z}$），分子量分布参数包括分子量分布宽度指数（σ^2）和分子量分散系数（d）。

高分子链中含有大量的单键，能像有机小分子一样进行内旋转。由于单键内旋转而产生的高分子在空间的不同形态称为构象。研究高分子链构象的参数主要有均方末端距（$\overline{h^2}$）、均方旋转半径（R_g）和持续长度（α）等。根据高分子溶液理论，高分子在溶液中主要呈现棒状链、蠕虫状链、螺旋链等构象。

高分子的分子量及其分布、溶液构象的测试技术主要有凝胶渗透色谱法（GPC）［即体积排除色谱法（SEC）］、动/静态光散射法、黏度法和小角 X 射线散射法（SAXS）。

1.1.3 高分子的凝聚态结构

高分子凝聚态结构指高聚物分子间和分子内由于存在相互作用（范德瓦耳斯力、氢键、分子间配键、疏水作用）产生聚集而形成的凝聚态结构，即高分子链之间排列和堆砌的结构。高分子凝聚态结构主要包括晶态、非晶态、取向态、液晶态以及单链凝聚态，是直接影响高分子材料性能的关键因素之一。高分子的凝聚态结构的测试技术有 X 射线衍射法（XRD）、差示扫描量热法（DSC）以及微观图像法。

1.2 高分子的分子运动和热力学分析

高分子在恒定外力作用下，形变随着等速升温而变化。随着温度由低到高，高分子主要经历三种不同的力学状态（即力学三态）——玻璃态、高弹态和黏流态，它们反映了不同的分子运动状态。高分子的力学三态与高分子材料的力学特征、分子热运动及松弛过程有关，是一种动态力学概念。高分子在恒定外力不同温度下或恒定温度不同外力作用时间（或频率）下都显示出相同的力学三态和两个转变。高分子分子运动和热力学分析的测试技术主要有差示扫描量热法（DSC）、差热分析法（DTA）、热重分析法（TGA）、动态力学分析法（DMA）。

1.3 高分子的性能分析

1.3.1 力学性能分析

高分子较高的分子量及其分子运动明显的松弛特性，使得高分子的力学性能体现出黏弹性和高弹性的特点，高分子的力学行为强烈依赖于温度和外力作用时间（或频率）。高分子的黏弹性表现为突出的力学松弛现象，分为静态黏弹性（蠕变和应力松弛）以及动态黏弹性（滞后和力学损耗），可采用DMA法研究高分子的动态黏弹性。

模量是描述高分子材料力学行为的主要物理量，包括弹性模量、剪切模量和体积模量，其中弹性模量中的拉伸模量（即杨氏模量）最为常用。在实际应用中，机械强度是评价高分子材料力学性能的重要指标。机械强度是指材料所能承受的最大应力，是材料抵抗外力破坏能力的量度，主要包括拉伸强度、断裂伸长率、压缩强度、弯曲强度、冲击强度、硬度和疲劳等。

1.3.2 电学性能分析

高分子在外加电压或电场作用下表现出各种电学性能，包括在交变电场中的介电性质，在强电场中的击穿现象，处于机械力、摩擦、热和光等环境作用下的静电、热电和光电等现象，以及导电高分子的导电性。高分子的电学性能与其结构密切相关，能够反映高分子材料内部结构的变化和分子运动的情况。所以，高分子电学性能的表征已经成为一种研究高分子结构和分子运动的重要手段。

高分子在外加电场中完成诱导极化过程需要一定的时间，即存在介电松弛现象。在一定频率下测定高分子的介电损耗随温度的变化，或在一定温度下测定高分子的介电损耗随频率的变化，可以得到与高分子运动相关的介电松弛温度谱或介电松弛频率谱。此外，利用高分子在电场进行极化的过程中产生的驻极现象，可以通过热释电流谱研究高分子的分子运动。

1.3.3 流变性能分析

当温度升高到黏流温度以上时，线型高分子在外力作用下产生不可逆形变，高分子由高弹态转变为黏流态，形成熔体。在外力作用下，黏流态的线型高分子既表现出非牛顿流体的流动性（不可逆形变），又表现出分子链构象变化导致的弹性形变（可逆形变）。高分子的流变性能反映了其组成、结构、分子量及分子量分布等结构特性以及加工过程中的物理化学变化过程。所以，流变性能分析不仅有助于研究高分子的结构，而且对于正确有效地进行高分子材料加工成型具有重要的指导意义。例如在热塑性塑料和合成纤维的加工成型过程中，挤出、注塑和吹塑等几乎都是在高分子的黏流态进行。高分子的流变性能主要是通过测定各种黏度参数［牛顿黏度（η_0）、表观黏度（η_a）、微分黏度（η_c）、复数黏度（η^*）］或模量［弹性模量（G''）和损耗模量（G'）］进行研究。

1.4 高分子的微观形态分析

通过高分子的微观形态能直观地观察高分子晶体结构以及多相体系聚合物材料的形态，有助于深层次研究高分子的结晶机理、高分子复合材料的增强和增韧机理以及破坏机理。随着显微技术的快速发展和普及，微观形态分析法已被广泛用于研究高分子材料的结构和性能，例如透射电镜法（TEM）、扫描电镜法（SEM）、原子力显微镜法（AFM）、比表面分析法和金相显微镜法等。

【思考题】
① 阐述高分子结构与性能之间关系及其重要性。
② 简述高分子结构分析的方法和技术。
③ 简述高分子运动的特点及其热力学分析技术。
④ 简述高分子性能分析的方法和技术。

参 考 文 献

[1] 韩艳春. 高分子结构与性能 [J]. 科学通报，2016，61（19）：2101.
[2] 杨玉良，胡汉杰. 高分子物理 [M]. 北京：化学工业出版社，2001.
[3] 何平笙. 新编高聚物的结构与性能 [M]. 北京：科学出版社，2009.
[4] 董炎明，朱平平，徐世爱. 高分子结构与性能 [M]. 上海：华东理工大学出版社，2010.
[5] 马德柱，何平笙，徐种德. 高聚物的结构与性能 [M]. 北京：科学出版社，1995.
[6] 张俐娜，薛奇，莫志深，等. 高分子物理近代研究方法 [M]. 武汉：武汉大学出版社，2003.
[7] 薛奇. 高分子结构研究中的光谱方法 [M]. 北京：高等教育出版社，1995.
[8] 何曼君，张红东，陈维孝，等. 高分子物理 [M]. 上海：复旦大学出版社，2007.
[9] 符若文，李谷，冯开才. 高分子物理 [M]. 北京：化学工业出版社，2005.
[10] 冯开才，李谷，符若文. 高分子物理实验 [M]. 北京：化学工业出版社，2004.

第2章

高分子的化学结构

2.1 核磁共振波谱法

核磁共振（nuclear magnetic resonance，NMR）来源于原子核能级间的跃迁，即用一定射频的电磁波对样品进行照射，使特定结构环境中的原子核发生共振跃迁，记录发生核磁共振时的信号位置和强度，即得到核磁共振波谱，其共振信号反映了官能团和构象等分子结构信息。

2.1.1 核磁共振理论概述

(1) 磁核

NMR 的研究对象是具有磁矩的原子核（磁核），即存在自旋运动的同位素原子核。这些原子核的自旋运动与自旋量子数（I）有关，只有 $I \neq 0$ 的原子核才是 NMR 的研究对象。

$I = 0$：中子数和质子数均为偶数的原子核（如 ^{12}C、^{16}O、^{32}S 等），无核磁共振现象。

$I \neq 0$：中子数和质子数其一为奇数的原子核（如 $I = 1/2$ 的 ^{1}H、^{13}C、^{15}N、^{19}F、^{31}P 等），或中子数和质子数均为奇数的原子核（如 $I = 1$ 的 ^{2}H、^{14}N 等），均能产生核磁共振现象。其中，最适合用于 NMR 研究的为 $I = 1/2$ 的原子核，这是因为这类原子核的电荷均匀分布于原子核表面，不具有电四极矩，核磁共振的谱线较窄。

(2) 核磁共振

在外加静磁场中（图 2-1），$I \neq 0$ 的原子核绕其自旋轴旋转，并且围绕静磁场方向（z 轴）产生拉莫尔（Larmor）进动。当外加静磁场频率与拉莫尔频率相同时，电磁波的能量传递给原子核，使原子核发生能级跃迁，产生核磁共振现象。

假设自旋原子核的磁矩（μ）与外加磁场方向之间的夹角为 θ，那么，原子核与磁场相互作用的能量（E）为：

$$E = -\gamma m \hbar H_0 \tag{2-1}$$

式中，γ 为磁旋比；m 为原子核的磁量子数（$m =$

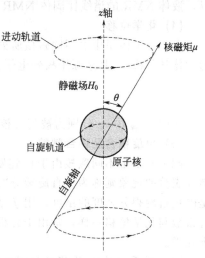

图 2-1 自旋原子核在静磁场中的进动

I，$I-1$，…，$-I$）；$\hbar$ 为约化普朗克常量 $[\hbar=h/(2\pi)$，h 为普朗克常量]；H_0 为外加静磁场的强度。

原子核吸收电磁波能量后发生的跃迁遵从 $\Delta m=\pm1$ 选律，即原子核只能在相邻能级间发生跃迁。根据公式(2-2)可得出相邻两能级间的能量之差（ΔE）为：

$$\Delta E=\gamma\hbar H_0 \qquad (2-2)$$

假设外加静磁场的电磁波频率为 ν_0，根据 $\Delta E=h\nu_0$，那么，公式(2-2) 可转化为：

$$\nu_0=\gamma H_0/(2\pi) \qquad (2-3)$$

将 ν_0 转化为圆频率（ω_0），可得到公式(2-4)，即拉莫尔方程，ω_0（rad/s）或 ν_0（Hz）则被称为拉莫尔频率：

$$\omega_0=2\pi\nu_0=\gamma H_0 \qquad (2-4)$$

从拉莫尔方程，我们可以解释核磁共振现象：在具有拉莫尔频率的静磁场中，$I\neq0$ 的原子核绕其自旋轴旋转，并且自旋轴与静磁场方向保持某一夹角 θ 而围绕静磁场发生拉莫尔进动，此时原子核有效地吸收电磁波辐射的能量，从低能级跃迁到相邻的高能级，实现核磁共振。

(3) 弛豫过程

当把 $I\neq0$ 的原子核放在外加静磁场中时，原子核的磁能级产生裂分，原子核吸收电磁波的能量从低能级跃迁到高能级，产生核磁共振信号；而高能级的原子核可通过自发辐射回到低能级，最后高、低能级上分布的原子核数量基本相等，核体系无净能量，导致核磁共振信号消失。所以，为了能连续地获得核磁共振信号，就需要合理地选用磁场强度，使高能态的原子核能够回到低能态，以保持低能态原子核的布居数始终略大于高能态布居数，该过程即为弛豫过程。

在从高能态回到低能态的过程中，磁核将能量转移至周围粒子（环境），这一弛豫过程被称为"纵向弛豫"，也被称为"自旋-晶格弛豫（spin-lattice relaxation）"，这里的"晶格"指"环境"。纵向弛豫通常用半衰期 t_1 表示，t_1 越小，弛豫效率越高。固体的振动和转动频率较小，t_1 可达几个小时，液体和气体 t_1 一般为 $10^{-2}\sim100\text{s}$ 之间。

在从高能态回到低能态的过程中，磁核将能量转移给另外一个磁核而发生的弛豫过程则被称为"横向弛豫"，即"自旋-自旋弛豫（spin-spin relaxation）"，用 t_2 表示。固体和黏稠液体的 t_2 一般都很小，液体和气体的 t_2 大约为 1s。NMR 谱线的宽度与 t_2 成反比，所以，液体 NMR 的谱线比固体 NMR 的谱线窄，峰形较尖锐，分辨率较高。

(4) 化学位移

由于分子体系中的不同磁核所处的化学环境不同，而产生不同的共振频率，该现象被称为"化学位移"，其来源于核外电子云的磁屏蔽效应。无量纲的化学位移值（δ）定义为：

$$\delta=\frac{\nu_{\text{样}}-\nu_{\text{标}}}{\nu_{\text{标}}}\times10^6 \qquad (2-5)$$

式中，$\nu_{\text{样}}$ 和 $\nu_{\text{标}}$ 分别为被测磁核和标准物磁核的共振频率，Hz。

(5) 自旋耦合及耦合常数

同一分子中不同磁核由于自旋发生相互作用的现象称为"自旋耦合"，由此产生 NMR 谱线裂分的现象则称为"自旋裂分"。由自旋耦合产生裂分的谱线间距离称为"耦合常数"，是磁核自旋裂分强度的量度，用 J 表示，单位为 Hz，其数值随磁核所处的环境而改变。耦合常数与化学位移一样，常用于分析有机物和高分子的价键结构。氢核的耦合常数可分为以下几类。

^1J：最重要的 ^1J 为氢核与碳核的耦合常数 $^1J_{^{13}\text{C}^1\text{H}}$。

^2J：指同碳二氢（相隔两个化学键）的耦合常数，也称为同碳耦合常数（$^2J_{gem}$）。

^3J：指邻近碳相连的氢核（相隔三个化学键）的耦合常数，也称为邻碳耦合常数（$^2J_{vic}$）。

长程耦合 J：跨越四个以上化学键的耦合称为长程耦合。饱和体系的长程耦合 J 值随耦合跨越的键数增加而很快减小，不饱和体系中由于 π 电子的存在，使耦合作用能传递得更远，所以，不饱和体系长程耦合 J 值一般比饱和体系长程耦合 J 值大。

2.1.2 液体核磁共振技术

由于液体 NMR 谱线较窄，峰形较尖锐，分辨率较高，所以，液体 NMR 应用领域较为广阔，例如分析化合物的结构、研究反应机理以及主客体分子的相互作用机理等。

(1) 氘代溶剂

对于液体 NMR 实验，为了避免普通溶剂的质子对测试样品的干扰，需要将样品溶解在氘代溶剂中。氘代溶剂的要求是对测试样品不产生信号干扰、对样品的溶解性能好、配制的样品溶液稳定。氘代溶剂通常残留未氘代的含质子物质，在 NMR 谱图中出现溶剂峰。例如氘代水（D_2O）试剂中含有少量的 HDO，其质子峰出现在约 4.7 处，根据公式（2-6）可计算出 0~50℃温度下 HDO 的 ^1H 化学位移，该质子峰也可用作测试样品的化学位移基准峰：

$$\delta = 5.060 - 0.0122T + (2.11 \times 10^5)T^2 \tag{2-6}$$

式中，δ 为化学位移；T 为测试温度，℃。

(2) 内标试剂

在液体 NMR 测试中，需要在测试样品的溶液中加入标准物才能获得测试化合物的磁核的化学位移 [公式(2-5)]，即"内标法"，所加入的标准物则被称为"内标"。内标法的优点是可以抵消由溶剂等测试环境引起的误差。

四甲基硅烷（tetramethyl siloxane，TMS）易溶于有机溶剂，是一种应用最为广泛的内标试剂，将其化学位移定为零点。然而，TMS 不溶于水，所以，对于水溶性样品采用 D_2O 作溶剂时，常用的内标试剂是三甲基硅基丙酸钠（sodium trimethylsilyl propionate，TSP）或 3-(三甲基硅基)-1-丙磺酸钠盐 [3-(trimethylsilyl)-1-propanesulfonic acid sodium salt，DSS]，将它们三甲基硅基的化学位移定为零点。图 2-2 为三种常用内标试剂的化学结构式。

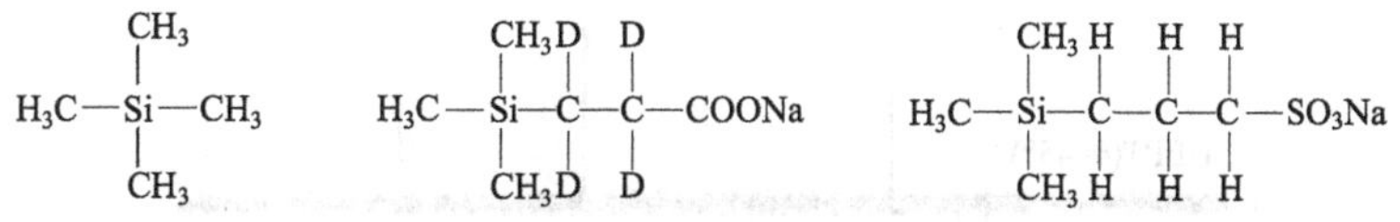

图 2-2 常用内标试剂的化学结构式

(3) 匀场和锁场

使用 NMR 仪的样品测试过程中，磁场强度应该均匀且单一，并且磁场不发生漂移，这样才能使相同的磁核无论处于样品的何种位置都能给出相同的共振峰。所以，为了获得高分辨率的 NMR 谱图，通常在 NMR 实验中需要采用匀场和锁场处理。

匀场：在样品区域增加或减少匀场线圈中的电流以补偿外磁场不均匀性，从而得到窄的 NMR 谱线。

锁场：不间断地测量某一参照信号（氘信号）并与标准频率进行比较，如果出现偏差，则此差值被反馈到磁体并通过增加或减少辅助线圈的电流来进行矫正。

(4) ^{1}H NMR

^{1}H NMR 谱图能提供有关高分子重要的结构信息，主要是化学位移和峰面积，对于分子量较小且黏度较小的高分子样品，还可得出耦合常数和质子峰裂分情况等结构信息。

^{1}H NMR 谱的化学位移范围一般为 0～12。由于高分子分子量较大，在溶液中的运动较慢，T_2 一般都很小，所以，高聚物溶液的 ^{1}H NMR 谱线比小分子溶液的 ^{1}H NMR 谱线宽，核磁峰重叠现象较为严重，分辨率较低。

峰面积能定量地反映质子的信息，即质子的峰面积与其数量成正比。测定出各官能团中质子数量之比对解析高分子的结构至关重要，这使得 ^{1}H NMR 成为了一种定量解析高分子结构的重要表征技术。

(5) ^{13}C NMR

碳链高分子的主链全部由碳原子以共价键相连而成，碳原子的结构信息至关重要，所以，对于碳链高分子的结构分析，^{13}C NMR 的重要性大于 ^{1}H NMR。此外，^{13}C NMR 谱的化学位移范围一般为 0～200，远远大于 ^{1}H NMR 谱的化学位移范围，能提供更为细微的结构信息。

无畸变极化转移增强（distortionless enhancement by polarization transfer，DEPT）通过改变氢核的第三脉冲宽度 θ（使 θ 为 45°、90°和 135°），使各种类型的 ^{13}C 信号在谱图中呈不同的单峰形式。如图 2-3 所示，$\diagdown$C$\diagup$ 在任何 θ 时都无信号；$\theta=45°$ 时，$\diagdown$CH— 、—CH$_2$—和—CH$_3$ 的峰都为正向；$\theta=90°$ 时，只出现 $\diagdown$CH— 的正向峰；$\theta=135°$ 时，$\diagdown$CH—和—CH$_3$ 的峰为正向，而—CH$_2$—峰为负向。DEPT 能高效快速地区分 ^{13}C NMR 谱中的伯碳、仲碳、叔碳和季碳，有助于解析碳链高分子的结构，如线型、支化（包括无规支化、梳型支化和星形支化）以及交联结构。DEPT 技术具有高灵敏度的特点，已成为一种常规测试高分子结构的表征方法。

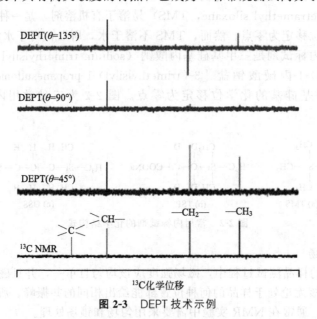

图 2-3 DEPT 技术示例

(6) 二维 NMR

二维（2D）NMR 是经过两次傅里叶变化得到的两个独立频率变量的 NMR 技术，含有两个时间变量。2D NMR 主要包括以下三类。

① J 分辨谱（J-resolved spectroscopy）：也被称为 δ-J 谱，简称 J 谱，两个频率轴分别代表化学位移和耦合常数的信息。J 谱包括同核 J 谱和异核 J 谱。

② 化学位移相关谱（chemical shift correlation spectroscopy）：也被称为 δ-δ 谱，两个频率轴都包含化学位移的信息，表示共振信号的相关性。化学位移相关谱是 2D NMR 技术的核心，主要包括同核位移相关谱（COSY、COSY-45、COSYLR、DQF-COSY、TQF-COSY 和 TOCSY），异核位移相关谱（H，C-COSY、COLOC 和 H，X-COSY），检出 ^{1}H 的异核位移相关谱（HMQC、HSQC 和 HMBC），NOE 类 2D NMR（NOESY 和 ROESY）。这些 2D NMR 技术能够反映高分子的化学位移、构象和分子运动等信息，是高分子结构表征的重要手段。

③ 多量子谱（multiple quantum spectroscopy）：通常测定的 NMR 谱线为单量子跃迁（$\Delta m = \pm 1$），采用特定的脉冲序列可以检出多量子跃迁（Δm 大于 1 的整数），得到多量子跃迁的二位谱，例如 2D INADEQUATE 可用于研究碳原子的连接顺序。

2D NMR 技术缩写词注释：

COSY：^{1}H-^{1}H chemical shift correlation spectroscopy（^{1}H-^{1}H 化学位移相关谱）；

COSY-45：第二个脉冲角度为 45°的 COSY；

COSYLR：COSY optimized for long range coupling（优化长程耦合 COSY）；

DQF-COSY：double-quantum filtered COSY（双量子滤波 COSY）；

TQF-COSY：triple-quantum filtered COSY（三量子滤波 COSY）；

TOCSY：total correlation COSY（全相关 COSY）；

H，C-COSY：^{1}H-^{13}C chemical shift correlation spectroscopy（^{1}H-^{13}C 化学位移相关谱）；

COLOC：(heteronuclear shift) correlation spectroscopy via long range coupling［长程耦合的（异核位移）相关谱］；

HMQC：heteronuclear multiple-quantum coherence（异核多量子相关谱）；

HSQC：heteronuclear single-quantum coherence（异核单量子相关谱）；

HMBC：heteronuclear multiple-bonds correlation（异核多键相关谱）；

NOE：nuclear Overhauser effect，分子内（或分子间）相距较近的两核（$\leqslant$5Å，1Å = 0.1nm），若对其中一个核进行辐射并使之达到跃迁饱和状态，无辐射的另一个核的谱峰强度发生改变，这即为核的 Overhauser 效应；

NOESY：nuclear Overhauser effect spectroscopy（二维 NOE 谱）；

ROESY：rotating frame Overhauser effect spectroscopy（旋转坐标系中的 NOESY）。

2.1.3　固体核磁共振技术

由于大多数高分子材料的使用状态是固态，所以，固体 NMR 技术在分析固态高分子材料的结构和微观物理化学中发挥着重要作用。高分子材料主要由氢和碳原子组成，固态质子间存在着强烈的同核偶极-偶极相互作用，很难获得高分辨率的固体 ^{1}H NMR 谱。这使得固体 ^{13}C NMR 技术在高分子材料研究中占有十分重要的地位。

对于液体 NMR，分子在液体中的快速运动使得其各向异性（如化学位移各向异性、偶极-偶极相互作用等）被平均化，因而液体 NMR 具有高分辨率（谱线一般小于 1Hz）。但是，在固体 NMR 中，固态分子的缓慢运动导致几乎所有各向异性的相互作用均被保留下来，谱线严重增宽，甚至无法分辨谱线的任何细致变化。为了获得较高分辨率的固体

^{13}C NMR 谱图，目前常用为魔角旋转（magic angle spinning，MAS）技术、偶极去偶（dipolar decoupling，DD）技术和交叉极化（cross polarization，CP）技术。

(1) MAS

当固体样品以 54.4°（即魔角）绕 z 轴快速旋转时，每个分子都连续经过一系列的相对于外磁场的重新取向，可以消除偶极相互作用（如 ^{13}C 同核偶极相互作用）、化学位移各向异性和四极作用，产生类似液体核磁样品的各向异性平均化，有利于解决固体样品因各向异性引起的谱线加宽问题。

(2) DD

高分子固体 ^{13}C NMR 谱线较宽的另一个重要原因是质子所引起的 ^{1}H-^{13}C 异核偶极相互作用。偶极去偶使质子的自旋能态发生变化，当自旋速率大于 ^{1}H-^{13}C 偶极相互作用的速率时，可消除 ^{13}C 核受到的异核偶极作用。为了达到该目的，通常使用较强的、频率范围为 $40 \sim 500 \, Hz$ 的辐射，以激发所有的质子，改变其自旋的能态。相比之下，标量去偶只需要较低的能量就能消除 ^{1}H-^{13}C 异核偶极相互作用。

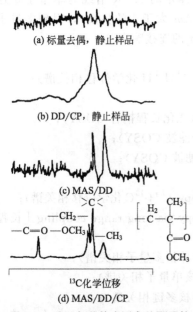

图 2-4　采用各种技术测定的聚甲基丙烯酸甲酯的固体 ^{13}C NMR 波谱

(3) CP

由于 ^{13}C 同位素自然丰度很低，磁旋比小，自旋-晶格弛豫时间长（T_1 可达几个小时）等因素，使得固体 ^{13}C NMR 的灵敏度较低。采用 CP 技术，即把 ^{1}H 自旋状态较大的极化转移给 ^{13}C 核，可以将 ^{13}C NMR 的灵敏度提高四倍，从而提高信噪比。

(4) MAS/DD/CP 联用的固体高分辨 ^{13}C NMR

为了获得高分辨的固体 ^{13}C NMR 谱图用于高分子材料的研究，通常将 MAS、DD 和 CP 三种技术联用进行高分子的固体 ^{13}C NMR 实验。以聚甲基丙烯酸甲酯（PMMA）的固体 ^{13}C NMR 为例，可对比看出 MAS/DD/CP 联用的高效性（图 2-4）。

2.1.4　核磁共振波谱法在高分子领域的应用研究

液体和固体 NMR 在高分子的结构表征中都发挥着极其重要的作用，液体 NMR 还可用于研究高分子的反应动力学及其反应机理、超分子组装体系的分子间相互作用、高分子构象的转变等。固体 NMR 已广泛用于研究固态高分子材料的微观物理化学（高分子链间相互作用）、多相高分子复合材料的微观结构、导电高分子在导电过程中的构象转变及动力学、智能高分子水凝胶中链段或基团运动的动力学等。

(1) 高分子的结构表征

通常采用 ^{1}H NMR 谱积分的方法获得质子的峰面积（即积分曲线相应的两个水平台阶之间的高度），根据不同官能团质子的峰面积之比等于质子数之比来定量分析高分子的结构。图 2-5 是

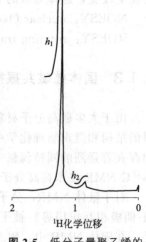

图 2-5　低分子量聚乙烯的 ^{1}H NMR 谱

采用^{1}H NMR 积分法定量分析低分子量聚乙烯结构的实例，化学位移为 1.2 和 0.9 的两个质子峰分别归属为聚乙烯的—CH$_2$—和 CH$_3$—质子，它们的积分之比（h_1/h_2）为 8∶1。根据聚乙烯的结构式 CH$_3$(CH$_2$)$_n$CH$_3$，CH$_3$—质子数量为 6，因此，可计算出—CH$_2$—的数量为 48，进一步得出该聚乙烯的分子式为 CH$_3$(CH$_2$)$_{24}$CH$_3$。

海藻酸盐含有古罗糖醛酸（G）和甘露糖醛酸（M）两种单体单元 [图 2-6(a)]，其中古罗糖醛酸能与金属离子通过络合作用形成稳定的海藻酸盐水凝胶。该水凝胶具有很好的生物相容性、降解性、力学性能以及类似"卵盒"的空腔网络结构，在细胞的培养方面独具优势，因此，海藻酸盐水凝胶在生物材料领域具有很好的应用前景。图 2-6(b) 为含不同金属离子的海藻酸盐水凝胶的^{13}C CP/MAS NMR 谱图，古罗糖醛酸和甘露糖醛酸单体的羧基^{13}C 信号峰出现在 170～180 内，C1 的^{13}C 信号峰出现在约 102，在 60～90 范围出现的多重峰归属为不同海藻酸盐的 C1～C5。

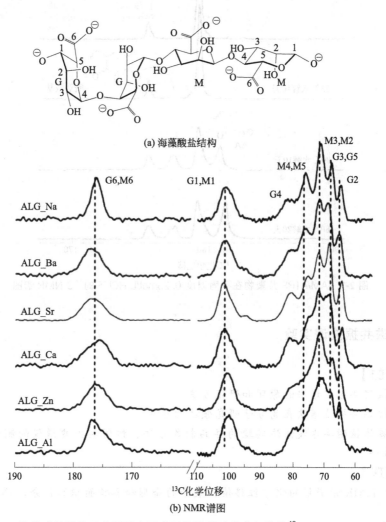

(a) 海藻酸盐结构

(b) NMR谱图

图 2-6 海藻酸盐结构及含不同金属离子的海藻酸盐水凝胶的^{13}C CP/MAS NMR 谱图

（2）高分子的反应动力学及其反应机理

丙烯酰胺/丙烯酰胺叔丁基磺酸（AM/ATBS）共聚物在室温下具有较好的耐高温和耐

盐性，适合在海洋环境使用。为了研究 AM/ATBS 共聚物的水解机理，将 AM/ATBS 共聚物置于不同温度下的 0.25mol/L HCl 溶液中，得到的 ^{13}C NMR 谱图如图 2-7 所示。共聚物中 AM 和 ATBS 单体的羰基 ^{13}C 信号分别出现在约 180 和 176 处；25℃水解 10 天后在约 178 处出现共聚物中聚丙烯酰胺链段在酸性条件下产生的酰亚胺基的 ^{13}C 信号峰，随着水解时间的延长和温度的升高，该信号峰强度不断加强，并且在约 180～182 处出现了 AM/ATBS 共聚物水解产物丙烯酸盐（AA）单体的信号峰。根据这些信号峰的强度和水解时间进一步研究了水解速率及水解反应动力学，表示 AM 链段的水解是决定整个共聚物水解速率的关键步骤。

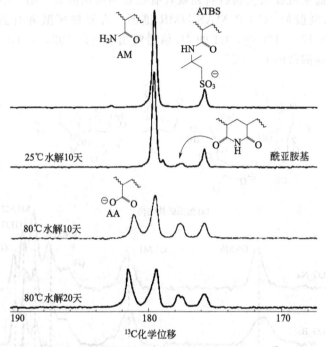

图 2-7 AM/ATBS 共聚物在不同温度 0.25mol/L HCl 下的 ^{13}C NMR 谱图

2.1.5 核磁共振波谱实验

【实验目的】

① 学习核磁共振波谱法的原理和研究方法。

② 了解核磁共振波谱法在高分子研究领域的应用。

③ 掌握液体核磁共振波谱法实验的样品制备方法、核磁共振波谱仪的测试技术及其数据分析处理方法。

【实验原理】

根据液体 NMR 谱提供的化学位移值、裂分的峰形和各峰面积的积分，解析高分子的化学结构。

本实验以聚（N-异丙基丙烯酰胺）[poly(N-isopropyl acrylamide)，PNIPAM] 为实验样品，学习液体 NMR 法（^{1}H NMR 和 ^{13}C NMR）解析高分子结构的实验技术。PNIPAM 分子链中含有亲水性酰胺基和疏水性异丙基（图 2-8），使得 PNIPAM 呈现温度敏感特性：线型 PNIPAM 的水溶液升温至约 33℃时由均相体系转变成非均相体系，化学交联的 PNI-PAM 水凝胶当升温至 32℃左右时体积骤然收缩。这种特殊的温敏性使得 PNIPAM 类高分子材料在药物控释、生化分离以及化学传感器等领域得到广泛应用。

【仪器】

Bruker advance Ⅲ傅里叶变换核磁共振波谱仪（400MHz，Bruker，瑞士），核磁样品管（$\varphi=5$mm）。

核磁共振波谱仪的共振频率根据[1]H的频率命名，即[1]H共振频率＝$42.57708\times H_0$（MHz），其中 H_0 为磁场强度，单位为 T（特斯拉）。例如，400MHz 的核磁共振波谱仪，其磁场强度为 9.4T。目前核磁共振波谱仪的最高共振频率为 1000MHz。

图 2-8 PNIPAM 结构式

【试剂】

PNIPAM 和二氯甲烷-d2（含 TMS 内标）。

【实验步骤】

① 试样配制：取一支干燥洁净的核磁样品管，以二氯甲烷-d2（含 TMS 内标）为溶剂，配制质量浓度为 30mg/mL 的 PNIPAM 溶液（0.5mL）。

② 按照图 2-9 所示方法，将装有试样的核磁样品管插入核磁转子，然后放在量规中，调整到合适位置。

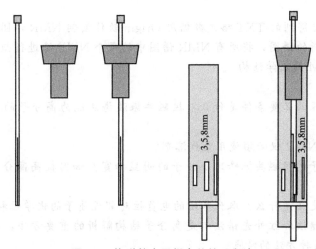

图 2-9 核磁管在量规中的放置方法

③ 将调整好位置的转子取出并放入自动进样器的某个孔内，并记下进样孔的号码。

④ 测试电脑的布鲁克核磁界面（IconNMR），按照相关程序设置实验参数。

a. 输入用户名密码：第一个样品才需要；

b. 鼠标移动到与放置样品孔位相同的号码（holder），右击鼠标，点击"Add"；

c. 样品名处输入样品名；

d. 溶剂处选择二氯甲烷-d2；

e. 在实验中选择 proton-氢谱；

f. 右击鼠标，选择"Submit"提交实验；

g. 将步骤 e. 更换为选择 Carbon-碳谱，右击鼠标，选择"Submit"提交实验；

h. 将步骤 e. 更换为选择 DEPT-碳谱，右击鼠标，选择"Submit"提交实验。

⑤ 测定完毕，从自动进样器中取出样品管。

【注意事项】

① 应使用完好洁净的核磁样品管，以免由于核磁样品管在核磁实验测试过程中发生破

裂而损伤 NMR 波谱仪。

② 核磁样品管进样前，使用量规调整到合适位置。

③ NMR 波谱仪是大型精密仪器，实验中应特别仔细，以防损坏仪器。

【数据处理】

① 打开电脑桌面的核磁处理程序 MestReNova 。

② 点击 File 的 OPEN，打开核磁谱图（文件夹中的 fid 文件）。

③ 依次点击以下快捷键分析谱图。

a. 基线调整：点击 ；

b. TMS 定标：点击 放大 0.0 附近的 TMS 峰，将光标线移至该峰的峰值处，点击 ，在出现的图框内输入 0.00；

c. 标峰：点击 ，可选择其中选项进行自动标峰或手动标峰；

d. 积分：点击 。

④ 保存谱图原始数据：点击 File 的 SAVE AS，选择 TXT 格式，保存。

【结果与讨论】

① 将 NMR 实验得到的 TXT 格式数据用 Origin 软件绘制 NMR 谱图。

② 对照仪器分析的谱图，将所有 NMR 谱图中的每个 NMR 峰进行归属，查阅相关文献资料，解析 PNIPAM 的化学结构。

【思考题】

① 产生核磁共振的必要条件是什么？核磁共振波谱法能为高分子的结构解析提供哪些信息？

② 为什么高场 NMR 仪必须使用氘代溶剂？

③ 为什么高分子的核磁共振峰比小分子的明显加宽？如何提高高分子 NMR 谱图的分辨率？

④ 化学位移的定义是什么？取代基团的电负性对邻近质子的化学位移有哪些影响？

⑤ 核磁共振波谱法和红外光谱法都是高分子结构解析的重要方法，以一种具体的高分子为例，试分析这两种方法的特点。

2.2 红外光谱法

物质吸收辐射能量后引起分子振动的能级跃迁，记录跃迁过程而获得的光谱为红外光谱。

2.2.1 红外光谱法的基础理论

红外光谱又称分子振动转动光谱，属分子吸收光谱。样品受到频率连续变化的红外光照射时，分子吸收其中一些频率的辐射，分子振动或转动引起偶极矩的净变化，使振-转能级从基态跃迁到激发态，相应于这些区域的透射光强减弱，记录透过率 $T\%$ 对波数或波长的曲线，即红外光谱。

红外光谱仪适用于液体、固体、气体、金属材料表面涂层等样品。它可以检测分子结构特征，可对物质进行定性鉴别，亦可用于定量分析。

对于任何样品，只要量足够多，都可以得到一张红外光谱。红外光谱可以测定有机物、无机物、高分子、配位化合物，也可以测定复合材料、木材、粮食、饰物、土壤、岩石、各种矿物、包裹体等等。对于不同的样品要采用不同的红外制样技术。对于同一样品，也可以采用不同的制样技术。要得到一张高质量的光谱图，制样技术或制样技巧是非常重要的。

红外光区分三个区段。近红外区：$0.75\sim2.5\mu m$，$13333\sim4000cm^{-1}$，泛频区（用于研究单键的倍频、组频吸收）；中红外区：$2.5\sim25\mu m$，$4000\sim400cm^{-1}$，基频振动区（各种基团基频振动吸收）；远红外区：$25\sim1000\mu m$，转动区（价键转动、晶格转动）。红外光区分区框图如图 2-10 所示。

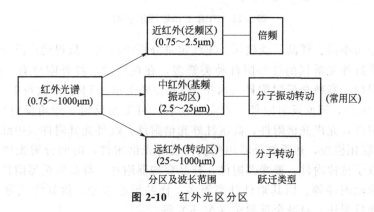

图 2-10　红外光区分区

傅里叶变换红外光谱仪（FTIR）是利用光的相干性原理而设计的干涉型红外分光光度仪。傅里叶变换红外光谱仪由红外光源、光阑、迈克尔孙（Michelson）干涉仪、样品室、检测器以及各种红外反射镜、氦氖激光器、控制电路板和电源组成。由红外光源发出的红外辐射光，通过迈克尔逊干涉仪产生干涉光，透过样品后，检测器得到带有样品信息的干涉图。FTIR 工作原理框图如图 2-11 所示。干涉图包含光源的全部频率和与该频率相对应的强度信息，当有一个有红外吸收的样品放在干涉仪的光路中，由于样品能吸收特征波数的能量，结果所得到的干涉图强度曲线就会相应地产生一些变化，用计算机处理后把干涉图转换为红外吸收谱图。FTIR 工作原理示意图如图 2-12 所示。

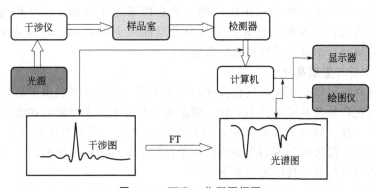

图 2-11　FTIR 工作原理框图

傅里叶变换红外光谱仪具有操作步骤简单、所需样品量少、谱图特征性强、分析速度

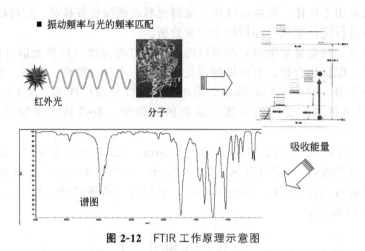

■ 振动频率与光的频率匹配

红外光   分子   吸收能量

谱图

图 2-12 FTIR 工作原理示意图

快、准确度和分辨率高、样品不受破坏、定性定量分析等特点，故得到广泛应用。

傅里叶变换红外光谱仪的红外附件种类繁多，在现阶段，红外附件有：红外显微镜附件，拉曼光谱附件，衰减全反射附件（水平 ATR、可变角 ATR、单次反射 ATR、圆形池 ATR），漫反射附件，镜面反射附件（固定角反射、可变角反射、掠角反射），变温光谱附件，偏振红外附件，光声光谱附件，高压红外光谱附件，红外光纤附件（中红外光纤、近红外光纤），色红联用模块，热重红外联用模块，发射光谱附件，时间分辨光谱附件，高分子制膜附件，高分子拉伸附件，聚光器附件，样品穿梭器附件，样品振荡器附件，红外气体池附件，红外液体池附件等。因其附件种类繁多，样品形态多变，故其常规分析方法有压片法、涂膜法、漫反射法、衰减全反射法（ATR）等。

2.2.2 红外光谱法在高分子领域的应用研究

随着红外光谱仪器硬件技术（漫反射、衰减全反射等配件）和计算机软件技术（如差谱技术、红外光谱谱图压缩数据库及其网络传输等）的高速发展，红外光谱技术的应用领域迅速拓宽，逐渐普及为常规的测试技术。如红外光谱法在临床医学和药物分析方面得到了广泛的应用，另外在化学、化工方面的应用，在环境分析方面的应用，在半导体、超导材料和高分子材料上的应用都得到了广泛的发展。

红外光谱法在高分子材料研究中的应用主要在以下七个方面：①分析与鉴别高分子；②高分子反应的研究；③共聚物研究；④高分子结晶形态的研究；⑤高分子取向的研究；⑥高分子表面的研究；⑦高分子材料的组成分布。

2.2.2.1 分析与鉴别高分子

由于每一种官能团和化合物都具有特异的吸收光谱，其特征吸收谱带的数目、频率、形状和强度均会因化合物及其聚集状态而异，根据化合物的吸收光谱便可找出该化合物，这就像辨认人的指纹一样。因红外操作简单，谱图的特征性强，因此是鉴别高分子很理想的方法。通过红外光谱不仅可区分不同类型的高分子材料，而且还可以依靠指纹区谱图来区分某些结构相近的高分子材料，具体实例如下所述。

例 1，尼龙-6、尼龙-7 和尼龙都是聚酰胺类高分子，结构式如图 2-13 所示，它们具有相同的官能团，其区别是链的长度不同。因此它们在 $1400 \sim 800 \mathrm{cm}^{-1}$ 指纹区的谱图是不一样的，可据此来区别这三种高分子。

例 2，醋酸纤维是纤维素经酯化反应得到的，结构式如图 2-14 所示。与纤维素纤维结构不同之处在于其含有酯键，因此在指纹区的 $1310cm^{-1}$ 有与酯键伸缩振动有关的吸收峰可用于与纤维素纤维加以区别。

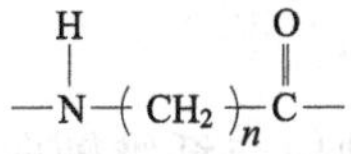

图 2-13 聚酰胺类高分子结构式

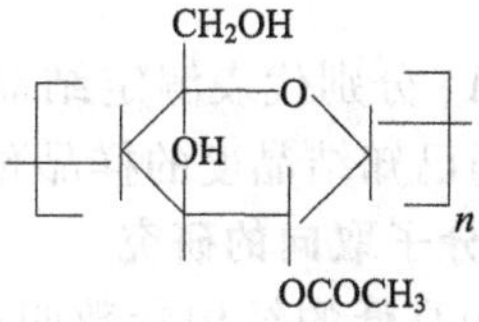

图 2-14 醋酸纤维结构式

例 3，PP（聚丙烯）与 PIB（聚异丁烯）、PS（聚苯乙烯）与 AMPS（2-丙烯酰胺-2-甲基丙磺酸）、MPA（丙二醇甲醚乙酸酯）与 PMMA（聚甲基丙烯酸甲酯），天然蛋白质纤维包括羊毛、驼毛、兔毛、蚕丝等结构相近的高分子材料，也可根据它们在指纹区的特征，结合实践经验加以区别。

2.2.2.2 高分子反应的研究

用傅里叶变换红外光谱法，可通过直接对高分子反应进行原位测定来研究高分子反应动力学，包括聚合反应动力学、固化、降解和老化过程的反应机理等。

要利用红外光谱进行高分子反应研究，必须解决以下 3 个问题：首先，样品池既要保证能按一定条件反应，又要能进行红外光谱检测；其次，选择一个既受其他峰的干扰小又能表征反应进行程度的特征峰；最后，要能定量地测定反应物（或生成物）的浓度随反应时间（或温度、压力）的变化。根据朗伯-比尔定律，只要测定所选特征峰的吸光度（峰高或峰面积法均可），就能将其换算成相应的浓度。

2.2.2.3 共聚物研究

共聚物的性能和共聚物中两种单体的链节结构、组成和序列分布有关。要得到预期性能的共聚物，必须研究共聚反应过程规律，掌握两种单体反应活性的比率，即竞聚率，以及两种单体的浓度比与生成共聚物的组成比。上述各项参数都可以用红外吸收光谱法来测定。

以 N-乙烯基吡咯烷酮（VP）与甲基丙烯酸-β-羟乙酯（HEMA）共聚反应为例，单体转化率：

$$P(t) = (A_0 - A_t)/(A_0 - A_\infty) \times 100\% \qquad (2\text{-}7)$$

式中，A_0、A_t、A_∞ 分别为初始状态下、时间为 t 时以及转化率为 100% 时定量峰的面积。

总转化率为：

$$P_{总} = f_{vp}P_{vp} + (1 - f_{vp})P_{HEMA} \qquad (2\text{-}8)$$

式中，f_{vp} 为 VP 单体投料的摩尔分数。

2.2.2.4 高分子结晶形态的研究

高分子的结晶度也是影响其物理性能的重要因素。当高分子结晶时，在红外光谱上出现非晶态高分子所没有的新谱带。晶粒熔化时，此谱带强度下降。这些吸收带称为晶带，利用红外光谱中的晶带可测定高分子样品的结晶度和研究高分子结晶动力学。

化纤实际上是结晶区和非晶区共存的。正是这部分结晶，为化纤提高了弹性模量，建立了结构中的网络点，使纤维具有弹性回复性、耐蠕变性、耐溶剂性和足够的耐疲劳性、弹性伸长和染色性等。因此，结晶度与化纤性能及成型工艺有密切关系，故结晶度的测定有很重要的意义。

例如涤纶的结晶带 $1340cm^{-1}$ 和 $972cm^{-1}$，将随试样热处理条件不同而变化。特别是 $972cm^{-1}$ 带与试样的密度相关性很密切。它和结晶度相关。用 $972cm^{-1}$ 带与另一不受热处理影响的谱带 $795cm^{-1}$ 强度比，可求出它的结晶度。计算结晶度（X_c）公式：

$$X_c = kA_i/A_s \qquad (2\text{-}9)$$

式中，A_i、A_s 分别代表测定结晶度时，所选择的分析谱带和内标谱带的吸收峰面积；k 为比例常数，用已知结晶度的样品预先测定。

2.2.2.5　高分子取向的研究

表示纤维取向高低的结构参数叫取向度，它是大分子轴向与纤维轴向一致性的一种量度。在红外光谱仪的测量光路中加入一个偏振器便形成偏振红外光谱，它是研究高分子链取向的好手段，利用偏振红外光谱辐射可测得试样纤维的二向色性比。由于纤维分子的某些基团中原子的振动有方向性，对振动方向平行于长链分子轴向的红外辐射吸收强的称为 π 二色性，对振动方向垂直于长链分子轴向的红外辐射吸收强的称为 σ 二色性。

对于单轴拉伸试样，若平行和垂直于试样拉伸方向的偏振光的吸光度分别为 A_1 和 A_2，则样品的二向色性比 R 可用公式(2-10) 计算：

$$R = A_1/A_2 \qquad (2\text{-}10)$$

若 $R<1$，称为垂直谱带；若 $R>1$，称为平行谱带；对于完全未取向的样品，$R=1$；对于完全取向的样品，平行谱带 $R=\infty$，垂直谱带 $R=0$。

2.2.2.6　高分子表面的研究

利用衰减全反射附件的红外光谱法进行高分子表面的研究。衰减全反射附件中晶体的折射率较高，在一定入射角范围内，红外光发生全反射，在晶体内形成驻波，由于驻波的晶体和样品的界面处发生折射，一小部分红外光会穿透晶体进入到样品中，并和样品发生相互作用，因此到达检测器的红外光中就带有了样品的信息。利用穿透深度随入射角的变化，可以研究样品表面的组成变化。

2.2.2.7　高分子材料的组成分布

许多高分子材料都具有二维或三维的组成分布，如共混物、高分子基复合材料等，不同的组成分布对其性能影响很大，红外显微镜将微观形貌观察与结构分析结合，测量的微区最小可达 $5\mu m \times 5\mu m$，是测定高分子材料组成分布的一种有效手段。

利用红外光谱方法来表征高分子共混物的相容性，可以近似地作以下假设。如果高分子共混物的两个组分完全不相容，则可以认为这两个组分是分相的，所测共混物光谱应是两个纯组分光谱的简单组合。但如果共混物的两个组分是相容的，则可以认为该共混体系是均相的。由于不同分子链之间的相互作用，和纯组分相比，共混物光谱中许多对结构和周围环境变化敏感的谱带会发生频率位移或强度变化。

2.2.3　红外光谱实验

【实验目的】

① 掌握溴化钾压片法、衰减全反射法 ATR 两种方法的测试原理及操作技能。
② 了解常见官能团的红外特征峰，掌握红外光谱的分析方法。
③ 了解红外光谱在高分子性能研究中的应用。

【实验原理】

红外光谱是根据物质吸收辐射能量后引起分子振动的能级跃迁，记录跃迁过程而获得的。由红外光源发出的红外辐射光，通过迈克尔逊干涉仪产生干涉光，透过样品后，检测器得到带有样品信息的干涉图。干涉图包含光源的全部频率和与该频率相对应的强度信息，当有一个有红外吸收的样品放在干涉仪的光路中，由于样品能吸收特征波数的能量，结果所得到的干涉图强度曲线就会相应地产生一些变化，用计算机处理后把干涉图转换为红外吸收图谱。

【仪器】

傅里叶变换红外光谱仪（图 2-15）、擦镜纸、玛瑙研钵。

【试剂】

无水乙醇、溴化钾（KBr）粉末样品（如酰胺、聚氨酯薄膜、乙醇 CCl_4 溶液等），本实验以酰胺、聚氨酯薄膜、乙醇 CCl_4 溶液为例。

图 2-15　傅里叶变换红外光谱仪

【实验步骤】

(1) KBr 压片法

取 1mg 酰胺样品与 100mg 溴化钾粉末，在红外灯照射下，在玛瑙研钵中混合研磨，使平均粒径在 $2\mu m$ 左右。在 30MPa 的压力下压片 20s，得到透明或半透明的酰胺溴化钾薄片。经傅里叶变换红外光谱仪扫描，得到相应的红外光谱图。光谱的最强吸收峰吸光度在 $0.5 \sim 1.4$ 之间比较合适。对扫描得到的红外光谱图与标准图谱库进行搜索和比对。

(2) ATR 全反射法测薄膜

在红外光谱仪上，调整好 ATR 附件后，直接把聚氨酯薄膜固定在 ATR 附件的样品池内，经红外光谱仪扫描，得到相应的红外光谱图，采用软件系统，对峰位置进行标注，最后与标准图谱进行比对。此测试方式不受样品厚度的影响。

(3) ATR 全反射法测溶液

在红外光谱仪上，调整好 ATR 附件后，直接把乙醇 CCl_4 溶液固定在 ATR 附件的样品池内，经红外光谱仪扫描，得到相应的红外光谱图，采用软件系统，对峰位置进行标注，最后与标准图谱进行比对。

【注意事项】

① 在溴化钾压片的过程中，应该要在红外灯照射的环境下研磨样品，确保样品不受潮。

② 溴化钾压片法应满足下列条件：

a. 样品应能与 KBr 粉末混合研磨；

b. 样品的浓度约 1％，即样品与 KBr 质量比为 1 : 99；

c. 压好的样品厚度小于 1mm，样品表面应该平整。

③ ATR 测试时，根据 ATR 附件的晶体材料的折射率、硬度、耐腐蚀性等性能，选择适用于本样品的 ATR 附件。

【结果与讨论】

① 分别打印用三种方法测试的三张谱图，然后指导学生分别对三张谱图进行分析，确定官能团的存在。

② 总结出三种红外测试方法适用的范围。

③ 通过采用溴化钾压片法、ATR 法分别对酰胺、聚氨酯薄膜、乙醇 CCl_4 溶液进行红

外光谱测定实验，学生不仅掌握了红外光谱的原理以及分析测试方法，而且还理解了不同的测试方法适应不同的物质形态。

【思考题】

① 红外光谱的分析方法适用于样品中具有偶极矩净变化的官能团。实验时建议进行对照测试，即把反应物、产物的红外光谱进行对比测试，确定某官能团的变化。

② 组织讨论以下问题：

a. 为什么在实验过程中要扫描背景？

b. 什么类型的样品适合溴化钾压片？

c. 在溴化钾压片的过程中，为什么要在红外灯照射的环境下研磨样品？

d. 溴化钾压片时，样品与溴化钾的质量比为多少比较合适？

e. ATR测试时，对样品的要求是什么？

2.3 荧光光谱法

分子发光分析主要包括分子荧光分析、分子磷光分析和化学发光分析。分子由基态激发至激发态，所需激发能可由光能、化学能或电能等供给。若分子因吸收光能而被激发到较高能态，在返回基态时，发射出与吸收光波长相等或不等的辐射，这种现象称为光致发光。荧光分析和磷光分析就是基于这类光致发光现象建立起来的分析方法。物质的基态分子受一激发光源的照射，被激发至激发态后，再返回基态时，产生波长与入射光相同或较长的荧光，通过测定物质分子产生的荧光强度进行分析的方法称为分子荧光分析。若在化学反应中，产物分子吸收了反应过程中释放的化学能而被激发，在返回基态时发出光辐射称为化学发光。根据化学发光强度或化学反应产生的总发光强度来确定物质含量的方法称为化学发光分析法。

分子荧光分析可应用于物质的定性及定量分析。由于物质结构的不同，分子所能吸收的紫外光波长不同，在返回基态时，所发射的荧光波长也不同，利用这个性质可以对物质进行定性分析；对于两种物质的稀溶液，其产生的荧光强度与浓度成线性关系，利用这个性质可进行定量分析。荧光分析法的主要特点是：灵敏度高，检出限为 $10^{-9} \sim 10^{-7}\,g/mL$，比紫外-可见分光光度法高 $10 \sim 10^3$ 倍；选择性强，能吸收光的物质并不一定产生荧光，且不同物质由于结构不同，虽吸收同一波长的光，产生的荧光波长却不同；用样量少、操作简便。荧光分析法的缺点是：由于许多物质不发射荧光，因此使它的应用范围受到限制。

目前，分子荧光分析应用日益增多，在高分子材料分析、分子生物学、免疫学、生物医学、环境监测、食品分析及农牧产品分析等方面应用日益广泛。

2.3.1 荧光光谱法的基础理论和方法

荧光和磷光同属于发光光谱，反映了分子在吸收辐射能被激发到较高电子能态后，为了返回基态而释放出能量。荧光是分子在吸收辐射之后立即（在 $10^{-8}\,s$ 数量级）发射的光，而磷光则是在吸收能量后延迟释放的光。两者的区别是，荧光是由单重态-单重态的跃迁产生的，而磷光则是三重态-单重态的跃迁所产生。

荧光光谱通过激发光谱和发射光谱提供包括荧光强度、量子产率、荧光寿命、荧光偏振等多个物理参数，具有灵敏度高、选择性强、用样量少、方法简便等特点，尤其是荧光探针或标记的引入极大地扩展了荧光光谱在高分子领域的应用。目前，荧光光谱已深入到高分子科学的各个领域，它能提供分子水平的信息，在高分子构象、形态、动态以及共混相容性等方面的研究已取得显著的成功。

(1) 荧光光谱法的基本理论

荧光光谱和紫外光谱一样都是电子光谱，不同的是前者为电子发射光谱，后者为电子吸收光谱。样品受到激发光源发出的光照射，其分子和原子中的电子由基态激发到激发态。激发态有两种电子态：一种是激发单重态，处于这种状态的两个电子自旋方向相反，自旋量子数的代数和 $s=0$，保持单一量子态，即 $2s+1=1$；第二种为激发三重态，处于这种状态的两个电子自旋方向相同，自旋量子数的代数和 $s=1$，在激发时分裂为 3 个量子态，即 $2s+1=3$。

① 分子的激发态。大多数分子含有偶数个电子，在基态，这些自旋成对（反向平行）的电子在各个原子或分子轨道上运动，方向相反。电子的自旋状态可以用自旋量子数（m_s）表示，$m_s=\pm1/2$。所以自旋成对的电子自旋量子数总和为零。如果一个分子中所有的电子自旋是成对的，那么这个分子光谱项的多重性 $M=2s+1=1$，此时，所处的电子能态为单重态，以 s_0 表示。当配对电子中一个电子被激发到某一较高能级时，将可能形成两种激发态，一种是受激发电子的自旋仍与处于基态的电子自旋相反，此时分子处于激发单重态，以 s 表示；另一种是受激发电子的自旋方向与处于基态的电子不再配对，即自旋方向相同，$s=1$，$2s+1=3$，则分子所处的状态为激发三重态，以 T 表示。

激发单重态与激发三重态的性质有明显不同。主要不同点有：激发单重态分子是抗磁性分子，而激发三重态分子则是顺磁性的；激发单重态的平均寿命约为 10^{-8} s，而激发三重态的平均寿命长达 $10^{-4}\sim1$ s；基态单重态到激发单重态的激发容易发生，为允许跃迁，而基态单重态到激发三重态的激发概率只有相当于前者的 10^{-6}，属于禁阻跃迁；激发三重态的能量较激发单重态的能量低。

② 分子的去活化过程。分子中处于激发态的电子以辐射跃迁方式或无辐射跃迁的方式回到基态，从激发态跃迁返回基态的过程，各种不同的能量传递过程统称为去活化过程。辐射跃迁主要包括荧光和磷光发射；无辐射跃迁主要是指分子以热的形式失去多余能量，包括振动弛豫、内转换、系间跨越、淬灭等。各种跃迁方式发生的可能性及程度与荧光物质分子结构和环境等因素有关。

当处于基态单重态（s_0）的分子吸收波长为 λ_1 和 λ_2 的辐射后，分别被激发至第一激发单重态（s_1）和第二激发单重态（s_2）的任一振动能级上，而后发生以下失活过程。

a. 振动弛豫：同一电子能级内以热能量交换形式由高振动能级至低振动能级间的跃迁，这一过程属无辐射跃迁，称为振动弛豫。发生振动弛豫的时间为 $10^{-13}\sim10^{-11}$ s。

b. 内转换：相同多重态电子能级中，等能级间的无辐射能级交换称为内转换。如第二激发单重态的某一较低振动能级，与第一激发单重态的较高振动能级间位能重合时，可能发生电子由高电子能级以无辐射跃迁的方式跃迁至低能级。此过程效率高，速度快，一般只需 $10^{-13}\sim10^{-11}$ s。通过内转换和振动弛豫，较高能级的电子均跃迁回第一电子激发态（s_1）的最低振动能级（$v=0$）上。

c. 系间跨越：是指激发单重态与激发三重态之间的无辐射跃迁。此时，激发态电子自旋反转，分子的多重性发生变化。如单重态（s_1）的较低振动能级与三重态的较高振动能级有能量重合时，电子有可能发生自旋状态的改变而发生系间跨越。含有重原子（如碘、溴等）的分子中，系间跨越最为常见，这是由于高原子序数的原子中电子自旋与轨道运动之间相互作用较强，更有利于电子自旋发生改变。

d. 荧光发射：处于激发单重态的最低振动能级的分子，也存在几种可能的去活化过程。若以 $10^{-9} \sim 10^{-7}$ s 的时间发射光量子回到基态的各振动能级，这一过程就有荧光发生，称为荧光发射。

e. 磷光发射：分子一旦发生系间跨越后，接着就会发生快速的振动弛豫而达到激发三重态 t_1 的最低振动能级（$\nu = 0$）上，再经辐射跃迁到基态的各振动能级就能发射磷光，这一过程称为磷光发射。这种跃迁，在光照停止后，仍可持续一段时间，因此磷光比荧光的寿命长。通过热激发，可能发生 T_1 到 s_1 的系间跨越，然后由 s_1 发射荧光，这种荧光称为延迟荧光。第一电子激发态三重态与单重态之间的能量差较小，随振动耦合增加而增加内转换的概率，从而使磷光减弱或消失。另外，由于激发三重态的寿命较长，增大了分子与溶剂分子间碰撞而失去激发能的可能性，因此室温下不易观察到磷光现象。

f. 淬灭：激发分子与溶剂分子或其他溶质分子间相互作用，发生能量转移，使荧光或磷光强度减弱甚至消失，这一现象称为淬灭。

(2) 高分子荧光光谱的研究方法

高分子荧光光谱研究从方法上可分为直接测定法和间接测定法两种。直接测定法是利用高分子自身发射的荧光进行分析的方法，又称"自荧光"或"内源荧光"方法。间接测定法是引入荧光探针，即"探针"（probe）或"标记"（label）化合物，在分子水平上研究某些体系的物理、化学过程以及检测某些特殊环境下材料的结构和物理性质的方法。"探针"是将含生色团小分子用物理方法分散在高分子体系中，而"标记"则是指生色团以化学键连接在高分子链上。按不同的研究目的，"标记"基团可以连接在链内或键端，同一分子链上可以含一种或两种不同的生色团。

间接测定法的基本特点是具有高灵敏度和极宽的动态时间响应范围，可用于体系稳态性质的研究和动态过程的监测。该方法所需探针试剂浓度极稀，仅 10^{-9} mol/L 的浓度就能满足检测要求，对研究那些要求尽量减少外来分子影响的体系非常重要。值得注意的是，所选择的探针必须与被研究高分子的某一微区具有特异性的结合，并且结合得比较牢固，同时探针试剂的荧光要对环境条件敏感，但又不能影响被研究高分子的结构和特性。

间接测定法中引入的探针在高分子体系中的旋转弛豫对高分子的分子质量不敏感，只与其自由体积相关。不同类型的探针在激发后的构象变化所涉及的体积大小不同，可以反映出不同体积分数，因此可利用这一特点估测体系中不同自由体积的分布。按弛豫机制的不同，探针至少可分为 5 种类型：a. 具有分子内电荷转移态的给体-受体分子探针（TICT）；b. 可形成激基缔合物的探针（excimer）；c. 预扭曲 TICT 型探针；d. 异构体类 Dewar 型探针；e. 二苯乙烯类化合物的顺反异构化探针。不同类型的探针具有不同的检测极限，激基缔合物的形成和顺反异构化的变化能测得高分子中较大的自由体积，而预扭曲的 TICT 型和 Dewar 型探针则测定体系中较小的自由体积，TICT 型探针的检测范围介于两者之间。

(3) 荧光光谱分析仪基本结构

荧光分析通常用荧光分光光度计，与其他光谱分析仪器一样，主要由光源、样品池、单色器系统及检测器四部分组成。不同的是荧光分析仪器需要两个独立的波长选择系统，一个为激发单色器，可对光源进行分光，选择激发波长；另一个用来选择发射波长，或扫描测定各发射波长下的荧光强度，可获得试样的发光光谱。检测器与激发光源成直角。荧光分析仪器的基本结构如图 2-16 所示。

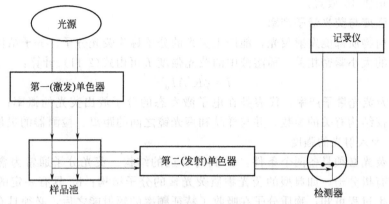

图 2-16 荧光分析仪器的基本结构示意图

① 激发光源。激发光源应具有强度大、稳定性好、适用波长范围宽等特点。因为光源的强度直接影响测定的灵敏度，而光源的稳定性直接影响测定的重复性和精确度。常用的光源有高压汞灯、氙灯。高压汞灯常用在荧光计中，发射光强度大而稳定。荧光分析中常用 365nm、405nm、436nm 三条谱线但不是连续光谱。分光荧光计大都采用 150W 和 500W 的高压氙灯作为光源，发射强度大，能在紫外-可见光区给出比较好的连续光谱。

② 单色器。荧光分光光度计有两个单色器——激发单色器和发射单色器。激发单色器放于光源和样品池之间，作用是让所选择的激发光透过并照射于被测试样上。放于试样和检测器之间的为发射单色器，它的作用是把激发光所发生在容器表面的杂散光滤去，让荧光物质发出的荧光通过且照射到检测器上。荧光计用滤光片作单色器，分为激发滤光片和荧光滤光片。它们的功能比较简单，价格也便宜，适用于固定试样的常规分析。大部分分光荧光计采用光栅作为单色器。在测定激发光谱时，应固定发射单色器波长，扫描激发单色器波长；而当测定荧光物质的荧光光谱时，则应固定激发单色器波长，扫描发射单色器波长。

③ 狭缝。在仪器上狭缝是用来调节一定的光通量和单色性的装置。狭缝越小单色性越好，但光强和灵敏度降低。因此通常狭缝应调节到既有足够大的光通量，同时也有较好的分辨率为宜。

④ 样品池。荧光分析用的样品池需用弱荧光材料，常用石英池。有的荧光分光光度计附有恒温装置。测定低温荧光时，在石英池外套上一个盛有液氮的石英真空瓶，以便降低温度。

⑤ 检测器。荧光的强度比较弱，因此要求检测器有较高的灵敏度。在一般较精密的分光荧光光度计中常用光电倍增管检测。为了改善信噪比，常采用冷却检测器的办法。二极管阵列和电荷转移检测器的使用，更大程度上提高了仪器测定的灵敏度，并可以快速记录激发和发射光谱，还可以记录三维荧光光谱图。

有些文献介绍的 X 荧光光谱仪则是用 X 射线或放射性同位素辐射源照射样品，将其原子中的某内层电子轰击出来称为自由电子，并在内层形成电子空穴。当其他内层电子发生层间窜跃进入空穴时发生辐射，产生荧光 X 射线。由这种荧光 X 射线的波长和强度可以获得元素的种类和含量等信息。这两种荧光分析方法的原理和研究内容是不同的，应加以区别。

先进的荧光光谱仪既能测定液体样品又能测定固体样品。高分子的研究多用溶液体系，溶液的浓度一般为 $10^{-5} \sim 10^{-4}$ mol/L，用石英槽进行测定。测定液体样品时，要慎重选择溶剂：一是要选择非极性或极性很小的溶剂；二是要求溶剂本身的吸光度很小；三是要保证溶剂的纯度。无机发光材料的研究一般用固体样品，可将样品压成片状，放在小托盘中，样品平面与入射角成 45°放置。

(4) 荧光强度与荧光量子产率

并不是任何物质都能发射荧光，能产生荧光的分子称为荧光分子。分子结构与荧光的发生及荧光强度的大小紧密相关。稀溶液中的荧光强度 I 可由式(2-11) 计算：

$$I = \phi K' A I_0 \tag{2-11}$$

式中，ϕ 为荧光量子产率，代表处在电子激发态的分子放出荧光的概率；K' 为检测效率，是与荧光仪结构有关的参数，并与样品和聚光镜之间的距离、检测器的灵敏度有关；A 为吸光度；I_0 为入射光的强度。

分子产生荧光必须具备两个条件：a. 具有合适的结构。荧光分子通常为含有苯环或稠环的刚性结构有机分子，如典型的荧光物质荧光素的分子结构；b. 具有一定的荧光量子产率。由荧光产生过程可知，物质分子在吸收了特征频率的辐射能之后，必须具有较高的荧光效率，用 ϕ 表示，常称为荧光量子产率。

荧光量子产率的定义为：

$$\phi = \frac{\text{发射的荧光量子数目}}{\text{吸收到激发单线态的光量子数目}} \tag{2-12}$$

ϕ 的测量一般较困难，所以实际工作中往往是用相对荧光强度，而不用绝对荧光强度 I 值。荧光量子产率是一个物质荧光特性的重要参数，它反映了荧光物质发射荧光的能力，其值越大，表示物质发射的荧光越强。

(5) 荧光光谱图

一台荧光光谱仪可对任何一种荧光试样提供两种荧光光谱图——荧光激发光谱（excitation spectrum）和荧光发射光谱（emission spectrum）。荧光激发光谱是固定发射单色器的波长 λ_{em} 及狭缝宽度，使激发单色器波长连续变化，从而得到荧光激发扫描谱图，其纵坐标为相对荧光强度，横坐标为激发光的波长。荧光发射光谱通常称为荧光光谱，它是固定激发单色器的 λ_{ex} 及狭缝宽度，使发射单色器的波长连续变化，从而得到荧光发射扫描谱图，其纵坐标为相对荧光强度，横坐标为发射光的波长。荧光光谱与紫外-可见光谱在高分子的分析中往往同时使用，相互印证。其中，荧光激发单色器波长 λ_{ex} 的固定数值可通过测定样品的紫外-可见光谱的最大吸收所对应的波长值来确定；荧光发射单色器波长 λ_{em} 的固定数值可通过荧光发射光谱的最大强度所对应的波长值来确定。

图 2-17 给出了蒽的甲醇溶液（$0.3\mu g/mL$）测得的发射和激发光谱。其中，曲线 A 是从 $350\sim500nm$ 的发射光谱；曲线 B 是激发光谱，波长从 $220\sim390nm$。激发光谱中每一谱带的波长位置与紫外-可见吸收光谱中的谱带位置是一样的。从图 2-17 中还可以看出，蒽的发射光谱与激发光谱互为影像。

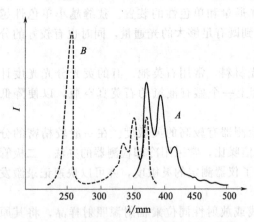

图 2-17 蒽的发射（A）和激发（B）光谱

2.3.2 荧光光谱法在高分子领域的应用研究

荧光光谱法应用在高分子材料研究中虽然只有 30 年的历史，然而其应用已深入到高分子科学中许多领域。由于其灵敏度极高，在高分子溶液、共混物等方面的研究十分广阔。

(1) 高分子在溶液中的形态转变

高分子溶液中的激基缔合物，是指对于像聚苯乙烯这类高分子中的苯环或其他芳环等具有平面 π 电子共轭结构的发色基团，除单独存在外，还有可能出于分子链处于某种构象时，邻近的两平面结构相互平行靠近产生相互作用，从而形成一种激基缔合物（excimer）。合成高分子的激基缔合物荧光最早是在聚苯乙烯溶液中发现的，聚苯乙烯在溶液中的激基缔合作用已被许多学者所研究。这种激基缔合物吸光后发出了不同于单独发色基团（monomer）的异常荧光，反映在荧光谱图上，就表现为高分子（如聚苯乙烯）溶液的荧光谱峰与相应的结构单元（如乙苯）的荧光谱峰有明显不同，如图 2-18 和图 2-19 所示。

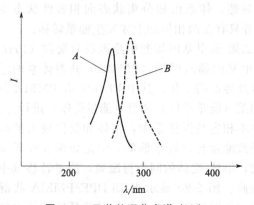
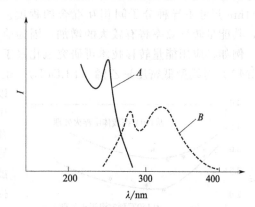

图 2-18　乙苯的吸收光谱（A）　　　　　**图 2-19**　聚苯乙烯的吸收光谱（A）
和激发荧光光谱（B）　　　　　　　　　　　和激发荧光光谱（B）

(2) 高分子共混物的相容性和相分离

不同品种的高分子均聚物共混，有可能获得新的功能，或综合两者优点的新材料体系。自 20 世纪 70 年代以来，这一领域的研究有了很快的发展。组成共混物的高分子间若存在特殊相互作用，包括氢键、偶极-偶极、离子-离子、电荷转移络合等，便会产生有利于互相溶解的混合焓，因而形成相容体系。用荧光光谱法表征高分子共混体系的相容性主要有两种方法——激基缔合物法和 Forster 能量转移法。

Frank 发展了用含芳香基均聚物的激基缔合物来研究高分子相容性的技术。用 0.2% 聚 β-乙烯基萘与不同的聚烷基丙烯酸甲酯共混，发现两者荧光强度之比（I_E/I_M）随两组分溶度参数差增大而升高。当溶度参数差接近零时，I_E/I_M 最小，表明两组分以分子水平相容。后来 Frank 又将该技术用于研究聚苯乙烯（PS）、聚乙烯基甲基醚共混物的相分离。对于聚苯乙烯-聚乙烯基甲基醚体系，从甲苯溶液中成膜表现出相容的性质，从四氢呋喃（THF）溶液中成膜则出现相分离。在相同的聚苯乙烯含量时，相分离体系的 I_E/I_M 远高于相容体系。

江明等用荧光光谱法研究了含氢键体系的相容性。所用的含荧光生色团的高分子是乙烯基萘（VN，90%）和少量甲基丙烯酸甲酯（MMA）的共聚物（PVM），后者提供了与对应高分子生成氢键的羰基，与之共混的对应高分子为含羟基的聚苯乙烯 PS（OH）。在羟基含量很低时，I_E/I_M 几乎不随—OH 的含量而改变，表明 PVM 在 PS（OH）中的状态是独立成形的。在羟基含量较高（>2.8%）时，I_E/I_M 在一个低值的水平上保持不变，这表明体系中形成激基缔合物的可能性大为减少，即 PVM 已和 PS（OH）充分贯穿和混合均匀了。介于此两区域之间，明显存在一个转变区。氢键作用的增强使 PVM 链由自身聚集的状态过渡到在 PS（OH）基质中充分混合均匀。荧光光谱法给出如此低含量下的相容行为的变化，是其他相容技术如 DSC 或动态力学方法等所无法观察到的。

激基缔合物法仅适用于研究含生色团的均聚物的共混体系。而 Forster 能量转移法却有更普遍的意义。这一方法的原理在于：当某种体系中同时存在一种荧光能量给体 D（donor）和一种能量受体 A（acceptor）时，它们之间的能量转移效率 E 与其间的距离的 6 次方成反比，即 $E=1/[1+(D+R_0)^6]$。这里的 D 是两生色团之间的距离，R_0 是所谓特征距离，它取决于 D 的发射光谱和 A 的吸收光谱间重叠的程度及体系的折射率等。对给定的体系来说，它是一个常数。通常 R_0 值为 2～4nm，由于生色团间的能量转移效率强烈依赖于两者距离，如将两种荧光生色基团分别标记到两种高分子上，则可通过其能量转移效率的变化来了解 2～4nm 尺寸下异种分子间相互混合的程度。显然，体系由相分离状态向相容性状态变化时，其能量转移效率将有较大的增加，因为前者只有在两相界面上才发生能量转移。

例如，应用能量转移技术可研究氢化聚丁二烯-聚甲基丙烯酸甲酯嵌段共聚物（PHB-b-PMMA）对线型低密度聚乙烯（LLDPE）/聚甲基丙烯酸甲酯（PMMA）共混体系的增容以及界面的变化，其中 LLDPE 和 PMMA 分别用萘（能量给体）和蒽（能量受体）进行标记。在不相容共混体系中，给体和受体较大的间距导致能量转移效率偏低，但是如果存在界面扩散，给体-受体的间距将缩短，能量转移效率将提高。图 2-20 显示出 LLDPE/PMMA 共混物与添加增容剂的质量分数对能量转移效率的影响（其中 I_D/I_A 为能量给体和能量受体的荧光强度之比）。在增容剂质量分数低于 8% 时，能量转移效率随质量分数增加而增加（即 I_D/I_A 减小），表明嵌段共聚物增强了共混界面的黏合，使不相容的两种均聚物彼此更加靠近。但当质量分数高于 8% 时，共聚物趋向于在共混组分中形成微区，反而使能量转移效率下降（即 I_D/I_A 增大）。

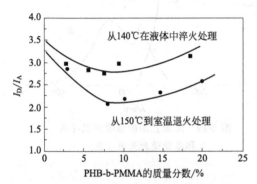

图 2-20 PHB-b-PMMA 在 LLDPE/PMMA 共混物（2：1 质量比）中的质量分数与能量转移效率的关系

（3）研究高分子的老化和降解

高分子的降解和老化过程可以利用中间和最终产物中基团的荧光光谱变化进行动态的描述。图 2-21 给出了某种聚酯膜在 300℃ 经不同时间热降解后在 330nm 波长激发时的荧光发射光谱。结果显示热降解后荧光发射光谱强度明显增加，发射波长随热处理时间的延长而红移（由 1h 的 380nm 移至 5h 的 415nm），同时热处理 2h 后在 450nm 处出现宽肩峰。这些结果表明热老化过程由两个协同效应组成，即经热分解作用形成单羟基单元，随之快速发生双羟基化反应生成双羟基单元。聚酯膜经紫外光降解不同时间后在 330nm 波长激发时的荧光发射光谱见图 2-22，其变化与热老化不同。光降解后在 460nm 处的荧光发射强度随处理时日的延长

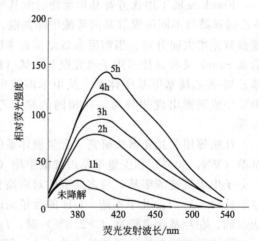

图 2-21 聚酯膜在 300℃ 热降解不同时间后的荧光发射光谱（激发波长为 330nm）

而显著增强，但无红移现象，由此表明光降解后主要的反应是单羟基化的快速反应，仅生成极少量的双羟基单元；进一步分析还说明光老化在形成高分子的短链段的同时伴随着结构的重排和聚集。

（4）发光聚合物材料的荧光光谱研究

为研究高分子发光材料，往往将小分子发光物质引入高分子长链中。例如，图 2-23 显示出取代肉桂酸单体铕盐与相应的高分子的荧光光谱，其激发波长固定在 241.1nm。曲线 1 为取代肉桂酸单体铕盐，曲线 2 为其高分子。可见，取代肉桂酸单体铕盐的荧光强度大，聚合后荧光减弱，在 700nm 处峰的变化尤为明显。铕（Eu）是稀土金属，具有一定数目共轭单位的低分子有机配体与稀土金属盐形成的有机盐类有较高的发光效率，其单体聚合后，由于经酸盐基聚集引起亚微观的不均匀性，导致 Eu^{3+} 的荧光部分淬灭，致使荧光强度减弱。

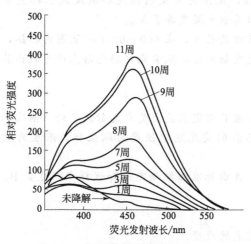

图 2-22 聚酯膜经紫外光降解后的荧光发射光谱（激发波长为 330nm）

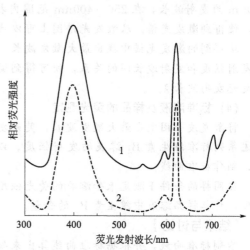

图 2-23 高分子发光材料的荧光光谱
1—取代肉桂酸单体铕盐；2—相应高分子

2.3.3 荧光光谱实验

【实验目的】

① 掌握标准曲线法测试物质含量的基本原理。

② 了解荧光分光光度计的基本原理、结构及性能，掌握其基本操作。

【实验原理】

对于能够发出荧光的物质，可通过测定其荧光光谱的方法测定其浓度或者含量。一般来说，具有荧光的有机物都具有较大的共轭体系，并需要有刚性的平面结构。比如维生素 B_2，其分子中具有三个芳香环，并具有平面刚性结构，因此本章中将以维生素 B_2 含量的测定为例介绍物质荧光光谱实验。维生素 B_2 在 $430\sim440$nm 蓝光的照射下能够发出绿色荧光，荧光峰在 535nm 附近。在 pH＝6～7 时，维生素 B_2 的荧光强度最高，同时其强度与溶液浓度成线性关系，在该条件下测维生素 B_2 的含量最为准确。在该条件下，当溶液很稀时，荧光强度与荧光物质的浓度成线性关系：$F=Kc$。

【仪器】

荧光光度计、荧光比色皿、棕色容量瓶、移液管。

【试剂】

维生素 B_2 标准溶液（$10.0\mu g/mL$）、待测样品溶液。

【实验步骤】

(1) 系列标准溶液的制备

取维生素 B_2 标准溶液（$10.0\mu g/mL$）1.00mL、2.00mL、3.00mL、4.00mL、5.00mL 于 50mL 容量瓶中，加入去离子水至刻度，摇匀，待测。

(2) 待测样品溶液的配制

取待测样品溶液 2.00mL 于 50mL 容量瓶中，加入去离子水稀释至刻度，摇匀，待测。

(3) 激发光谱和荧光发射光谱的绘制

将由 3.00mL 标准溶液配制成的溶液加入石英皿中，并放入荧光分度计中，设置 $\lambda_{em}=540nm$ 为发射波长，在 250～400nm 范围内扫描，记录荧光发射强度和激发波长的关系曲线，便得到激发光谱。从激发光谱图上可以找出其最大激发波长 λ_{ex}。

从得到的激发光谱中找出最大激发波长，在该波长下，在 400～600nm 范围内扫描，记录发射强度和发射波长间的关系，便可得到荧光发射光谱，从荧光发射光谱上便可找出其最大荧光发射波长 λ_{em}。

(4) 标准溶液及样品的荧光测定

将激发波长固定在最大激发波长，荧光发射波长固定在最大荧光发射波长处，依次测量上述系列标准维生素 B_2 溶液的发射强度。以溶液的荧光发射强度为纵坐标，浓度为横坐标，制作标准曲线。

在同样的条件下测定未知溶液的荧光强度，并由标准曲线确定未知试样中维生素 B_2 的浓度，计算样品溶液中维生素 B_2 的含量。

【结果与讨论】

绘制标准曲线，并根据标准曲线算出未知溶液的浓度。

【思考题】

① 简述荧光光谱的工作原理，并说明可以发射荧光的物质有哪些结构特点。

② 荧光激发光谱和发射光谱之间一般有什么关系？

③ 如何用荧光光谱法研究聚甲基丙烯酸甲酯（PMMA）与含羟基的聚苯乙烯共聚物 [PS(OH)] 共混体系的相容性与羟基单元含量的关系？

2.4 拉曼光谱法

2.4.1 拉曼光谱法的基础理论

2.4.1.1 拉曼光谱法简介

当用单色光照射分子时，分子产生的散射光分为两种类型——弹性散射和非弹性散射。在弹性散射中，光子的频率、波长以及能量没有任何变化；在非弹性散射中，由于分子振动而激发或失活，导致光子的频率发生移动，因此，光子可能会损失能量或获得能量。科学家 Raman 将这种非弹性散射称为拉曼散射（Raman scattering），它包括三种类型的散射现象（图 2-24）。

(1) 瑞利（Rayleigh）散射

当光入射到分子上时，它可以与分子发生相互作用，但净能量交换为零，因此散射光的

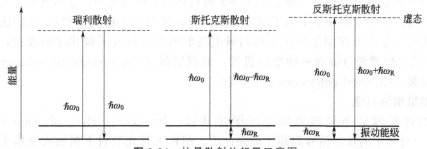

图 2-24 拉曼散射的能量示意图

频率与入射光的频率相同,即初始和最终的散射状态相同,属于弹性散射。

(2) 斯托克斯(Stokes)散射

如果相互作用使分子从光子获得能量,那么散射光的频率将低于入射光的频率,属于非弹性散射。

(3) 反斯托克斯(anti-Stokes)散射

光可以与分子发生相互作用,能量的净交换是一个分子振动的能量。如果这种相互作用使光子从分子中获得振动能量,那么,散射光的频率将高于入射光的频率,即能量从光子转移到分子,最终散射态为激发态,属于非弹性散射。

根据玻尔兹曼分布,在室温下,基态的分子比激发态的分子数量要多得多。所以,斯托克斯散射的强度大于反斯托克斯散射的强度,即斯托克斯拉曼振动的强度高于反斯托克斯拉曼振动的强度,因此,拉曼光谱法通常研究的散射类型是斯托克斯非弹性散射。

在拉曼光谱图中的横坐标是拉曼位移,它是指入射光频率与散射光频率的差值,其计算公式:

$$\Delta\nu = \left(\frac{1}{\lambda_0} - \frac{1}{\lambda}\right) \times 10^7 \tag{2-13}$$

式中,$\Delta\nu$ 为拉曼位移,cm^{-1};λ_0 为入射光频率,Hz;λ 为散射光频率,Hz。

由于非弹性散射与分子的振动、旋转或电子能量的变化相关联,能量在分子和入射光子之间交换,交换的能量与振动、旋转或电子跃迁的能级有关,所以,大多数拉曼光谱研究都是基于振动的拉曼效应,拉曼光谱通常被认为是振动光谱。

在分子发生拉曼散射的过程中,一些基团的极化率将发生变化,从而产生拉曼活性,这些拉曼活性基团包括 C—C、C—X(X=F、Cl、Br 或 I)、C—S、S—S、N—N、C≡N 等。此外,具有较高对称性或手性螺旋构象的分子也能产生较强的拉曼活性。所以,拉曼光谱能够获得有关分子结构、对称性、电子环境和成键情况等相关信息,已成为一种重要的分子光谱分析法。

尽管拉曼光谱法能够获得分子中有关拉曼活性基团的相关信息,然而,拉曼散射光的强度通常较弱(大约每 10^8 个光子中只有一个光子发生非弹性散射),导致难以将较弱的拉曼散射光和较强的瑞利散射光分辨开来。拉曼光谱的这些缺陷促进了各种增强拉曼散射技术的发展,包括表面增强拉曼光谱法、共振拉曼光谱法和非线性拉曼光谱法。

2.4.1.2 表面增强拉曼光谱法

表面增强拉曼散射(surface enhanced Raman scattering,SERS),是指当一些分子或官能团吸附到粗糙贵金属(如金、银、铜等)或半导体(如 TiO_2、CdTe 等)表面上时,它们的拉曼信号强度得到极大增强的现象,由此发展起来的拉曼光谱法被称为 SERS 光谱。文献报道,目前 SERS 技术可以实现 $10^4 \sim 10^{11}$ 的拉曼信号增强效应,具有极高的检测灵敏度,在化学、生物、医药、农药和食品领域得到广泛应用。

基于分子拉曼散射的机理（即分子在外加电场作用下被极化而产生极化率，交变的极化率在再次发射过程中受到分子中原子间振动的调制，从而产生拉曼散射），人们认为拉曼散射光的增强可能是由于作用于分子上的局域电场的增强以及分子极化率的改变，所以，将SERS技术的拉曼增强归纳为两种增强机理：电磁增强（electromagnetic enhancement）机理和化学增强（chemical enhancement）机理。

(1) 电磁增强机理

电磁增强机理认为局域表面等离子体共振（localized surface plasmon resonance，LSPR）效应对分子的拉曼信号起到了增强作用，即在入射光照射下粗糙贵金属中自由电子发生振动，当其振动频率与入射光的电磁波频率一致时，在具有纳米结构的金属表面出现了LSPR现象[图 2-25(a)]，由此产生的金属表面强局域光电场效应增强了位于金属纳米粒之间的分子的拉曼信号[图 2-25(b)]。目前研究发现，在可见光及近红外区域能够产生LSPR效应的贵金属颗粒主要为 Ag、Au 和 Cu 等纳米粒子。电磁增强方法通常能够使分子的拉曼散射强度增强高达 10^{11}。

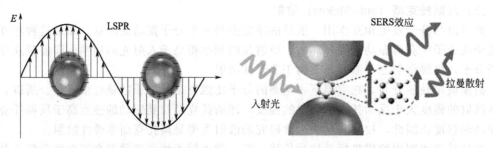

(a) 贵金属纳米粒在电磁场中产生LSPR效应的示意图   (b) 分子产生SERS效应示意图

图 2-25 电磁增强机理

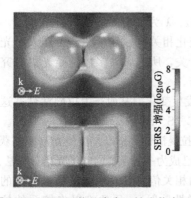

图 2-26 不同形状的贵金属纳米粒在不同区域的 SERS "热点" 效应示意图

最近在 SERS 研究领域提出了一个有关能够产生更加明显拉曼增强效应的关键概念——SERS "热点"（SERS hotspots）：具有等离子体纳米结构的金属表面的电磁场通常是非均匀分布的，并且通常高度集中在空间狭窄的区域（即 SERS "热点"），例如位于纳米尖端或纳米粒子间隙的分子能够获得更加高强度的拉曼增强效应（图 2-26）。

(2) 化学增强机理

化学增强机理与纳米材料的电磁场环境变化无关，其产生的主要原因是吸附分子与基底材料之间发生的电荷转移现象，这一现象通过分子与材料中基态的电子转移和激发态电子转移实现。当自由分子吸附到金属表面时会发生电子结构变化，从而产生化学增强的拉曼散射效应。所以，化学增强的拉曼散射强度在很大程度上取决于金属分子的最高占据轨道（HOMO）和最低未占轨道（LUMO）之间的能量差。

化学增强通常需要将待测分子直接吸附到基底材料表面，或者以化学键合的方式键合到基底材料表面上，并且从上述化学增强机理可看出，与电磁增强机理相比，化学增强作用范围要短得多，导致化学增强效果较差，其拉曼增强因子仅为 10～100。

2.4.1.3 共振拉曼光谱法

拉曼散射中，当激发光频率（波长）接近或者位于化合物的吸收频率（波长）附近时，某些拉曼谱带的强度将大大增强，这种现象被称为共振拉曼散射（resonance Raman scattering）。通常共振拉曼散射比正常拉曼散射增强 $10^{4\sim6}$ 数量级。

图 2-27 为斯托克斯跃迁的拉曼散射和共振拉曼散射能级示意图。当激发线的频率（能量）低于化合物分子的电子跃迁频率（能量）时，发生正常拉曼散射。当激发线的频率（能量）接近但未超过化合物分子的电子跃迁频率（能量）时，为预共振拉曼散射（pre-resonance Raman scattering）。当激发线的频率（能量）与化合物分子的电子跃迁频率（能量）相同时，则发生共振拉曼散射。

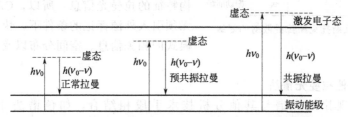

图 2-27 斯托克斯跃迁的拉曼散射和共振拉曼散射能级

与正常拉曼光谱相比，根据以上共振拉曼光谱的原理，其特点可归纳如下。

① 只有由于生色团或与生色团相共价连接基团的振动才有可能被选择性地增强，而与此无关的振动则不被增强。所以，在共振拉曼光谱谱图中出现的拉曼谱带数量比正常拉曼光谱谱图中拉曼谱带数量少。一些生物样品的活性结构域接近于生色团，共振拉曼光谱法在研究生物样品的结构和功能的关系时独显优势。

② 共振拉曼光谱可以显示正常拉曼光谱中缺失的、可能更重要的分子结构信息。

③ 共振拉曼光谱法的测试浓度低于正常拉曼光谱法的检测浓度，对于难以获取或价格昂贵的测试样品尤为适用。

共振拉曼散射光的强度取决于激发波长，根据共振拉曼散射原理，激发光源的波长必须在分子电子吸收带波长附近。共振拉曼散射一般在紫外与可见光范围内能起到较强的拉曼增强效用，表 2-1 列出了位于该波长区域共振拉曼散射常用的激光器及其激发波长。

近年来，随着共振拉曼技术的不断发展，出现了一些新的共振拉曼技术，例如液芯光纤共振拉曼散射（liquid-core optical fiber resonance Raman scattering，LCOF-RRS）可以更加高效地将拉曼光谱强度提高至 10^9；透射共振拉曼技术（transmission resonance Raman spectroscopy）将透射与共振拉曼散射相结合，提高了共振拉曼散射的信噪比和分析灵敏度；表面增强共振拉曼光谱（surface enhanced resonance Raman spectroscopy）检测限能够高达 10^{-13} mol/L。

表 2-1 共振拉曼散射常用的激光器及其激发波长

激光器	激发波长/nm
氩离子激光器	457.9,488.0,496.5,514.5
氪离子激光器	356.4,413.1,476.2,568.2
氦氖激光器	632.8
半导体激光器	532.0
Liconix-氦镉激光器	325.0,441.6
等紫外激光的腔内倍频氩离子激光系统	244.0,257.2
连续可调的染料激光器	330～1850

2.4.1.4 相干反斯托克斯拉曼光谱法

相干反斯托克斯拉曼散射（coherent anti-stokes Raman scattering，CARS）是一种三阶非线性四波混频的光学过程。CARS 过程的能级示意图如图 2-28 所示，激光器中的泵浦光（pump light，ω_p）、待测物质分子的斯托克斯散射光（Stokes scattering light，ω_s）和探测光（probe light，ω_{pr}）通过相互作用可产生一束相干反斯托克斯散射光（$\omega_{as} = \omega_{pr} + \omega_p - \omega_s$）。当（$\omega_p - \omega_s$）等于分子的共振频率（$\omega_v$）时，分子的固有振动得到共振增强，进而产生很强的CARS 信号，它包含了反应待测分子的组成和结构特征的拉曼光信息。所以，CARS 光谱能够在无须引入外源标记的条件下，快速获取分子振动模式的相关信息、空间分布以及分子之间相互作用的信息。

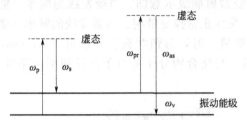

图 2-28 相干反斯托克斯拉曼散射的能级

2.4.1.5 其他拉曼光谱法

近期研究发现拉曼光谱与其他分析技术手段相结合，如色谱法［高效液相色谱（HPLC）和气相色谱（GC）］以及微观显微图像法［扫描隧道显微镜（STM）和原子力显微镜（AFM）］等，可以使得拉曼光谱应用于痕量分析的研究。此外，近几年发展起来的显微拉曼光谱法是一种将拉曼光谱法与常规显微镜法相结合的技术，它可以获得细胞、组织等生物样品的空间三维图像和拉曼图谱，已应用于细胞和组织中拉曼活性生物大分子（蛋白质、多肽、核酸等）的痕量检测以及与细胞和组织相关的药理学研究等方面。

2.4.2 拉曼光谱法在高分子领域的应用研究

目前拉曼光谱技术在高分子领域的研究主要涉及以下方面：①高分子的化学结构解析；②高分子链的空间构象分析；③研究高分子链的取向。

2.4.2.1 拉曼光谱法在高分子化学结构解析中的应用

大部分高分子的化学结构中都含有一些拉曼活性基团，例如碳链高分子的主链均由拉曼活性的 C—C 键组成，有的高分子侧链上还含有 C—X（X=F 或 Cl）、—C—S 等拉曼活性基团。所以，拉曼光谱法已成为一种解析高分子化学结构的重要光谱法，用于分析高分子的结构单元、支化类型及支化度等化学结构，以及高分子分子链的立构规整度、几何异构（顺反异构）等空间构型。

在碳链高分子的拉曼光谱图中，$800 \sim 1500 \mathrm{cm}^{-1}$ 区域内拉曼信号较强的碳-碳伸缩振动谱带可用于研究烯烃聚合物主链和侧链的 C—C、C═C 键，区分链式和环状的碳-碳链结构、顺反异构体以及共轭特性等。

顺式-聚 1,4-丁二烯和反式-聚 1,4-丁二烯的 C═C 伸缩振动谱带分别出现在 $1664 \mathrm{cm}^{-1}$ 和 $1650 \mathrm{cm}^{-1}$，顺式-聚 1,4-异戊二烯和反式-聚 1,4-异戊二烯的 C═C 伸缩振动谱带都在 $1662 \mathrm{cm}^{-1}$，而聚 3,4-异戊二烯的 C═C 伸缩振动谱带在 $1641 \mathrm{cm}^{-1}$，通过测定它们拉曼散射峰的强度以及 C—C 伸缩振动拉曼峰的强度，可用于研究这些高分子的不饱和度。

硫化橡胶的 C—S 和 S—S 键具有特征较强的拉曼谱带，其中 C—S 键伸缩振动的拉曼散射信号出现在 $724 \mathrm{cm}^{-1}$ 和 $756 \mathrm{cm}^{-1}$，比碳-碳伸缩振动谱带的信号强约 10 倍；S—C—S 键的弯曲振动出现在 $317 \mathrm{cm}^{-1}$ 和 $337 \mathrm{cm}^{-1}$。所以，可以通过拉曼光谱法研究硫化橡胶的硫化机理和硫化度。

2.4.2.2 拉曼光谱法在高分子链空间构象分析中的应用

高分子的构象是指由高分子通过 C—C 内旋转作用而产生的特定空间排列。一个高分子存在多种可能的构象状态，高分子构象可以处于动态变化之中，它受到高分子自身的化学结构、凝聚态结构及其与周围环境的相互作用以及外加力场、电场等的影响，例如高分子凝聚态的分子间相互作用、高分子溶液中高分子与溶剂间的相互作用、高分子复合体系中高分子与客体分子的相互作用，高分子受到拉伸力作用时高分子链沿着受力方向发生取向排列。在拉曼光谱中，碳-碳骨架振动模式呈现出较强的拉曼谱带，所以，拉曼光谱对高分子构象的变化极为敏感，拉曼光谱法已成为一种用于研究高分子链构象的重要方法。

在晶态高分子中，高分子链通常采取以下两种构象。

（1）平面锯齿形

没有取代基或取代基较小的碳链高分子，在其晶态结构中通常采取平面锯齿形构象，例如高密度聚乙烯（HDPE）采取的平面锯齿形构象 ［图 2-29（a）］。此外，脂肪族聚酯、聚酰胺、聚乙烯醇等分子链在结晶中也采取平面锯齿形构象。

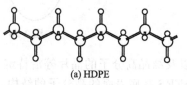

(a) HDPE

（2）螺旋形

带有较大侧基的高分子，为了减小空间阻碍，以降低势能，则要采取螺旋形构象，例如等规聚丙烯（iPP）采取的螺旋形构象 ［图 2-29（b）］，每个重复周期由 1 个螺旋

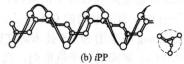

(b) iPP

图 2-29 HDPE 的平面锯齿形构象与 iPP 的 $H3_1$ 螺旋形构象

结构组成，含有 3 个重复单元—CH_2—$CH(CH_3)$—，通常被描述为 $H3_1$。

聚丁烯-1 主要有三种晶体结构，它在不同类型晶体中的构象及拉曼谱带列于表 2-2。用四氯化碳或苯类溶剂溶解聚 1-丁烯，结晶后得到由正菱形晶胞组成的 III 型。加热 III 型聚 1-丁烯晶体至熔融态，冷却至室温时得到由四边形晶胞组成的 II 型晶体。在室温下，II 晶体不可逆地转化为由六边形晶胞组成的 I 型晶体。聚 1-丁烯在这三种晶体中均采取螺旋形构象，I 型和 II 型晶体的拉曼位移基本相同，III 型晶体没有出现 $875cm^{-1}$ 处的谱带，这些拉曼谱带均归功于 C—C 的骨架振动。

表 2-2 聚 1-丁烯在晶体中的构象及拉曼谱带

晶型	晶胞	螺旋构象	拉曼位移/cm^{-1}
I 型	六边形晶胞	$H3_1$	774,824,875,982
II 型	四边形晶胞	$H11_3$	774,824,875,982
III 型	正菱形晶胞	$H10_3$	774,824,982

直链淀粉是由 D-葡萄糖单元通过 α-1,4 糖苷键连接而成的线性多糖，它能与一些疏水性客体分子形成螺旋结构的 V-型复合物晶体，一般由 6～8 个葡萄糖残基组成 1 个螺旋（图 2-30）。直链淀粉 α-D-葡萄糖端基异构体的拉曼谱带出现在 $865cm^{-1}$，显示 α-D 键合，直链淀粉的 C—O—C 键的拉曼谱带出现在 $926cm^{-1}$、$941cm^{-1}$ 和 $954cm^{-1}$。当直链淀粉与布洛芬和单壁碳纳米管形成螺旋结构的复合物后，位于 $941cm^{-1}$ 处的 C—O—C 键的拉曼谱带分别移至 $948cm^{-1}$ 和 $981cm^{-1}$。

2.4.2.3 拉曼光谱法在研究高分子取向方面的应用

取向是指高分子受到外力的作用或环境因素的影响，高分子链或者其他结构单元沿着外力作用方向或受环境因素影响而择优排列的现象。高分子取向具体包括分子链、链段的取向

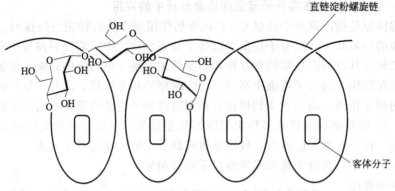

图 2-30 直链淀粉与客体分子形成的复合物结构

以及结晶高分子的晶片等沿特定方向的择优排列。拉曼光谱的 SERS 技术可用于研究吸附在 SERS 基底表面的高分子的结构、构象和取向，所以，它已成为一种研究高分子在界面间的分子链构象和链取向的有效方法。

Zhang 等采用 SERS 技术研究旋涂在银基底的无规立构聚甲基丙烯酸甲酯（atactic PMMA，a-PMMA）薄膜的分子链取向，当 PMMA 经过高温退火处理后（150℃/h 以及 120℃/h），它们的 SERS 谱图与未经退火处理的 a-PMMA 薄膜 SERS 谱图相比，发现位于 1003cm^{-1} 处的 C—O—C 基团伸缩振动的拉曼谱带强度随着退火温度的升高不断减弱，说明 a-PMMA 分子链中的 C—O—C 基团由旁式异构体（gauche conformer）转变为反式异构体（trans conformer）（图 2-31）。

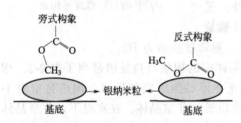

图 2-31 吸附在银基底 a-PMMA C—O—C 基团的旁式构象和反式构象

聚苯并咪唑分子链在 SERS 基底界面的取向与其制备方式有关：当聚苯并咪唑/二甲基甲酰胺（DMF）溶液在银基体上蒸发溶剂成膜时，其分子链取向平行于银基体表面；在成膜过程中升高 DMF 溶剂蒸发的温度时，分子链取向则定向垂直于银基体表面；经过退火处理的聚苯并咪唑溶液制成薄膜时，分子链则定向垂直于银基体表面，当对聚合物薄膜退火时，氮原子中的未共用电子对通过 π-π 结合形成有序芳环结构。

2.4.3 拉曼光谱实验

【实验目的】
① 学习拉曼光谱法的原理。
② 了解拉曼光谱法在研究高分子结构及其性能中的应用。
③ 掌握拉曼光谱仪的测试技术及其数据分析处理方法。

【实验原理】
HDPE 和 iPP 在它们的晶体结构中分别采取平面锯齿形和螺旋形构象（图 2-29）。本实验以晶体结构中不同分子构象的 HDPE 和 iPP 为实验样品，学习拉曼光谱法在解析高分子结构及构象方面的应用。

【仪器】
DXR3xi 显微拉曼偏振成像光谱仪（Thermo Fisher，赛默飞，美国）。

【试剂】

HDPE 和 *i*PP，粉末状。

【实验步骤】

① 打开拉曼仪器开关，待电源"Power"上方的绿灯亮起后，转动激光控制器钥匙至开机位置。

② 打开连接仪器的电脑电源，打开测试软件 OMNICxi。软件程序完成自检（约 2min），点击屏幕左上方 ⚙，开启激光电源"Laser on"，预热 3～5min。

③ 安装测试样品。将固体样品放置在无干扰的基底片（玻璃载玻片或石英载玻片）上。对于固体粉末样品，可以用盖玻片将其稍稍压平，然后放置到载物台上，夹稳。选择不同倍数的物镜找到样品的测定区域，进行聚焦。盖上样品舱舱门，电脑屏幕出现 ✅。

④ 设置拉曼实验的测试参数。在电脑桌面程序的"参数设置"区域，设置激光功率、光阑、曝光时间、曝光次数等参数。一般情况下，激光功率由低开始，逐渐增大，确保样品不被灼烧的情况下，曝光时间越长、次数越多，所采集到样品光谱的信噪比越好。

⑤ 拉曼测试实验。点击电脑桌面程序中的"实时光谱"图标，打开激光通路，开始拉曼测试，实时在线的待测样品拉曼谱图显示在电脑屏幕的"光谱"区域。测试结束后点击"Video"键，返回白光通路。为了获得合适的拉曼谱图，可重新设置实验参数，重复上述操作，再次采集拉曼光谱。

⑥ 拉曼谱图和实验数据的保存。点击测试得到的拉曼谱图下方"保存光谱"图标，将拉曼光谱保存至指定文件夹中，其格式为".spa"文件。

在编辑软件 OMNIC 中打开上述拉曼谱图，如有需要可进行拉曼谱图的基线校正和平滑处理，保存谱图。也可将拉曼谱图另存为".CSV"格式文件。

⑦ 关闭仪器。点击电脑屏幕左上方 ⚙，关闭拉曼仪器测试系统，关闭测试软件 OMNICxi 和编辑软件 OMNIC。关闭显微镜照明电源（即将调光旋钮旋至最暗），关闭拉曼光谱仪主机电源（按主机电源"Power"按钮至绿灯熄灭）。

【注意事项】

① 拉曼光谱仪使用的光学显微镜镜头属于贵重的配件，因此需要小心使用，在放入、取出样品时，注意样品不能碰到镜头。聚焦过程中，趋近于对焦时，要缓慢地旋动升降平台旋钮，放置样品直接接触到镜头。

② 在软件程序中，激光处于关闭状态时才能更换激光器。

③ 测试过程中需要观察屏幕右上方是否保持出现正常状态的 ✅，如出现异常，则需要即时调整仪器使之处于正常状态。

④ 对于液体样品，需要先将液体样品装入石英毛细管中，然后将其放置在无干扰的基底片（玻璃载玻片或石英载玻片）上进行拉曼光谱测试。

【数据处理】

查阅相关文献资料，解析 HDPE 和 *i*PP 的拉曼光谱图。

【结果与讨论】

分析比较 HDPE 和 *i*PP 两种高分子链在晶体中的不同构象（平面锯齿形和螺旋形）的拉曼信号差异。

【思考题】

① 拉曼光谱产生的机制是什么？拉曼光谱法适合具有哪些结构特征的分子？为什么？

② 红外光谱法与拉曼光谱法有哪些共同点和区别？

③ 为了增强研究物质的拉曼散射信号强度，目前出现哪些拉曼技术？它们的特点是什么？

④ 拉曼光谱法在高分子的结构、构象等领域有哪些应用研究？

⑤ 对于液体样品，如何进行拉曼光谱实验？

⑥ 查阅相关文献，对于具有螺旋形构象的分子，它们的拉曼光谱具有哪些特征？

参 考 文 献

[1] 宁永成. 有机化合物结构鉴定与有机波谱学 [M]. 北京：科学出版社，2000.

[2] 薛奇. 高分子结构研究中的光谱方法 [M]. 北京：高等教育出版社，1995.

[3] Gottlieb H E, Kotlyar V, Nudelman A. NMR chemical shifts of common laboratory solvents as trace impurities [J]. Journal of Organic Chemistry, 1997, 62：7512-7515.

[4] Bovey F A, Mirau P A. NMR of polymers [M]. San Diego：Academic Press, Inc., 1996.

[5] McBrierty V J, Packer K J. Nuclear magnetic resonance in solid polymers [M]. New York：Press Syndicate of the University of Cambridge，1993.

[6] Stejskal E O, Memory J D. High resonce NMR in the solid-state fundamentals of CP/MAS [M]. New York：Oxford University Press, Inc., 1994.

[7] 王粉粉，孙平川. 固体核磁共振技术在高分子表征研究中的应用 [J]. 高分子学报，2021，52（7）：840-856.

[8] 戎晨亮，侯立峰，黄海龙，等. 温敏性 SA/P（NIPAM-co-AM）水凝胶分子运动的固体核磁共振研究 [J]. 功能高分子学报，2019，32（1）：45-52.

[9] Nokab M E H E, van der Wel P C A. Use of solid-state NMR spectroscopy for investigating polysaccharide-based hydrogels：a review [J]. Carbohydrate Polymers, 2020，240：116276.

[10] Sandengen K, Widerøe H C, Nurmi L, et al. Hydrolysis kinetics of ATBS polymers at elevated temperature, via^{13}C NMR spectroscopy, as basis for accelerated aging tests [J]. Journal of Petroleum Science and Engineering, 2017, 158：680-692.

[11] 翁诗甫. 傅里叶变换红外光谱分析 [M]. 2 版. 北京：化学工业出版社，2010.

[12] 王忠辉. 傅里叶变换红外光谱法实验教学改革探索 [J]. 实验室科学，2021，24（5）：15-17.

[13] 曾幸荣. 高分子近代分析测试技术 [M]. 广州：华南理工大学出版社，2007.

[14] 张倩. 高分子近代分析方法 [M]. 成都：四川大学出版社，2010.

[15] 陈厚. 高分子材料分析测试与研究方法 [M]. 北京：化学工业出版社，2011.

[16] Masters B R C V. Raman and the Raman effect [J]. Optics & Photonics News, 2009，20：40-45.

[17] Cialla-May D, Schmitt M, Popp J. Theoretical principles of Raman spectroscopy [J]. Physical Sciences Reviews, 2019, 4：20170040.

[18] Das R S, Agrawal Y K. Raman spectroscopy：recent advancements, techniques and applications [J]. Vibrational Spectroscopy, 2011, 57：163-176.

[19] Serebrennikova K V, Berlina A N, Sotnikov D V, et al. Raman scattering-based biosensing：new prospects and opportunities [J]. Biosensors, 2021, 11：512.

[20] Alessandri I A, Lombardi J R. Enhanced Raman scattering with dielectrics [J].

Chemical Reviews，2016，116：14921-14981.

[21] Ding S Y，Yi J，Li J F，et al. Nanostructure-based plasmon-enhanced Raman spectroscopy for surface analysis of materials [J]. Nature Reviews Materials，2016，1：16021.

[22] Ding S，You E，Tian Z，et al. Electromagnetic theories of surface-enhanced Raman spectroscopy [J]. Chemical Society Reviews，2017，46：4042-4076.

[23] Valley N，Greeneltch N，Duyne R P V，et al. A look at the origin and magnitude of the chemical contribution to the enhancement mechanism of surface-enhanced Raman spectroscopy (SERS)：theory and experiment [J]. The Journal of Physical Chemistry Letters，2013，4：2599-2604.

[24] 朱自莹，顾仁敖，陆天虹. 拉曼光谱在化学中的应用 [M]. 沈阳：东北大学出版社，1998.

[25] 徐冰冰，金尚忠，姜丽，等. 共振拉曼光谱技术应用综述 [J]. 光谱学与光谱分析，2019，39（7）：2119-2127.

[26] 于凌尧，尹君，万辉，等. 基于超连续光谱激发的时间分辨相干反斯托克斯拉曼散射方法与实验研究 [J]. 物理学报，2010，59（8）：5407-5411.

[27] 李霞，张晖，张诗按，等. 甲醇溶液相干反斯托克斯拉曼光谱（CARS）的选择激发 [J]. 量子电子学报，2008，25（3）：282-286.

[28] Lopes M，Candini A，Urdampilleta M，et al. Surface-enhanced Raman signal for terbium single-molecule magnets grafted on graphene [J]. ACS Nano，2010，4：7531-7537.

[29] Krafft C，Schmitt M，Schie I W，et al. Label-free molecular imaging of biological cells and tissues by linear and nonlinear Raman spectroscopic approaches [J]. Angewandte Chemie-International Edition，2017，56：4392-4430.

[30] 胡成龙，陈韶云，陈建，等. 拉曼光谱技术在聚合物研究中的应用进展 [J]. 高分子通报，2014，3：30-45.

[31] 陈美娟，王靖岱，蒋斌波，等. 利用拉曼光谱检测乙丙共聚物中乙烯含量 [J]. 光谱学与光谱分析，2011，31（3）：709-713.

[32] Le C A K，Ogawa Y，Dubreuil F，et al. Crystal and molecular structure of V-amylose complexed with ibuprofen [J]. Carbohydrate Polymers，2021，26：117885.

[33] 张惟杰. 糖复合物生物化学研究技术 [M]. 杭州：浙江大学出版社，1997.

[34] Yang L，Zhang B，Yi J，et al. Preparation，characterization and properties of amylose-ibuprofen inclusion complexes [J]. Starch-Starke，2013，65：593-602.

[35] Yang L，Zhang B，Liang Y，et al. In situ synthesis of amylose/single-walled carbon nanotubes supramolecular assembly [J]. Carbohydrate Research，2008，343：2463-2467.

[36] Zhang J M，Zhang D H，Shen D Y. Orientation study of atactic poly(methyl methacrylate)thin film by SERS and RAIR spectra [J]. Macromolecules，2002，35：5140-5144.

[37] Xue G，Dong J，Zhang J. Surface-enhanced Raman scattering study of polymer on metal. 2. Molecular chain orientation of polybenzimidazole and poly(L-histidine)and its transition [J]. Macromolecules，1991，24：4195-4198.

第 3 章

高分子的分子量及溶液构象

高分子的分子量、分子量分布及其溶液构象与高分子材料的性能、加工工艺、反应机理密切相关。

从高分子材料使用性能和加工性能综合考虑，高分子的分子量在一定范围内才比较适合。分子量较大的高分子通常表现出优良的力学性能（如拉伸强度、冲击强度和高弹性），但分子量过大则会影响高分子的加工性能（如流变性能和可塑性能）。此外，高分子的分子量及分子量分布可用于研究高分子反应机理（如聚合反应机理、老化裂解机理）以及高分子结构与性能关系等。

高分子的分子量分布也影响其加工和使用性能。如分子量分布较窄的纤维类高分子可纺性能和纤维产品的性能较好，分子量分布较窄的塑料类高分子有利于加工条件的控制和提高产品的使用性能。

高分子链的柔顺性使得不同结构的高分子在溶液中呈现不同的构象（如无规线团、螺旋链、棒状链和聚集体）。近年来发现生物大分子和天然高分子的分子量和链构象与其生物活性和功能密切相关，因此，高分子的溶液构象对于研究其结构和性能的构效关系有着重要意义。高分子溶液构象一般通过测定高分子在稀溶液中的各种参数（分子量、第二位力系数、均方旋转半径、流体力学直径、特性黏数、柔性参数等）进行研究，主要有体积排除色谱法（即尺寸排除色谱法）、静态和动态光散射法、黏度法、场分离色谱法、中子散射法、膜渗透压法等。

3.1 高分子的分子量及分子量分布

高分子分子量的特点：①高分子分子量较大，一般在 $10^3 \sim 10^7$ 之间；②高分子分子量是统计的平均值，无确定的分子量；③高分子分子量分布不均匀，具有多分散性。所以，高分子分子量的特征需要由分子量和分子量分布两类参数进行描述。

3.1.1 高分子的分子量

根据不同统计权重值的方式，通常用以下四种分子量参数来描述高分子的分子量特征。

数均分子量（$\overline{M}_n$，number average molecular weight）以分子的物质的量（n_i）为统计单元，统计的权重为该分子所占的物质的量分数（N_i）：

$$\overline{M}_n = \frac{n_1}{n_1+n_2+\cdots+n_i}M_1 + \frac{n_2}{n_1+n_2+\cdots+n_i}M_2 + \cdots \frac{n_i}{n_1+n_2+\cdots+n_i}M_i$$

$$= \frac{\sum\limits_i n_i M_i}{\sum\limits_i n_i} = \sum_i N_i M_i \tag{3-1}$$

或

$$\overline{M}_n = \frac{\sum\limits_i m_i}{\sum\limits_i \frac{m_i}{M_i}} = \frac{1}{\sum\limits_i \frac{w_i}{M_i}} \tag{3-2}$$

式中，$N_i = n_i / \sum\limits_i n_i$，$n_i$ 是第 i 组分的物质的量，mol；M_i 是第 i 组分的分子量，g/mol；m_i 和 w_i 分别是第 i 组分的质量和质量分数。

重均分子量（$\overline{M}_w$，weight average molecular weight）以分子的质量（w_i）为统计单元，统计的权重为该分子的质量分数（w_i）：

$$\overline{M}_w = \frac{m_1}{m_1+m_2+\cdots+m_i}M_1 + \frac{m_2}{m_1+m_2+\cdots+m_i}M_2 + \cdots + \frac{m_i}{m_1+m_2+\cdots+m_i}M_i$$

$$= \frac{\sum\limits_i m_i M_i}{\sum\limits_i m_i} = \sum_i w_i M_i \tag{3-3}$$

或

$$\overline{M}_w = \frac{\sum\limits_i n_i M_i^2}{\sum\limits_i n_i M_i} \tag{3-4}$$

式中，$w_i = m_i / \sum\limits_i m_i$，$m_i$ 是第 i 组分的质量，g。

Z 均分子量（$\overline{M}_z$，z-average molecular weight）是以 $n_i M_i^2$（或 $m_i M_i$）为统计单元（称为 z 量）得到的统计平均分子量：

$$\overline{M}_z = \frac{\sum\limits_i m_i M_i^2}{\sum\limits_i m_i M_i} = \frac{\sum\limits_i w_i M_i^2}{\sum\limits_i w_i M_i} \tag{3-5}$$

或

$$\overline{M}_z = \frac{\sum\limits_i n_i M_i^3}{\sum\limits_i n_i M_i^2} \tag{3-6}$$

上述四种高分子统计平均分子量可写成一个通用表达式：

$$\overline{M}^\beta = \frac{\sum\limits_i n_i M_i^{\beta+1}}{\sum\limits_i n_i M_i^\beta}$$

当 $\beta = 0$：

$$\overline{M} = \overline{M}_n = \frac{\sum\limits_i n_i M_i}{\sum\limits_i n_i} = \sum_i N_i M_i \tag{3-7}$$

当 $\beta=1$：
$$\overline{M} = \overline{M}_w = \frac{\sum_i n_i M_i^2}{\sum_i n_i M_i} = \frac{\sum_i m_i M_i}{\sum_i m_i} = \sum_i w_i M_i \tag{3-8}$$

当 $\beta=2$：
$$\overline{M} = \overline{M}_z = \frac{\sum_i n_i M_i^3}{\sum_i n_i M_i^2} = \frac{\sum_i m_i M_i^2}{\sum_i m_i M_i} = \frac{\sum_i w_i M_i^2}{\sum_i w_i M_i} \tag{3-9}$$

黏均分子量（$\overline{M}_\eta$，viscosity-average molecular weight）是通过黏度实验测定出的高分子分子量。

$$\overline{M}_\eta = \left(\frac{\sum_i n_i M_i^{\alpha+1}}{\sum_i n_i M_i} \right)^{\frac{1}{\alpha}} = \left(\sum_i w_i M_i^\alpha \right)^{\frac{1}{\alpha}} \tag{3-10}$$

式中，α 为 Mark-Houwink 方程 $[\eta] = KM^\alpha$ 中的指数，通常在 $0.5\sim1$ 之间。

当 $\alpha=1$：$\overline{M}_\eta = \overline{M}_\omega$

当 $\alpha=-1$：$\overline{M}_\eta = \overline{M}_n$

一般情况下高分子的四种分子量的大小顺序通常为 $\overline{M}_n < \overline{M}_\eta \leqslant \overline{M}_w < \overline{M}_z$。

3.1.2 高分子的分子量分布

由于高分子分子量分布不均匀性，导致高分子分子量体现出多分散性的特点。通常采用分布宽度指数（σ^2）和多分散系数（或多分散指数，d）来表征高分子的分子量分布。高分子的分子量分布越宽，d 值越大。对于单分散性高分子，$d=1$。

$$\sigma_n^2 = \overline{M}_n \overline{M}_w - \overline{M}_n^2 = \overline{M}_n^2 (\overline{M}_w / \overline{M}_n - 1) \tag{3-11}$$

$$\sigma_w^2 \equiv \overline{[(M - \overline{M}_w)^2]}_w = (\overline{M^2})_w - \overline{M}_w^2 = \overline{M}_w^2 (\overline{M}_z / \overline{M}_w - 1) \tag{3-12}$$

式中，σ_n^2 和 σ_w^2 分别为数均分布宽度指数和重均分布宽度指数。

$$d = \overline{M}_w / \overline{M}_n \tag{3-13}$$

$$d = \overline{M}_z / \overline{M}_w \tag{3-14}$$

3.2 静态和动态光散射法

当一束单色、相干的激光照射到高分子稀溶液中时，高分子的电子云在入射光的电磁波作用下极化诱导成为偶极子，其随着电磁波的振动向各个方向辐射出电磁波成为二次光源，即产生光散射现象。光散射法（light scattering method）是高分子科学研究中一种常规的测试手段，包括静态和动态光散射法。将这两种测试法巧妙地结合起来可用于研究高分子在溶液中有关质量和流体力学体积变化的关系，如高分子链的溶液构象、高分子聚集与分散、结晶与溶解、吸附与解吸、高分子的老化和降解。

3.2.1 静态光散射法的基础理论

静态光散射法（static light scattering method）是测定高分子重均分子量（M_w）的绝

对方法。静态光散射又称瑞利散射，其理论基础是假设高分子在溶液中是静止的，当散射光和入射光频率相同时产生的光散射，静态光散射属于弹性散射。在高分子溶液中高分子的散射光强度远高于溶剂，且依赖于高分子的分子量、链构象、溶液浓度、散射光角度和溶液的折射率增量（dn/dc）。因此，在静态光散射法中，通过测定高分子溶液的 dn/dc 值以及不同浓度的高分子在不同散射角时的散射光强度，可计算出瑞利散射因子（R_{θ}）和光学常数（K）[公式(3-15) 和公式(3-16)]，根据公式(3-17) 即可求得高分子的 $\overline{M}_w$、均方旋转半径（R_g）和第二位力系数（A_2）。

$$R_{\theta}=\frac{I_{\theta}}{I_0}r^2 \tag{3-15}$$

式中，I_0 和 I_{θ} 分别为入射光和高分子散射光的强度；r 为光源到测量点之间的距离。

$$K=\frac{4\pi^2 n^2}{N_A \lambda_0^4}\left(\frac{dn}{dc}\right)^2 \tag{3-16}$$

式中，n 为溶剂的折射率；N_A 为阿伏伽德罗常量（6.02×10^{23}）；λ_0 为入射激光的波长，nm。

通过示差折光仪测定不同浓度高分子溶液折光率与溶剂折光率之间的差值（Δn），并由 Δn 对高分子浓度（c）作图的直线斜率求得 dn/dc 值。需要注意的是，对于聚电解质的盐溶液体系，需要经过对盐溶剂透析达到渗透平衡后才能测定 dn/dc 值。

$$\frac{Kc}{R_{\theta}}=\frac{1}{\overline{M}_w}\left(1+\frac{1}{3}R_g^2 q^2\right)=2A_2 c \tag{3-17}$$

式中，矢量 $q=4\pi n\sin(\theta/2)/\lambda_0$，$\theta$ 为散射光的角度，（°）。

对于高分子稀溶液，可整理得出如下方程式求解 $\overline{M}_w$、R_g 和 A_2 参数：

$$\frac{Kc}{R_{\theta}}=\frac{1}{\overline{M}_w}\left[1+\frac{16\pi^2 n^2}{3\lambda_0^2}R_g^2\sin^2(\theta/2)+\cdots\right]+2A_2 c \tag{3-18}$$

根据公式(3-18)，不同浓度高分子溶液的散射光强度与其浓度和散射光的强度呈直线依赖关系，可采用 Zimm 作图法求解各参数，即由 $c=0$ 的直线截距和斜率分别求出 $\overline{M}_w$ 和 R_g，根据 $\theta=0$ 的直线截距和斜率分别求出 $\overline{M}_w$ 和 A_2。此外，还可采用 Berry 和 Debye 作图法求解 $\overline{M}_w$、R_g 和 A_2 参数。

3.2.2 动态光散射法的基础理论

由于高分子或粒子总是处于一种无规则的热运动状态，使得它们的散射光强度（或频率）随时间变化而发生涨落（图 3-1），并产生 Doppler 效应（频谱变化），这种方式的散射称为动态光散射（dynamic light scattering），也称为准弹性散射。

动态光散射中，散射光的频率分布比入射光稍宽，散射光的频率增宽是以入射光频率为中心的 Lorentz 分布 [图 3-2，公式(3-19)]，当频率偏移 Γ 时，频率谱密度将为峰值一半，因此 Γ 被称为半高半峰宽，简称线宽，量纲为 t^{-1}。

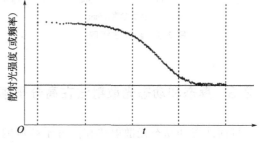

图 3-1 散射光强度-时间相关曲线

$$S(\omega) = \frac{2\Gamma}{\Gamma^2 + (\omega - \omega_0)^2} \qquad (3\text{-}19)$$

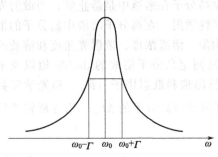

图 3-2　散射光频谱的 Lorentz 分布

式中，ω 和 ω_0 分别为入射光和散射光的频率，Hz；$S(\omega)$ 为频率谱密度。

如果散射光的频谱增宽完全是由高分子或粒子的平动扩散引起的，则可测定它们的平移扩散系数及其分布、流体力学半径以及分子量等参数。

球形分子的平移扩散系数（D_0）服从 Stokes-Einstein 方程：

$$D_0 = \frac{k_B T}{6\pi \eta_0 R_h} \qquad (3\text{-}20)$$

式中，k_B 为玻尔兹曼常数（$1.380649 \times 10^{-23}\,\mathrm{J/K}$）；$T$ 为绝对温度，K；R_h 为流体力学半径，nm；η_0 为溶剂的黏度，$\mathrm{Pa \cdot s}$。

由公式(3-20)可转化为高分子在稀溶液中的平均流体力学半径表达式：

$$R_h = \frac{k_B T}{6\pi \eta_0 D_0} \qquad (3\text{-}21)$$

高分子在溶液中的扩散系数与分子量相关联［公式(3-22)］，因此，可以通过测定扩散系数计算高分子的分子量。

$$D = k_D M^{-\alpha_D} \qquad (3\text{-}22)$$

式中，D 为扩散系数；k_D 和 α_D 为常数，其中 α_D 与高分子的链构象有关。对于柔性高分子在良溶剂中，$0.5 < \alpha_D < 0.6$；在 θ 溶剂中，$\alpha_D = 0.5$；对于半刚性蠕虫状链，$0 < \alpha_D < 1$；对于棒性刚状链，$\alpha_D = 1$。

由于高分子的分子量存在多分散性特点，使得分子量分布对散射光电场强度的自相关函数产生影响。所以，通常采用累计法和矩形图法来分析不同测量体系自相关函数的数据。累计法适合于分子量分布接近正态分布的多分散性体系（图 3-3），而对于分子量分布出现双峰或多峰分布的多分散性体系，通常采用矩形图法（图 3-4）。

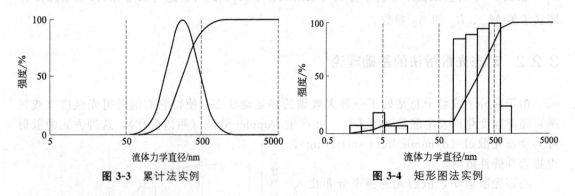

图 3-3　累计法实例　　　　　　　　　　图 3-4　矩形图法实例

3.2.3　静态和动态光散射法在高分子领域的应用研究

目前静态和动态光散射法在高分子领域的主要应用研究包括：①静态光散射法是测定高分子重均分子量的重要方法；②静态和动态光散射法通过测定高分子的分子量、第二位力系数、均方旋转半径及流体力学半径可用于研究高分子溶液构象及其构象转变；③由于高分子在聚集、交联和降解过程中的分子量和尺寸都发生了明显变化，所以，静态和动态光散射法也常用于研究产生这些变化的机理和溶液性质。

(1) 研究高分子的分子量及溶液构象

由于天然高分子具有较好的生物相容性、生物降解性和特殊的生物活性，所以，它们在医药、生物、食品、化妆品等领域的应用呈现日趋上升的趋势，其功能与分子量和溶液构象密切相关。黄芪多糖是黄芪中药中一类重要的活性物质，图 3-5 为黄芪多糖在 0.1mol/L NaCl 中的 Zimm 图，根据公式（3-18）可求得其 $\overline{M}_w$、A_2 和 R_g 分别为 2.5×10^5 g/mol、3.5×10^{-3} cm$^3 \cdot$ mol/g^2 和 80nm，A_2 为正值，说明 0.1mol/L NaCl 是黄芪多糖的良溶剂。

茶多糖的降血糖活性与降低 α-淀粉酶的活性有关。将一种从绿茶中分离提取出的酸性茶多糖经过沉淀分级法得到 7 个不同分子量的级分，采用静态光散射法和黏度法分别可测定它们的 $\overline{M}_w$、A_2、R_g 和特性黏数（$[\eta]$），进一步得出这些溶液参数之间的关系（如 $[\eta]=$

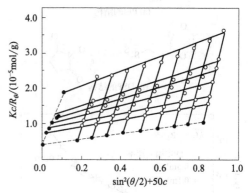

图 3-5 黄芪多糖的 Zimm 图
（0.1mol/L NaCl，25℃）

$0.48\overline{M}_w^{0.21}$，$|A_2|=0.09\overline{M}_w^{-0.63}$，$R_g=0.63\overline{M}_w^{0.33}$ 等），根据高分子溶液理论分析得出该酸性茶多糖在水溶液中呈现超支化构象，其支化链有可能插入 α-淀粉酶的活性中心，阻止淀粉底物进入该区域，从而起到降低 α-淀粉酶活性的作用。

(2) 研究高分子在溶液中的构象转变

香菇多糖在临床上已作为注射液被用于治疗恶性肿瘤，该抗肿瘤活性与香菇多糖在水溶液中呈现的三螺旋构象有关。采用静态和动态光散射法测定香菇多糖在 NaCl 溶液中不同温度下的 $\overline{M}_w$、A_2、R_g、R_h 和 $[\eta]$，当温度从 20℃升至约 150℃这些溶液参数的数值都减小，表明香菇多糖的构象发生了从三股螺旋链到无规线团单链的转变。

(3) 研究高分子的交联及机理

聚醚酰亚胺 [polyetherimide，PEI，图 3-6(a)] 作为非病毒类载体而广泛用于基因转染领域的研究。然而，由于 PEI 分子中—NH$_2$、—NH—和 N—基团数量很高，使得 PEI 表现出较强的正电荷性质，导致较高的细胞毒性。Deng 等报道，二硫代双（琥珀酰亚氨基丙酸酯）[dithiobis (succinimidyl propionate)，DSP，图 3-6(b)] 作为交联剂在二甲亚砜溶剂中交联低分子量的 PEI（2k，即 2000），得到的 DSP 交联 PEI 显示出较低的细胞毒性和较高的基因转染效率。采用实时探测反应进程的光散射装置，研究了交联反应过程 DSP 交联 PEI 产物的各种溶液参数随时间的变化关系，发现随着交联剂 DSP 的不断加入，PEI 交联产物的 $\overline{M}_w$ 和 R_h 不断增大，而密度则下降 [图 3-6(c)]。图 3-6(d) 中，当 1nm$<R_h<$10nm 时 $d_f=1.4\pm0.1$，表明交联的 PEI 处于伸展链构象；当 $R_h>$10nm 时 $d_f=3.0\pm0.1$，表明交联的 PEI 变得较为紧缩，称为球形构象。这些结果证实在 DSP 的交联作用下，小分子量的 PEI 变成较高分子量的 DSP 交联 PEI [图 3-6(e)]。

(4) 研究高分子的降解及机理

以多肽为亲水链段和合成高分子为疏水链段的两亲性嵌段聚合物在水溶液中可以自组装

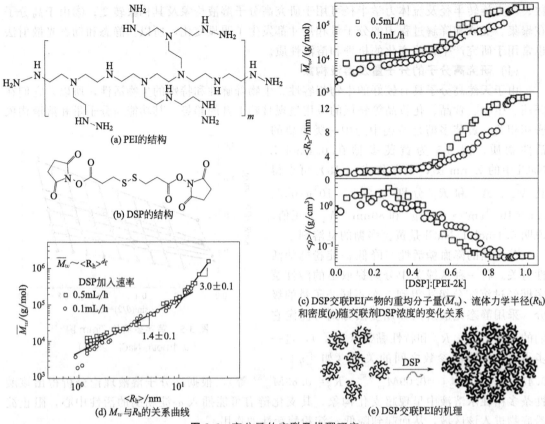

(a) PEI的结构

(b) DSP的结构

(c) DSP交联PEI产物的重均分子量($\overline{M}_w$)、流体力学半径(R_h)和密度(ρ)随交联剂DSP浓度的变化关系

(d) M_w与R_h的关系曲线

(e) DSP交联PEI的机理

图3-6 高分子的交联及机理研究

成疏水性核、亲水性壳的胶束，用于负载药物，多肽链段在一些酶的作用下发生降解，胶束解散而释放药物，所以，该类胶束在药物传输系统中具有较高的应用价值。图3-7为室温下动态光散射法分析弹性蛋白酶作用于两种两亲性嵌段共聚物胶束的流体力学直径分布图，两亲性谷氨酸肽-丙烯酸丁酯嵌段共聚物胶束随着弹性蛋白酶作用时间的增加流体力学直径增加 [图3-7(a)]，表明弹性蛋白酶降解谷氨酸肽链段后，生成的疏水性聚丙烯酸丁酯发生聚集；而两亲性谷氨酸肽-苯乙烯嵌段共聚物胶束没有出现该现象 [图3-7(b)]。这是由于聚丙烯酸丁酯比聚苯乙烯具有更低的玻璃化转变温度，室温下柔顺性更好，有利于弹性蛋白酶与胶束内的谷氨酸肽结合而发生降解。

(5) 研究高分子在溶液中的聚集行为

两亲性三嵌段共聚物在水溶液中容易自组装形成各种形态的纳米尺寸超分子组装体（如球体、囊泡和圆柱体等），具有多种潜在的应用领域（如纳米反应器、药物传输体系、合成多孔材料和纳米材料的模板等），聚氧乙烯（PEO）具有较好的亲水性、生物相容性和生物可降解性，而由微生物产生的聚[(R)-3-羟基丁酸酯]（PHB）具有较强疏水性、较高结晶度、较低的玻璃化转变温度和较慢的体内降解速率，所以，研究两亲性聚氧乙烯-聚[(R)-3-羟基丁酸酯]-聚氧乙烯（PEO-PHB-PEO）三嵌段共聚物 [图3-8(a)]，三嵌段共聚物在水溶液中的自组装行为对其应用具有重要价值。Li 等采用静态和动态光散射法深入研究了 PEO-PHB-PEO 在去离子水中的自组装行为，根据静态光散射法测定的 Zimm 图得到 PEO-PHB-PEO 胶束的溶液参数（$\overline{M}_{w,agg}$、A_2 和 R_g）[图3-8(b)]，采用公式(3-23)可计算出该胶束中 PEO-PHB-PEO 分子的聚集数（N_{agg}）为30~60，随着 PEO 亲水链段的增长，A_2 由负值变为正值，表明具有长 PEO 亲水链段的 PEO-PHB-PEO 与水的溶剂化相互作用更强。

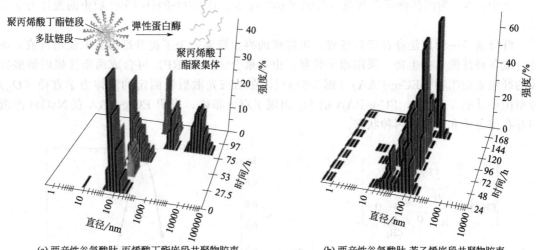

(a) 两亲性谷氨酸肽-丙烯酸丁酯嵌段共聚物胶束

(b) 两亲性谷氨酸肽-苯乙烯嵌段共聚物胶束

图 3-7 室温下动态光散射法分析弹性蛋白酶作用

$$N_{agg} = \frac{\overline{M}_{w,agg}}{\overline{M}_w} \tag{3-23}$$

式中，$\overline{M}_{w,agg}$ 为 PEO-PHB-PEO 胶束的重均分子量，g/mol；$\overline{M}_w$ 为凝胶渗透色谱法测定的单个 PEO-PHB-PEO 分子的重均分子量，g/mol。

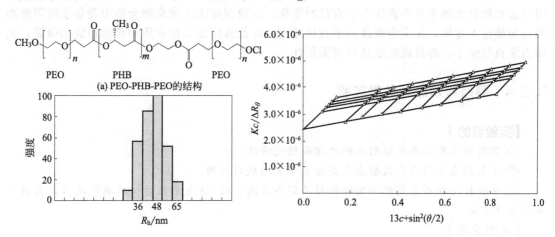

(c) 动态光散射法测定的PEO-PHB-PEO胶束流体力学半径分布图　　(b) 静态光散射法测定的PEO-PHB-PEO胶束Zimm图

图 3-8 静态和动态光散射法研究 PEO-PHB-PEO 的自组装行为

根据动态光散射法可测定出 PEO-PHB-PEO 胶束的流体力学半径（R_h）[图 3-8(c)]，可计算出不同 PEO 和 PHB 链段长度的 PEO-PHB-PEO 胶束的 R_g/R_h 值分别为 1.23 和 1.54。根据 R_g/R_h 值判断高分子溶液构象的经验性原则（球形，0.78；无规线团，1.78；棒状，≥2），PEO-PHB-PEO 胶束在水溶液中可能是一种接近于球形的聚集体，通过透射电镜也观察到接近于球形的 PEO-PHB-PEO 胶束。根据公式(3-24)可计算不同 PEO 和 PHB 链段长度的 PEO-PHB-PEO 胶束的密度（ρ_p）分别为 2.0×10^{-3} g/cm³ 和 3.4×10^{-3} g/cm³。

$$\rho_p = \frac{3\overline{M}_{w,agg}}{4\pi N_A R_h} \tag{3-24}$$

式中，N_A 为阿伏伽德罗常数（6.02×10^{23}）；R_h 为 PEO-PHB-PEO 胶束的流体力学半径，nm。

纤维素是一种广泛存在于自然界、可降解的再生资源，为了提升纤维素的使用价值，通常合成各种纤维素衍生物。采用原子转移自由基聚合法（ATRP）可合成两亲性聚丙烯酸接枝的纤维素衍生物（EC-g-PAA）[图 3-9(a)]，在动态光散射法测定的流体力学直径（D_h）分布图中 [图 3-9(b)]，EC-g-PAA 的 D_h 出现了双分布峰，表明 EC-g-PAA 在 NaOH 溶液中存在单分子和聚集体两种状态。

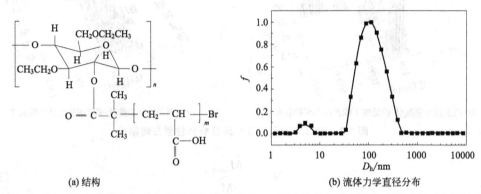

(a) 结构　　　　　　　　　　　　　　　　(b) 流体力学直径分布

图 3-9　EC-g-PAA 的结构与动态光散射法测定的 EC-g-PAA 流体力学直径分布图（NaOH 溶液）

凝集素与糖基聚合物的葡萄糖基团通过螯合作用能形成葡萄糖响应性的囊泡聚集体，采用动态光散射法测定囊泡流体力学直径的变化，发现在高浓度葡萄糖介质中凝集素吸附游离的葡萄糖进入囊泡，使囊泡流体力学直径增大，在低浓度葡萄糖介质中囊泡释放葡萄糖，流体力学直径缩小，并且该转变具有可重复性。

3.2.4　静态和动态光散射实验

【实验目的】

① 理解静态和动态光散射法的原理和研究方法。

② 了解静态和动态光散射法在高分子研究领域的应用。

③ 掌握静态和动态光散射实验的样品制备方法、动/静态光散射仪的测试技术及其数据分析处理方法。

【实验原理】

(1) 光散射法测定原理

在高分子稀溶液中（高分子浓度低于 1‰），高分子电子云在一束单色、相干激光的电磁波作用下极化诱导成为偶极子，其随着电磁波的振动向各个方向辐射出电磁波成为二次光源，产生光散射现象。根据光散射理论，本实验采用静态光散射法测定高分子的重均分子量（$\overline{M}_w$）、均方旋转半径（R_g）和第二位力系数（A_2），采用动态光散射法测定高分子的流体力学半径（R_h）。

(2) 折光率增量（dn/dc）测定原理

根据静态光散射法理论，高分子的散射光强（I）与溶液的光学性能有关，表现为散射光强与溶剂的折光率（n）以及溶液的 dn/dc 有关，即 $I \propto n^2 (\mathrm{d}n/\mathrm{d}c)^2$。

(3) 甲苯校正静态光散射测量角度的原理

根据静态光散射法理论，瑞利散射因子（R_θ）与入射激光和高分子散射光的强度（I_0

和 I_{θ}）和光源到测量点之间的距离（r）有关［公式(3-25)］，通过测定这些参数可以获得 R_{θ}。然而，由于溶液中高分子的散射光强度很弱（一般比入射光弱 5 个数量级），需要特殊的仪器才能测定（I_{θ}/I_0）数值，并且较难测量点之间的距离（r），所以，一般通过相对方法测定 R_{θ}，即采用光散射性质稳定的纯溶液（如苯或甲苯）作为参比标准进行相对测定。当 I_0 和 r 确定后，R_{θ} 和 I_{θ} 成正比，根据公式(3-26)可测定高分子溶液 R_{θ} 值。

$$\frac{r^2}{I_0} = \frac{R_{90(\text{苯})}}{I_{90(\text{苯})}} \tag{3-25}$$

$$R_{\theta} = I_{\theta} \frac{R_{90(\text{苯})}}{I_{90(\text{苯})}} \tag{3-26}$$

式中，$R_{90(\text{苯})}$ 和 $I_{90(\text{苯})}$ 分别为 90°时苯的瑞利散射因子和散射光强。

【仪器】

(1) 动/静态光散射测量系统

动/静态光散射测量系统（BI-200SM，Brookhaven Instruments Corporation，New York，USA），包括动静态光散射仪和 dn/dc 测量仪和温度循环系统［控温范围（15～75）℃ ± 0.05℃］。动静态光散射仪的结构包括激光器（激发波长 532nm 和 640nm）、衰减片、反射镜、散射池/匹配液池、匹配液池循环系统、旋转台（角度计）、检测器系统相关器（图3-10）。

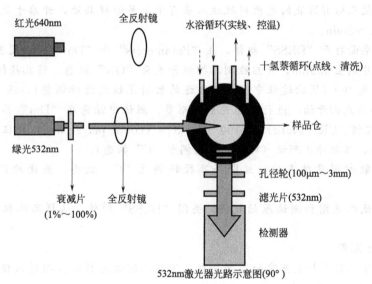

图 3-10 动静态光散射仪结构

(2) 电脑操作系统

电脑操作系统包括动态光散射软件系统和静态光散射软件系统（dn/dc 测量软件、甲苯矫正测试软件和 Zimm 图软件）。

【试剂】

十氢萘（萘烷，分析纯）、甲苯（HPLC级）、聚乙烯醇、双重蒸馏水。

【实验步骤】

(1) 光散射瓶的除尘

① 洗涤剂和超声清洗：用液体洗涤剂稀释的溶液浸泡光散射瓶，超声清洗 20min。如果瓶身上有可见固体残留，可用棉签蘸洗涤剂轻轻擦拭。用蒸馏水清洗除去洗涤剂溶液。

② 丙酮浸泡：将上述光散射瓶转移至丙酮中浸泡半天左右。

③ 丙酮回流除尘：在光散射瓶清洗回流装置中加入丙酮，置于油浴中，加热至128～130℃之间，回流丙酮，用丙酮蒸气清洗倒挂的光散射瓶2h。

④ 光散射瓶的保存：清洗好的光散射瓶用锡纸膜包好瓶身，备用。

（2）聚乙烯醇溶液的配制及除尘

准备好10个干净的5mL容量瓶，以双蒸水为溶剂，分别配制浓度为0.2mg/mL、0.4mg/mL、0.6mg/mL、0.8mg/mL、1.0mg/mL、2.0mg/mL、4.0mg/mL、6.0mg/mL、8.0mg/mL、10.0mg/mL的聚乙烯醇溶液，用0.45μm的过滤头过滤各溶液至已除尘的光散射瓶中，将瓶身和瓶盖分别用锡箔纸包好。

（3）光散射实验准备工作

① 开启温度循环系统［温度设定为（25±0.05)℃］，预热半小时，将循环水流速设定为低速。

② 开启dn/dc测量仪［温度设定为（25±0.05)℃］，预热2h。

③ 开启动静态光散射仪，将激光源调节至波长为532nm的绿光，旋转"衰减片"至合适的数值（实验过程中可根据合适的散射光强度进行调整）。

（4）动态光散射实验

① 将装有聚乙烯醇溶液的光散射瓶放入装有十氢萘的样品池，开启十氢萘循环泵，清洗光散射瓶壁2～3min。

② 在电脑桌面打开"DLSS"软件，在"Parameters"和"Dur"界面设置实验参数。

③ 将滤光片调至532nm，开启检测器按钮开关至"ON"状态，将孔径轮由"C"状态调至100、200或400（实验过程中可根据合适的散射光强度进行调整），在"DLSS"软件中的"Dur"界面点击开始，进行动态光散射测量。测试中注意在"Dur"界面观察散射光的强度，一般控制ACR（averg）在100～300kcps（count per second，表征散射光光强），如超出300kcps，立刻停止测试（即将孔径轮调至"C"状态）。

④ 动态光散射测量结束后，立即将孔径轮调至"C"状态，关闭检测器至"OFF"状态。

⑤ 保存测试结果图和测试原始数据，关闭"DLSS"软件，从样品池取出聚乙烯醇测试瓶。

（5）dn/dc测量

① 选择能与乙醇存封液互溶的溶剂分别从溶剂和溶液进样口注射进入仪器，置换乙醇（约10mL），在出口收集流出液。

② 按"AUTO ZERO"键调节零点，此时荧屏显示为"0"。

③ 从"溶液进样口"用注射器注射待测溶液，在电脑桌面打开"DRS"软件，根据该测量软件的操作提示进行实验。

④ 测量结束时，从"溶液进样口"用注射器注射溶剂清洗，然后分别从溶剂和溶液进样口注射无水乙醇置换实验溶剂（约10mL）。

⑤ 关闭dn/dc仪器电源开关和"DRS"软件。

（6）甲苯矫正实验

① 将装有甲苯的光散射瓶放入装有十氢萘的样品池，开启十氢萘循环泵，清洗光散射瓶壁2～3min。

② 在电脑桌面打开"BIC Goniometer Alignment"软件，在"Sample parameters"和"Experimental parameters"界面设置实验参数（包括测试角度等）。

③ 将滤光片调至532nm，开启检测器按钮开关至"ON"状态，将孔径轮由"C"状态调至1、2或3（实验过程中可根据合适的散射光强度进行调整），在"BIC Goniometer Alignment"软件中的"Experimental parameters"界面点击开始，进行甲苯矫正测试，在测试结果中选择 Error%≤±2% 的角度进行静态光散射 Zimm 图的测试，关闭"BIC Goniometer Alignment"软件。

④ 甲苯测试瓶仍然放置在样品池中，待后续静态光散射实验的软件操作提示时取出。

(7) 静态光散射实验

① 在电脑桌面打开"Zimm Plot"软件，在"Sample parameters"和"Experimental parameters"界面设置实验参数（包括根据甲苯矫正实验筛选出的角度、聚乙烯醇溶液的 dn/dc 数值等）。

② 将滤光片调至532nm，开启检测器按钮开关至"ON"状态，将孔径轮由"C"状态调至1、2或3（实验过程中可根据合适的散射光强度进行调整），在"Zimm plot"软件中的"Experimental parameters"界面点击开始。根据软件的提示在样品池中取出甲苯测试液，分别放入不同浓度的聚乙烯醇溶液，进行不同角度的静态光散射测试。

③ 静态光散射测试结束后，立即将孔径轮调至"C"状态，关闭检测器至"OFF"状态。

④ 保存测试结果图和测试原始数据，关闭"Zimm Plot"软件，从样品池取出聚乙烯醇测试瓶。

【注意事项】

① 实验前光散射瓶和聚乙烯醇溶液必须经过严格的除尘处理，以获得真实、准确的光散射实验原始数据。

② 光散射瓶为光学纯度级玻璃，透光性好，易刮伤，禁止使用试管刷清洗。

③ 光散射测试溶液浓度一般在 0.1~10mg/mL 之间，静态光散射实验至少需要 10 个浓度级。

④ 对于聚电解质样品，为了消除由于其电荷分布不均匀对折光率测定的影响，获得较为准确的 dn/dc 值，通常采用盐溶液（如 NaCl 和 KCl 溶液）作为溶剂，并用聚电解质水溶液对盐溶液透析24h。

⑤ 动态光散射实验过程中，控制 ACR（averg）在 100~300kcps，如果 ACR（averg）超出 300kcps，立刻将孔径轮调至"C"状态，以保护检测器。

【数据处理】

根据静态和动态光散射法理论，利用 Zimm 图软件计算出聚乙烯醇试样的 $\overline{M}_w$、A_2 和 R_g 数值，利用动态光散射软件得出聚乙烯醇试样的 R_h 数值。

【结果与讨论】

根据高分子稀溶液理论以及实验测定的聚乙烯醇溶液参数（A_2、R_g 和 R_h），分析讨论聚乙烯醇分子链的溶液构象。

【思考题】

① 静态光散射法和动态光散射法有哪些相同点和不同点？

② 静态光散射法和动态光散射法在测定高分子的分子量方面各自的特点是什么？

③ 为什么光散射实验前需要对高分子测试溶液和光散射瓶进行严格除尘处理？

④ 静态光散射实验中，使用甲苯的目的是什么？

⑤ 为什么散射池/匹配液池中的溶液选择十氢萘？

3.3 凝胶渗透色谱法

凝胶渗透色谱（gel permeation chromatography，GPC）是一种液相色谱，是利用高分子溶液流经多孔填料（如多孔硅胶或多孔树脂）分离介质而实现物质按分子大小进行分离的色谱分离技术。GPC可用于小分子物质和化学性质相同而分子体积不同的高分子同系物等的分离和鉴定。凝胶渗透色谱是测定高分子材料分子量及其分布的最常用、快速和有效的方法。

凝胶色谱技术是20世纪60年代初发展起来的分离技术，由于设备简单、操作方便，对高分子物质有很好的分离效果，已经广泛应用于生物化学、分子生物学、生物工程学、分子免疫学以及医学等领域。

3.3.1 凝胶渗透色谱法的基础理论

当含有各种分子大小的高分子溶液缓慢地流经凝胶色谱柱时，各个分子在凝胶色谱柱内同时进行垂直向下的移动和无定向的扩散运动。大分子物质由于直径较大，不易进入凝胶颗粒的微孔，只能在颗粒之间运动，其向下移动的速度较快。而小分子物质除了可在凝胶颗粒间隙中运动之外，还可以扩散进入多孔凝胶颗粒的微孔中，在向下移动的过程中，从一个凝胶内扩散到颗粒间隙后再进入另一凝胶颗粒，如此不断地进入和扩散，小分子物质的下移路径远大于分子尺寸较大的物质，其整体向下的移动速度较慢。经过一定长度的色谱柱分离后，不同分子量（大小）的物质就被区分开了，样品中尺寸大的分子先流出色谱柱，中等分子的后流出，分子最小的最后流出（图3-11）。

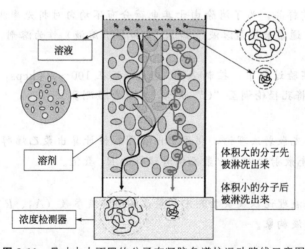

图3-11 尺寸大小不同的分子在凝胶色谱柱运动路线示意图

具有多孔的凝胶（填料）对大小不同的分子的分离作用机理，类似于分子筛效应。各种凝胶的孔隙大小分布有一定的分布范围。分子直径比多孔凝胶最大孔隙直径大的，就会全部被排阻在凝胶颗粒之外，这种情况叫全排阻。排阻极限是指不能进入凝胶颗粒孔隙内部的最小分子的分子量。所有大于排阻极限的分子都不能进入凝胶颗粒内部，只能在颗粒之间运动，并直接从凝胶颗粒外流出，所以它们同时被最先洗脱出来。排阻极限代表一种凝胶能有效分离的最大分子量，大于这种凝胶的排阻极限的分子用这种凝胶不能得到分离。随固定相不同，排阻极限范围约在 400 至 6×10^7 之间。相反，直径比凝胶最小孔直径小的分子能进入凝胶的全部孔隙。能够完全进入凝胶颗粒孔穴内部的最大分子的分子量，称之为渗透极限。所有小于渗透极限的分子都能进入凝胶颗粒内部，它们在凝胶色谱柱中的运动距离最长，所以它们同时最后洗脱出来。换句话说，两种都能进入凝胶全部孔隙的分子，即使它们的大小有差别，也不能得到分离。

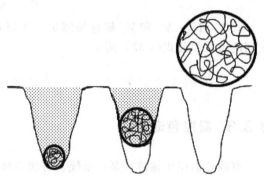

综上所述，在凝胶色谱中会有三种情况（图 3-12）。一是分子很小，能进入分子筛全部的内孔隙，可以完全渗透，在凝胶色谱中居于最后一个峰；二是分子很大，完全不能进入凝胶的任何内孔隙，被完全排阻，在凝胶色谱中居于第一个峰；三是分子大小适中，能进入凝胶的内孔隙中孔径大小相应的部分，

图 3-12 不同大小的分子在固定孔径的凝胶中可利用的孔体积（阴影部分）

对于这一部分大小的分子，其可利用的孔体积是分子半径的函数，它们可以按分子大小分离。

3.3.2 凝胶色谱柱参数

将凝胶色谱柱中的凝胶颗粒用溶剂溶胀，然后与溶剂一起填入柱中，此时，凝胶床层的总体积为 V_t，其组成如公式（3-27）所示：

$$V_t = V_0 + V_i + V_{GM} \tag{3-27}$$

式中，V_0 为柱中凝胶颗粒外部溶剂体积；V_i 为柱中凝胶颗粒内部吸入溶剂的体积（相当于溶胀后凝胶颗粒的孔体积）；V_{GM} 为凝胶颗粒骨架的体积。

V_t、V_0、V_i 和 V_{GM} 均称为柱参数。其数值均可通过实验测定。

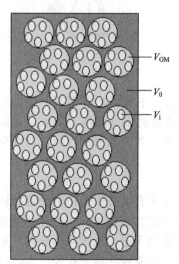

图 3-13 凝胶色谱柱中的各种颗粒体积

被测物质的洗脱体积 V_e 可用公式（3-28）来表达：

$$V_e = V_0 + K V_i \tag{3-28}$$

式中，K 为被测物质在固定相和流动相之间的分配系数，如公式（3-29）所示。

$$K = \frac{V_{i,acc}}{V_i} = \frac{V_e - V_0}{V_i} \tag{3-29}$$

式中，$V_{i,acc}$ 为凝胶颗粒内部溶质能进入（可利用）部分的体积，也即图 3-13 的阴影部分。

由上可见，凝胶色谱分离的过程中，没有受到任何其他吸附现象或化学反应的影响，它完全基于分子筛效应。

① 若 $K = 0$，待测分子不能进入凝胶颗粒内部；

② 若 $0 < K < 1$，待测分子可以部分地进入凝胶颗粒内部；

③ 若 $K = 1$，待测分子完全浸透凝胶颗粒内部。

若将 V_i 用凝胶相的总体积 V_x 代替，且

$$V_x = V_i + V_{GM} \tag{3-30}$$

则有

$$V_e = V_0 + K_a V_x = V_0 + K_a (V_t - V_0) \tag{3-31}$$

$$K_a = \frac{V_e - V_0}{V_t - V_0} \tag{3-32}$$

式中，K_a、V_0 和 V_e 都容易测定，所以在实际工作中，往往用 K_a 来表示。K_a 与 K 之间的关系如公式（3-33）所示。

$$K_a = K \frac{V_i}{V_i + V_{GM}} \tag{3-33}$$

3.3.3 凝胶色谱系统

凝胶色谱仪由输液（泵）系统、自动进样系统、凝胶色谱柱、检测系统和数据采集与处理系统组成（图 3-14）。

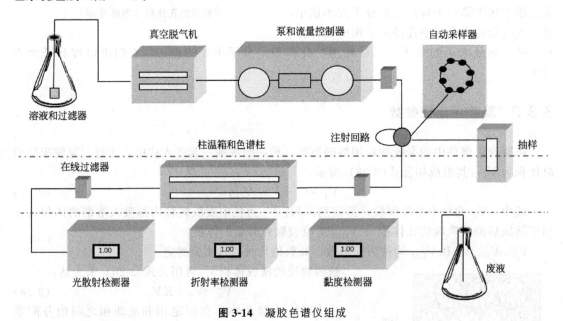

图 3-14 凝胶色谱仪组成

(1) 输液（泵）系统

包括溶剂储存器、脱气装置和输液泵。输液泵可以是恒流泵（柱塞泵、注射泵、活塞隔膜泵）或恒压泵（气动泵、气动放大泵）。输液系统的任务是使流动相（溶剂）以恒定的流速注入色谱柱。泵的工作状况好坏直接影响着最终数据的准确性。越是精密的仪器，要求泵的工作状态越稳定，要求流量的误差应该低于 0.01mL/min。

(2) 凝胶色谱柱

凝胶色谱柱是凝胶色谱仪的核心部件。凝胶色谱柱是填充了多孔凝胶作为填料的管状柱子。根据所填充的凝胶填料的孔隙率和孔径分布的不同，每根色谱柱都存在一定的分子量分离范围和渗透极限，也即每根凝胶色谱柱都有其特定的分离上限和下限。色谱柱的分离上限也即排阻极限，是指聚合物混合物中最小的分子的尺寸比色谱柱中凝胶的最大孔径还大，这时高分子无法进入凝胶颗粒的孔内部，全部从凝胶颗粒外部流过，达不到分离不同分子量大小的高分子的目的。色谱柱的分离下限也即渗透极限，是当聚合物混合物中最大尺寸的分子比凝胶的最小孔径还要小，这时所有尺寸的高分子都可以进入凝胶颗粒的孔内部，也达不到分离不同分子量的目的。因此，在使用凝胶色谱仪测定分子量时，必须首先选择一根与聚合物分子量范围相匹配的凝胶色谱柱。几种常用的凝胶色谱柱如表 3-1 所示。

表 3-1　几种常用的凝胶色谱柱及其型号

生产厂家	凝胶类别	柱子尺寸 (内径×长度)	分子量分离范围 (聚苯乙烯)	渗透极限 (分子量)
美国 Waters、ASS Inc.， ALC/GPC200 系列	交联聚苯乙烯凝胶 键合硅凝胶	7.8mm×30cm 3.9mm×300mm	$0 \sim 700,500 \sim 10^4$ $10^3 \sim 2 \times 10^4$ $10^5 \sim 2 \times 10^6$ $0.2 \sim 5 \times 10^4$	$700, 1 \times 10^4, 2 \times 10^4$, $2 \times 10^5, 2 \times 10^6$, $5 \times 10^4, 5 \times 10^5, 10^4$
英国，Applied Res. Lab.， LTD950 型	交联聚苯乙烯凝胶	8mm×500mm 8mm×600mm 8mm×900mm 8mm×1000mm 8mm×1200mm		$10^5, 3 \times 10^4, 10^8$
日本，东洋曹达公司， G1000H-G7000H， GM1×H	交联聚苯乙烯凝胶	8mm×600mm 8mm×1200mm	$10^3 \sim 4 \times 10^8$	$10^3, 10^4, 6 \times 10^4$, $4 \times 10^5, 4 \times 10^6$, $4 \times 10^7, 4 \times 10^8$

(3) 检测系统

检测器装在凝胶渗透色谱柱的出口，检测试样经色谱柱分离后各级组分的相对含量及分子量。样品在色谱柱中分离以后，随流动相依次流经检测器。根据流动相中样品的浓度及样品性质可以输出一个可测量的信号，检测器可定量地记录被测组分流出色谱柱（淋出）的时间（或体积）及其含量的变化；以淋出体积为横坐标，高分子组分的浓度为纵坐标作图，即可得到凝胶色谱图。该色谱图经一定的计算即可得到高分子的分子量分布以及各种平均分子量数值。

检测器包括浓度检测器和分子量检测器两部分。

① 浓度检测器主要有示差折光检测器、紫外吸收检测器、红外吸收检测器等。

a. 示差折光检测器是一种通用型的检测器，通过连续地测定淋出液的折射率的变化来测定组分的浓度。

b. 紫外吸收检测器用于检测具有紫外吸收的样品。样品和透过光的关系服从比尔定律。

c. 红外吸收检测器弥补了上述两种检测器的不足，红外吸收正比于聚合物的浓度，可以在高温状态下检测。其吸光度也服从比尔定律。

应该注意的是，不同检测方法对同一组分的信号响应强度并不一致（图 3-15）。对于应用不同检测方法报道的文献值的比较，应该注意这一点。

凝胶渗透色谱仪的浓度检测一般用示差折光计直接测量溶液的折射率与淋洗液的折射率的差值。对于大多数样品都可以找到既可溶解该样品又具有不同折射率的溶剂，所以示差折光检测器是通用型的检测器。该种检测器对温度比较敏感。如果样品在紫外光波区有吸收而溶剂无吸收，则可用紫外吸收检测器，这种检

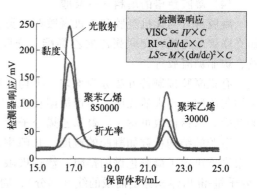

图 3-15　不同检测方法的信号响应对比

测器的灵敏度非常高，能检测出 10^{-9}g 级的溶质，且受温度、流速的影响比较小。先进的凝胶渗透色谱仪除了浓度检测器外，还附有分子量检测器，这样可不经校正曲线转换即可以得到分子量及其分布的数据。目前已经应用的分子量检测器有自动黏度计和小角激光光散射检测器。

② 分子量检测器。

a. 间接法。通过测定淋洗体积推测相应的分子量。也可以直接测定保留时间作为分子量标记。不能直接得出分子量的数值，需采用标准进行校正。

b. 自动黏度检测器。测定柱后流出液的特性黏度 $[\eta]$，依照 Mark-Houwink 方程可换算得出聚合物的分子量 M。一种是间歇式，测定一定体积的淋出液流经毛细管黏度计的流出时间；另一种是连续式，测定柱后淋出液流经毛细管黏度计时在毛细管两端所产生的压差。

c. 光散射法。可以直接测出淋出液中聚合物的重均分子量，是一种测定绝对分子量的方法。该法所使用的仪器为小角激光光散射检测器（low angle laser light scattering，LALLS），其工作原理如下：当光通过高分子溶液时，会产生瑞利散射，散射光强度及其对散射角 θ（即入射光与散射光测量方向的夹角）和溶液浓度 c 的依赖性与聚合物的分子量、分子尺寸、分子形态有关，因此可用光散射的方法研究高分子溶液的分子量等参数。采用瑞利比 R_θ 来描述散射光：$R_\theta = r^2 I / I_0$。R_θ 和溶质的重均分子量 $\overline{M}_w$ 的关系为 $\dfrac{Kc}{R_\theta} = \dfrac{1}{M_w} +$

$2A_2c$。只要有浓度型检测器和 LALLS 联用，就可以直接测出淋出液中样品的重均分子量。

常用 GPC 及其配置方法见表 3-2。

表 3-2　常用 GPC 及其配置方法

配置方法	分子量	支化	均方旋转半径
传统 GPC	相对于标样的色谱柱校正,得到相对分子量	不能	不能
使用普适校正的传统 GPC	需从文献上得到准确的 K/a 值,对相对分子量进行的色谱柱普适校正得到绝对分子量	不能	不能
配置黏度检测器的 GPC	测出特性黏度,得到 K/a 值的普适校正	能,直接从特性黏数测出	能,但是间接得到
配置多角激光检测器的 GPC	绝对测出,无需色谱柱校正	能,但要符合一些假设	能,当有两个测量角以上
三检测器联用的 GPC[①]	准确结果	能	能

① 示差折光检测、紫外吸收检测、红外吸收检测、自动黏度检测、光散射检测等方法中的三种检测器联用的 GPC。

(4) 凝胶色谱的填料——凝胶

凝胶可分为无机凝胶和有机凝胶两大类。无机凝胶包括多孔硅胶和多孔玻璃。有机凝胶如交联聚苯乙烯、交联聚乙酸乙烯酯、交联葡聚糖、羟丙基化交联葡聚糖、交联聚丙烯酰胺、琼脂糖凝胶等。

有机凝胶按制备方法分为均匀、半均匀和非均匀三种。均匀凝胶干态不贡献可测的孔；半均匀凝胶有不大的孔度，渗透极限在 5×10^4 聚苯乙烯分子量；非均匀凝胶干态可有很大的孔隙，渗透极限可达 10^7 聚苯乙烯分子量。

凝胶的结构参数如凝胶的粒度、孔隙率、孔体积、孔径和孔分布、比表面积、堆密度、骨架密度决定了凝胶色谱的排阻、渗透极限（可分离高分子的最大、最小极限）、分离范围（分子量-淋出体积标定曲线的线性部分）、固定相和流动相体积比（凝胶的全部可渗透的孔内体积与凝胶粒间体积之比，反映了色谱柱的分离容量）以及色谱柱的柱效（凝胶分离效率的量度）。

凝胶的选择主要考虑两点：①凝胶和溶剂的匹配。由于可供选择的凝胶种类很多，这一点容易解决。②凝胶的孔径及其分布与被测试样品分子体积范围的匹配。这是凝胶色谱的重要指标要求。如前所述，$V_t \sim V_0$ 是凝胶选择性渗透的范围，是凝胶选择的一个重要指标，它标示了凝胶的分离范围。只要被测试样在溶液中的分子体积落在这个范围内，它们就可按分子体积大小得到分离。当高分子分子量分布较宽，远远超出了某一特定色谱柱的分离范围时，为了满足分布超宽的聚合物混合物的分离，可采用两种或两种以上分离范围不同的凝胶色谱柱。不同型号的凝胶可以混合均匀后装填在几根串联的色谱柱中；也可以将每一型号的凝胶分别装填在各自的色谱柱中，然后再将几根柱子串联起来。

3.3.4 凝胶色谱法在高分子领域的应用研究

凝胶色谱法在高分子领域的生产及研究中的应用，主要都是基于 GPC 对聚合物分子量及其分布的测定而进行的，大致上可归纳为以下四个方面。

① 高分子材料生产过程中的应用。如聚合工艺的选择、聚合反应机理的研究、聚合条件的控制及其对产物性质的影响评价等。

② 高分子材料的加工和使用过程中的应用。如分子量及分布与加工和使用性能的关系研究、助剂的作用研究、老化及其机理的研究等。

③ 分离和分析工具。包括聚合物的组成和结构分析、高分子单分散样品的制备等。

④ 小分子物质的分析。如石油、涂料、黏合剂的分析等。

下面列举一些应用的例子。

(1) 研究高分子生产过程中的聚合机理

苯乙烯低温辐照聚合产物的分子量受辐照剂量、反应温度、转化率及含水量等的影响。如图 3-16 为不同温度下聚合产物的 GPC 图。30℃（曲线 1）聚合产物的 GPC 曲线为单峰；温度降低则出现双峰，至 -10℃ 时（曲线 4），后出现的峰比 0℃ 时（曲线 3）后出现的峰还高一些。一般认为自由基聚合在高温下进行，离子型聚合在低温下进行。所以高温出现的峰代表自由基聚合产物；后出现的峰代表阳离子型聚合产物。

(2) 分子量与分子量分布对性能的影响

聚合物的分子量和分子量分布对聚合物的使用性能、加工性能有很大影响，与聚合物的机械强度、韧性密切相关，并影响聚合物的成型加工过程。

分子量太低，材料的机械强度和韧性都很差，没有应用价值。分子量太高，熔体黏度增加，给加工成型造成困难。所以聚合物的分子量在一定的范围内才比较合适。

聚合物的分子量和分子量分布也是加工过程中各种工艺条件，如加工温度、成型压力等选择的依据。

拉伸强度（tensile strength）和冲击强度（impact strength）与样品的低分子量部分有

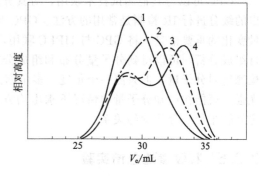

图 3-16 聚合温度对辐照聚合聚苯乙烯的分子量分布的影响

1—30℃，转化率 4.98%；2—15℃，转化率 5.47%；
3—0℃，转化率 5.30%；4——10℃，转化率 4.59%

较大关系。溶液黏度和熔体的低切流动性能（solution viscosity and low shear melt flow）与样品的中分子量部分有较大关系。熔体强度与弹性，与样品的高分子量部分有较大关系。

图 3-17 表示了三种分子量的聚丙烯腈试样的分子量分布情况。样品 a 分子量太低，可纺丝性很差；样品 b 分子量有所提高，其纺丝性能有所改善；样品 c 由于分子量在 $1.5 \times 10^4 \sim 2.0 \times 10^4$ 之间的大分子所占的比例较大，可纺性很好。

如图 3-18 为聚苯乙烯样品老化前后的 GPC 曲线，可见，经 2×10^3 h 老化后，分子量分布变宽，约 40% 聚苯乙烯的分子量分布仍在原样范围内，49% 的分子量低于原样；11% 部分其分子量比原样的高，可能是聚苯乙烯偶合所致。

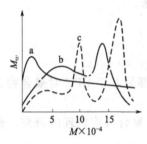

图 3-17　三种聚丙烯腈
试样的分子量分布

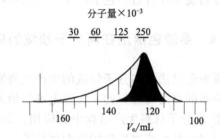

图 3-18　聚苯乙烯样品在老化前（涂黑部分）
及老化后 GPC 曲线的比较

(3) 高分子材料中高分子质量的分析

例如：硝化纤维素-硝化甘油水溶性糊试样的分析。经典的方法是先将糊试样干燥测其中所含水分，然后用有机溶剂抽提硝化甘油，并以红外光谱定量，总质量减去水和硝化甘油的质量即为硝化纤维素的质量。而用 GPC 可直接对试样进行分析，同时测定硝化甘油和硝化纤维素的质量。

(4) GPC 和其他技术的联用

GPC 可以与其他测试技术联用，对其分离出的各组分进一步分析。例如，对 GPC 分离出的级分进行 IR 检测是常用的方法。GPC 与 NMR 联用，能给出组成、立体构型等随分子量变化的重要信息。将 GPC 与 HPLC 联用，用 HPLC 对 GPC 分离出的每一级分进一步进行组成分析，可以得到分子量分布和组成分布的三维谱图。小角激光光散射（LALLS）可检测绝对分子量，但只测一个角度。多角度激光光散射（MALLS）可在不同角度测定散射光强，就能在已知分子量的情况下求出均方旋转半径。利用 GPC-MALLS 联用仪，可以测定旋转半径与分子量的关系。

3.3.5　凝胶渗透色谱实验

【实验目的】

① 了解凝胶渗透色谱的基本原理。

② 了解凝胶渗透色谱系统的基本构造。

③ 通过对高分子样品分子量及分子量分布的测试，了解实验基本操作步骤，熟悉相关分析软件，熟悉仪器特点，掌握 GPC 系统测定高分子的分子量及其分布的方法。

【实验原理】

GPC 利用高分子溶液通过填充有特种凝胶的色谱柱把聚合物分子按尺寸大小进行分离或分级，直接测定聚合物的分子量分布，并计算出聚合物的各种平均分子量，也能用于测定聚合物内小分子物质、聚合物支化度及共聚物组成等，GPC现已成为聚合物研究的重要分析手段。

实验证明，聚合物分子尺寸（常以等效球体半径表示）与分子量有关，在色谱柱可分离的线型部分，淋出体积 V_e 与分子量 M 可以表示为：

$$\lg M = A + BV_e \tag{3-34}$$

式中，A、B 为与聚合物、溶剂、温度、填料及仪器有关的常数。

通过使用一组单分散性分子量不同的试样作为标准样品，分别测定它们的淋出体积 V_e 和分子量，做 $\lg M$-V_e 直线，可求得特性常数 A 和 B。这一直线就是 GPC 的校正曲线。待测聚合物被淋洗通过 GPC 柱时，根据其淋出体积，就可从校正曲线上算得相应的分子量。但是除了聚苯乙烯、聚甲基丙烯酸甲酯等少数聚合物的标样以外，大多数聚合物的标样不易获得，多数时候只能借用聚苯乙烯的校正曲线，因此测得的分子量只具有相对意义。

按照 GPC 的原理，其分离机理是按照分子尺寸大小来分级的，与分子量只是一个间接关系。分子量相同的不同类型聚合物或者同一类型不同支化度的聚合物，分子尺寸也不一定相同。但是，流体力学体积相同的聚合物具有相同的淋出体积。采用流体力学体积来标定可得到普适校正曲线。

若聚合物 A 和聚合物 B 的淋洗体积 V_e 相同，则有：

$$[\eta]_A M_A = [\eta]_B M_B \tag{3-35}$$

将 Mark-Houwink 方程代入公式(3-35)，整理得：

$$\lg M_A = \frac{1+\alpha_B}{1+\alpha_A}\lg M_B + \frac{1}{1+\alpha_A}\lg\frac{K_B}{K_A} \tag{3-36}$$

因此，通过实验或查阅文献得出标准样品（通常用聚苯乙烯）和待测样品的 K 和 α，就可以用公式(3-36)从标准样品的淋洗体积-分子量曲线，求出待测高分子的淋洗体积-分子量曲线。

【仪器】

(1) 凝胶渗透色谱仪

商用 GPC 仪主要由输液系统（柱塞泵）、进样器、色谱柱、浓度检测器、分子量检测器及一些附属电子仪器组成，其结构如图 3-19 所示。

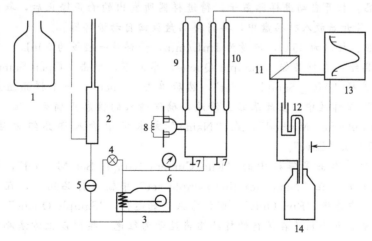

图 3-19 GPC 仪结构

1—贮液瓶；2—除气瓶；3—输液瓶；4—放液阀；5—过滤器；6—压力指示器；7—调节阀；8—六通进样阀；
9—样品柱；10—参比柱；11—示差折光检测器；12—体积标记器；13—记录仪；14—废液瓶

本实验所使用的 Waters Breeze 凝胶渗透色谱仪的主要部件及其作用为：①1515HPLC泵，溶剂传输系统，可以恒比例洗脱；②2707 自动进样器，用于 48（4）或 96（2）盘位自动进样；③Styragel 色谱柱，由 HR1、HR3 和 HR4（尺寸：7.8mm×300mm）三种型号串联，可分离不同分子量的聚合物样品；④柱温箱，保持柱温恒定；⑤2414 示差检测器，用于连续监测参比池和测量池中溶液的折射率之差，得出样品浓度；⑥计算机，控制各种参数（如柱温、流量等），记录和分析实验数据结果。

(2) 其他

样品瓶、注射器（5mL）、流动相脱气系统、样品过滤头。

【试剂】

四氢呋喃（流动相）1000mL、聚合物样品（如聚苯乙烯等）5mg。

【实验步骤】

(1) 流动相准备

① HPLC 级溶剂可直接过滤后使用；AR 级溶剂需先进行脱水除杂质的精化处理，如事先在溶剂中添加少许 P_2O_5 或 $LiAlH_4$ 进行常压蒸馏后才能使用。

② 有机系溶剂以 $0.22\mu m$ 目数的油相过滤膜抽真空过滤；水系溶剂以 $0.22\mu m$ 目数的水相过滤膜抽真空过滤。

③ 用锡箔纸将溶剂瓶口封好，把溶剂瓶放置在超声清洗器中室温超声脱气 15min。

(2) 样品准备

① 将样品用流动相溶解，静置至其溶解均匀，即溶液澄清，无可视颗粒物。

② 用 1mL 带针头的一次性注射器从制样瓶中抽取满管的溶液。取下针头，套上 $0.22\mu m$ 的油相针筒式过滤头，缓慢将溶液挤压到样品池中，然后把塑料瓶盖用力往下按紧。

③ 在瓶盖处贴上标签后按次序放入自动进样器样品盘的盘位上，并记录下各种样品所在的位置。

(3) 测试样品

① 开机：打开计算机，开启仪器各部件的电源开关，待各部件自检完毕后，计算机上将出现操作界面。

② 放置样品：打开自动进样器盖子，待进样器所发出的响声停止后，取出样品盘，将样品按顺序从 1 号开始放入样品盘中，再将样品盘放回自动进样器。

③ 设定参数：柱温为 35℃，流量为 1mL/min，进样量一般设为 $50\mu L$。

④ 建立样品组：在样品组（Sample Queue）界面下，单击 "Open Sample Set Method"，从列表中选择 "My_Sample_Set"，然后单击 "Open"，一个样品组方法将出现在 "Sample Queue" 工作区中，在此基础上修改，确保输入的信息正确后，从 "File" 菜单中选择 "Save Sample Set Method"，在 "Name" 文本框中输入样品组方法的名称（如 "ABC"），然后单击 "Save"。

⑤ 运行方法：单击采集栏中的 "Run Current Sample Set Method"，将出现 "Run Sample Set" 对话框，在 "Name for this sample set" 中输入样品组名，在 "Settings for this sample set" 中选择 "Run Only"，则该方法开始运行，"Sample Queue" 工作区将切换到 "Running" 表，而当前正在运行的样品组将显示为红色。按照以上方法测定聚苯乙烯样品数据。

【注意事项】

① 严格按照上述操作规程处理流动相和样品。

② 不能在仪器使用的温度范围外使用柱子，不能高压高流速冲洗柱子。

③ 仪器在使用完毕时，必须以干净的流动相冲洗整个系统，移走系统中的缓冲液。

④ 柱子在不使用时，要以适当的溶剂保存，并且在柱头两端用配套的 PEEK 堵头密封保存。

【数据处理】

单击命令栏上的"Find Data"，在"Sample set"下选中要处理的聚苯乙烯试样所在的样品组，双击。选择所需处理的样品数据，单击"Process"，在"Use specified method"对话框内选择所需的处理方法名（标曲），按"OK"。在"Result"下按"Update"，则出现刚处理的聚苯乙烯试样样品名，双击查看处理结果。

【思考题】

① 凝胶色谱分离的原理是什么？凝胶色谱应用的主要依据是哪些？

② 凝胶色谱分析中溶剂选择的原则是什么？

③ 如何选择合适的凝胶色谱柱？

④ 为什么在凝胶色谱仪（RI 检测器）色谱实验中，样品溶液的浓度不必准确配制？

⑤ 为什么要严格控制样品的溶解量和进样体积？有哪些影响性因素？

⑥ 怎么判断样品分子量分布结果的准确性？

⑦ 样品序列由几个部分组成？各起到何种作用？

⑧ 检测器不出峰或样品峰异常的原因有哪些？该如何解决？

参 考 文 献

[1] 张俐娜，薛奇，莫志深，等. 高分子物理近代研究方法 [M]. 武汉：武汉大学出版社，2003.

[2] 何平笙. 新编高聚物的结构与性能 [M]. 北京：科学出版社，2009.

[3] 符若文，李谷，冯开才. 高分子物理 [M]. 北京：化学工业出版社，2005.

[4] Lai M, Wang J, Tan J, et al. Preparation, complexation mechanism and properties of nano-complexes of *Astragalus* polysaccharide and amphiphilic chitosan derivatives [J]. Carbohydrate Polymers, 2017, 161：261-269.

[5] Yin L, Fu S, Wu R, et al. Chain conformation of an acidic polysaccharide from green tea and related mechanism of α-amylase inhibitory activity [J]. International Journal of Biological Macromolecules, 2020, 164：1124-1132.

[6] Wang X, Xu X, Zhang L. Thermally induced conformation transition of triple-helical lentinan in NaCl aqueous solution [J]. Journal of Physical Chemistry B, 2008, 112：10343-10351.

[7] Deng R, Yue Y, Jin F, et al. Revisit the complexation of PEI and DNA — How to make low cytotoxic and highly efficient PEI gene transfection non-viral vectors with a controllable chain length and structure? [J]. Journal of Controlled Release, 2009, 140：40-46.

[8] Habraken G J M, Peeters M, Thornton P D, et al. Selective enzymatic degradation of self-assembled particles from amphiphilic block copolymers obtained by the combination of *N*-carboxyanhydride and nitroxide-mediated polymerization [J]. Biomacromolecules 2011, 12：3761-3769.

[9] Li X, Mya K Y, Ni X, et al. Dynamic and static light scattering studies on self-ag-

gregation behavior of biodegradable amphiphilicpoly (ethylene oxide)-poly [(*R*)-3-hydroxybutyrate]-poly(ethylene oxide) triblock copolymers in aqueous solution [J]. Journal of Physical Chemistry B, 2006, 110: 5920-5926.

[10] Kang H, Liu W, He B, et al. Synthesis of amphiphilic ethyl cellulose grafting poly (acrylic acid) copolymers and their self-assembly morphologies in water [J]. Polymer, 2006, 47: 7927-7934.

[11] Xiao Y, Sun H, Du J. Sugar-breathing glycopolymersomes for regulating glucose level [J]. Journal of the American Chemical Society, 2017, 139: 7640-7647.

[12] 施良和. 凝胶色谱法 [M]. 北京: 科学出版社, 1980.

[13] 成跃祖. 凝胶渗透色谱法的进展及其应用 [M]. 北京: 中国石化出版社, 1993.

[14] 张兴英, 李齐方. 高分子科学实验 [M]. 北京: 化学工业出版社, 2003.

第4章
高分子的凝聚态结构

4.1 高分子凝聚态结构概述

高分子的凝聚态结构是一种高分子链通过分子内或分子间的相互作用而排列聚集形成的三维结构（或超分子结构），主要包括晶态、非晶态（无定形态或玻璃态）、取向态、液晶态等多种凝聚态结构。在工程材料和民用材料中，大多数高分子材料都来自结晶性高分子（含有晶态和非晶态），如聚烯烃类热塑性树脂的线型聚乙烯（PE）和等规聚丙烯（iPP），以及五大工程塑料：聚对苯二甲酸乙二醇酯（PET）、聚酰胺（尼龙，PA）、聚碳酸酯（PC）、聚甲醛（POM）和聚苯醚（PPO）。

小分子晶体的结构通常用晶系来描述，包括立方、四方、六方、正交（斜方）、单斜、三斜和菱方（三角）7个晶系。高分子晶体具有三维长程有序结构，与小分子晶体一样，高分子晶体的结构也用晶系来描述。此外，高分子晶体中原子排列的空间周期性也可用晶胞参数来描述。但是，由于高分子的分子量较高及其结构的特殊性，使得高分子晶体结构体现出以下特点。

① 高分子链只能采取主链沿中心轴平行的方向进行排列，其他两维只能通过分子间相互作用力排列组成。所以，这种由于高分子链形成的规整排列有序性而体现出的各向异性导致高分子结晶无立方晶系。大多数高分子晶体属于单斜和三斜的低级晶系。

② 一般高分子结晶的一个晶胞中不会包含着整条高分子链，而只是几个重复结构单元（链节）。例如，等规聚丙烯（iPP）（α晶型）属单斜晶系，晶胞中只含4条分子链中的12个链节。

③ 高分子的晶体形态主要有球晶、树枝晶、纤维晶、串晶和伸直链片晶等多晶。此外，一些结晶性高分子在苛刻条件下可形成单晶，例如，从极稀的高分子溶液（0.01%~0.1%）析出的晶体，或者从树脂熔点以上温度极慢地降温析出的晶体。

④ 高分子晶体结构不完善，晶区缺陷多。

在某种外力作用下，高分子的高分子链或者其他结构单元沿外力方向排列形成的有序结构被称为取向态结构。取向结构单元包括基团、链段、分子链、晶粒、晶片或变形的球晶等。高分子熔体或溶液流动、固体高分子的拉伸和挤压等是最常见的实现取向的方法。例如，通过熔融纺丝和干法纺丝等工艺可制备氨纶（聚氨基甲酸酯纤维）。

液晶（即液态晶体）既具有液态的流动性，又能保持晶态物质分子的有序性，可用作高强度材料。例如，由聚对苯二甲酰对苯二胺（PPTA）液晶制造的 Kevlar 纤维，其强度、比模量和密度分别是钢丝的 6~7 倍、2~3 倍和 1/5，已被广泛用于制造航空和航天材料（飞机机身纤维增强复合材料、火箭和导弹壳体复合材料、雷达天线罩复合材料）、防弹衣和各种高强缆绳等。

高分子凝聚态结构与其性能密切相关，例如，不同凝聚态结构的聚氨酯可以用作弹性体、塑料或纤维。所以，采用 X 射线衍射法研究高分子的固相凝聚态结构对其实际生产和应用均有着重要的指导意义和应用价值。

4.2 X 射线衍射法理论概述

4.2.1 晶体结构

将晶体中重复出现的最小结构单元（一个或几个原子、分子或离子）用数学上的"点"来代表，被称为"点阵点"，这些结构单元必须具备相同的化学组成、空间结构、排列取向以及周围环境。所以，晶体的结构可看作是按一定规则有序排列的"点阵结构"（图 4-1），多个点阵点组成一个晶面，晶面间的距离为 d，不同的 d 值对应不同晶面的点阵排布，一个晶体存在多个特定的晶面间距离（如 d 和 d' 等）。

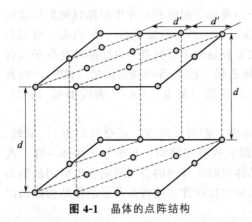

图 4-1 晶体的点阵结构

构成晶体最基本的几何单元称为晶胞（unit cell），它是完整反映晶体内部原子或离子在三维空间分布的化学-结构特征的平行六面体单元。整个晶体可以看成是无数晶胞无隙并置而成的。同一空间点阵可以因为选取方式不同而得到不相同的晶胞。选取晶胞的要求是最能反映该点阵的对称性，选取原则为：①选取的平行六面体应反映出点阵的最高对称性；②平行六面体内的棱和角相等的数目应最多；③当平行六面体的棱边夹角存在直角时，直角数目应最多；④在满足上述条件的情况下，晶胞应具有最小的体积。

晶胞的形状和大小可以用 6 个晶格特征参数来表示，简称晶胞参数，它包括晶胞的 3 组棱长（即晶体的轴长）a_0、b_0、c_0 以及晶轴之间夹角 α、β、γ（图 4-2）。

晶体按其几何形态的对称程度，通常分为以下七个不同晶胞参数的晶系。

① 立方（cubic）晶系：$a_0 = b_0 = c_0$，$\alpha = \beta = \gamma = 90°$；

② 四方（正方）（tetragonal）晶系：$a_0 = b_0 \neq c_0$，$\alpha = \beta = \gamma = 90°$；

③ 六方（hexagonal）晶系：$a_0 = b_0 \neq c_0$，$\alpha = \beta = 90°$，$\gamma = 120°$；

④ 正交（斜方）（orthorhombic）晶系：$a_0 \neq b_0 \neq c_0$，$\alpha = \beta = \gamma = 90°$；

⑤ 单斜（monoclinic）晶系：$a_0 \neq b_0 \neq c_0$，$\alpha = \gamma = 90°$，$\beta \neq 90°$；

⑥ 三斜（triclinic）晶系：$a_0 \neq b_0 \neq c_0$，$\alpha \neq \beta \neq \gamma \neq 90°$；

⑦ 菱方（三角）（rhombohedral）晶系：$a_0 = b_0 = c_0$，$\alpha = \beta = \gamma < 120° \neq 90°$。

晶体上每个晶面在三个晶轴上的截距的倒数成简单的互质整数比，通常称为晶面指数、晶面指标或米勒指数（hkl）。在晶体学中规定以晶胞的三个轴（a_0、b_0、c_0）为坐标（图 4-3），设晶面与这三个轴分别相交于 M_1、M_2、M_3 三点，截距分别为 $3a_0$、$2b_0$、c_0，以 3、2、1 的倒数（1/3、1/2、1）来表示，将三个倒数通分成为除 1 外没有公因数的整数（2、3、6），通常表达为（hkl）。图 4-4 列举了晶面指数（010）、（110）和（220）的晶面。

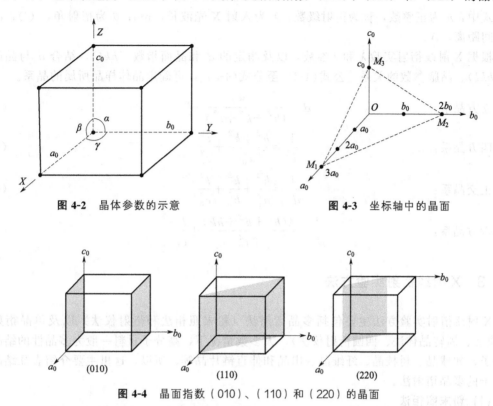

图 4-2 晶体参数的示意   图 4-3 坐标轴中的晶面

图 4-4 晶面指数（010）、（110）和（220）的晶面

4.2.2 X 射线衍射法研究晶体结构的理论

X 射线是波长在 0.001～10nm 的电磁波，X 射线源可以是 X 射线发生器或是同步辐射 X 射线源。实验室常用的 X 射线衍射仪发生器主要由高压电场和 X 射线管组成。在高压电场的作用下，X 射线管阴极钨灯丝发射出的电子迅速撞击阳极靶（铜靶或钼靶），电子运动受阻，大部分动能转化为热能，少部分能量转化为 X 射线能量，产生连续的 X 射线。最常用的 K 特征 X 射线是阳极靶的 K 层电子被击出后的空位被高能级电子填充过程中产生的辐射。其中 $K_{\alpha 1}$、$K_{\alpha 2}$ 和 $K_{\beta 1}$ 线分别是由 L_{III}、L_{II} 和 M_{III} 壳层的电子跃迁补充到 K 层时所产生的辐射。铜靶的这三条 X 射线波长分别为 0.154051nm、0.154433nm 和 0.139217nm。由于 $K_{\alpha 1}$ 和 $K_{\alpha 2}$ 线的波长较为接近（强度之比为 1：0.497），所以，通常称为 CuK_{α} 线，其平均波长为 0.15418nm。

当一束单色 X 射线以夹角（θ）入射到晶体时（图 4-5），由不同原子散射的 X 射线相互干涉。根据光学干涉原理，在某些特殊方向上当它们的光程差（$2d\sin\theta$）等于入射 X 光波长（λ）的整数倍时，将产生叠加而加强的 X 衍射线。所以，满足 X 射线衍射的条件是 d 与 λ 之间的关系符合布拉格方程［公式(4-1)］。对于已知 λ 的单色 X 射线，

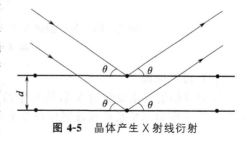

图 4-5 晶体产生 X 射线衍射

根据实验测量的 θ 角，可求得 d 值。

$$n\lambda = 2d\sin\theta \tag{4-1}$$

式中，n 为正整数，称为衍射级数；λ 为入射 X 光波长，nm；θ 为衍射角，(°)；d 为晶面间距离，Å。

根据 X 射线衍射实验 λ 和 θ 参数，以及测定的 d 和晶面指数（hkl），结合 d 与晶面指数（hkl）、晶胞参数的关系 [公式(4-2) 至公式(4-5)]，可确定晶体样品所属的晶系。

立方晶系：
$$d = \frac{a_0}{(h^2+k^2+l^2)^{1/2}} \tag{4-2}$$

四方晶系：
$$\frac{1}{d^2} = \frac{h^2+k^2}{a_0^2} + \frac{l^2}{c_0^2} \tag{4-3}$$

正交晶系：
$$\frac{1}{d^2} = \frac{h^2}{a_0^2} + \frac{k^2}{b_0^2} + \frac{l^2}{c_0^2} \tag{4-4}$$

六方晶系：
$$\frac{1}{d^2} = \frac{4(h^2+k^2+hk)}{3a_0^2} + \frac{l^2}{c_0^2} \tag{4-5}$$

4.2.3　X射线衍射实验方法

X 射线衍射实验方法主要包括多晶衍射法（粉末照相法和衍射仪法）以及单晶衍射法（劳埃法、周转晶体法、四圆衍射仪法）。大多数情况下，高分子材料一般为多晶性的结晶性高分子，如球晶、树枝晶、纤维晶、串晶和伸直链片晶等，所以，这里主要介绍表征结晶性高分子的多晶衍射法。

(1) 粉末照相法

粉末照相法采用单色 X 射线照射转动（或固定）的多晶试样，通过照相底片记录衍射花样。常采用粉末状的多晶样品，故称为粉末照相法，试样也可为块状、板状和丝状等。

当 X 射线照射到粉末晶体样品时，对于某一晶面，其衍射线可形成一个圆锥形，衍射线与入射 X 射线的夹角为 2θ [图 4-6(a)]。对于满足布拉格方程的晶面均可以形成不同 2θ 角的圆锥形，将这些圆锥形用相机拍摄下来 [如劳厄（Laue）照相法和德拜（Debye）照相法]，即可得到一系列同心环的照片 [图 4-6(b)]，非晶区的 X 射线衍射图案为中心弥散环。通过几何关系可求得 θ 角，根据布拉格方程进而计算出 d 值 [公式(4-1)]。

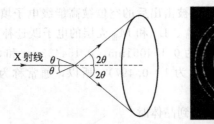

(a) 晶面旋转一周产生衍射图案的示意图　(b) 粉末照相法拍摄的同心环照片

图 4-6　粉末照相法

(2) 衍射仪法

X 射线衍射仪主要包括 X 射线发生器、衍射测角仪、晶体单色器、辐射探测器以及计算机系统（实验测量系统和数据处理系统）。

衍射仪法采用 X 射线检测器检测晶体产生的 X 射线衍射线的强度以及衍射方向，通过测量记录系统处理得到晶体的 X 射线衍射谱图（图 4-7），通过计算机计算出多晶衍射数据，包括 2θ、d 以及衍射峰的高度和面积等。

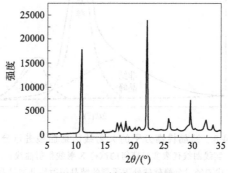

图 4-7 X 射线衍射谱图

4.3 X 射线衍射法在高分子领域的应用研究

4.3.1 测定高分子结晶度

在结晶性高分子的凝聚态结构中，晶区和非晶区同时存在。通常用结晶度来度量高分子结晶的程度，可以用结晶部分所占的质量分数或体积分数来表示。测定高分子结晶的方法主要有 X 射线衍射法、密度法、差示扫描量热法和红外光谱法等。

X 射线衍射法测定高分子结晶度的原理是，通过 X 射线衍射实验测定出试样的 X 射线衍射曲线，假定试样结晶部分的质量或体积正比于晶区的 X 射线衍射峰强度，非晶部分的质量或体积正比于非晶区的 X 射线衍射峰强度，那么，结晶度可表示为：

$$f_c^X = \frac{I_c}{I_c + K_X I_a} \tag{4-6}$$

式中，f_c^X 为 X 射线衍射法测定的高分子结晶度；I_c 和 I_a 分别为晶区和非晶区的 X 射线峰强度；K_X 为校正系数。

在结晶性高分子的 X 射线衍射曲线中，晶区的 X 射线衍射峰较为尖锐，而非晶区的 X 射线衍射峰是一个较宽的弥散峰（$2\theta \approx 20°$）。有时会出现晶区和非晶区的 X 射线衍射峰相互重叠（图 4-8），则需要采用软件技术进行分峰处理（例如采用 Origin 软件的 PeakFitting 技术等），将重叠的 X 射线衍射峰拆分为晶区和非晶区的 X 射线衍射峰，再根据式(4-6) 计算结晶度。

4.3.2 测定高分子微晶尺寸

在高分子的 X 射线衍射曲线中，结晶峰的半峰宽与微晶尺寸有关，即晶粒越小，半峰宽越大。所以，根据 X 射线衍射实验测定的结晶峰半峰宽可以通过 Scherrer 方程计算微晶尺寸 [公式(4-7)]。

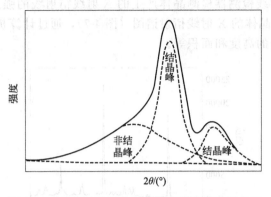

图 4-8 结晶性高分子的 X 射线衍射曲线进行分峰

实线曲线代表实验获得的试样 X 射线衍射曲线；

虚线曲线代表经过分峰软件处理得到的结晶衍射峰和非结晶衍射峰

$$D = \frac{k\lambda}{\sqrt{B^2 - b^2}\cos\theta} \tag{4-7}$$

式中，B 为结晶峰的半峰宽，(°)；D 为微晶尺寸，nm；k 为与晶粒形状及 B、D 有关的常数（一般取 0.89）；λ 为 X 射线的入射波长，nm；b 为仪器增宽因子；θ 为衍射峰对应的衍射角，(°)。由于晶粒是三维的，所以，每一维的方向都与特定的晶面有关。

4.3.3 高分子晶体结构解析

高分子晶区部分的晶体呈现三维长程有序结构，采用 X 射线衍射法可确定高分子晶体的晶系、计算晶胞参数、估算晶胞内重复结构单元的数量以及研究高分子晶体的纤维周期。

(1) 测定高分子晶体结构

根据 X 射线衍射实验测定出的高分子晶体的晶系和晶胞参数，通过公式(4-8)可以估算晶胞内重复结构单元的数量：

$$\rho = \frac{ZM}{VN_A} \tag{4-8}$$

式中，Z 为晶胞内重复结构单元的数量；ρ 为晶体密度，g/cm^3；M 为重复结构单元的相对分子量，g/mol；V 为晶胞体积，cm^3；N_A 为阿伏伽德罗常数（6.02×10^{23}）。

以聚丙烯酸甲酯为例，其所属晶系为斜方晶系，已知晶胞参数（$a_0 = 2.108nm$，$b_0 = 1.217nm$，$c_0 = 1.055nm$），重复结构单元（丙烯酸甲酯基团）的相对分子量为 86g/mol，$\rho = 1.23g/cm^3$，那么，根据公式(4-8)计算出每个聚丙烯酸甲酯晶胞中约含有 23 个重复结构单元。

(2) 测定高分子晶体的等同周期

在高分子晶体结构中，重复结构单元沿着其结晶轴（例如 c 轴）方向排列成为具有重复周期构象的链段，这些构象与晶胞尺寸以及结晶形态相关。高分子链一般采取较为伸展的内能最低（最稳定）的构象，它们之间相互平行排列，有利于紧密堆积。结晶高分子链具有两种典型构象，分别为平面锯齿形和螺旋形。对于没有取代基或取代基较小的碳-碳链高分子，通常采取完全伸展的平面锯齿形反式构象，如聚乙烯、聚乙烯醇、聚氯乙烯、聚丙烯腈等。而带有较大侧基的高分子，为了减小空间阻碍，以降低势能，则要采取反式-旁式螺旋形构象，如等规聚丙烯、聚四氟乙烯、聚甲醛等。

通常把结晶高分子中分子链排列时以相同结构单元重复出现的周期长度称为等同周期（identity period）或者纤维周期（fiber period）［图 4-9(a)］。通过 X 射线衍射仪的圆筒成像板和 X 射线衍射仪的平板探测器测定出高分子晶体的二维 X 射线衍射图，然后根据 Polanyi 公式计算等同周期［公式(4-9)］。

$$I\sin\Phi_m = m\lambda \tag{4-9}$$

式中，I 为等同周期；Φ_m 为第 m 层衍射的仰角（$m = 0，1，2，\cdots$）［图 4-9(b)］，其数值通过公式(4-10)计算。

$$\tan\Phi_m = \frac{y_m}{R} \tag{4-10}$$

式中，y_m 为第 m 层的层线到 X 射线入射方向线的距离；R 为样品到探测器的距离［图 4-9(b)］。

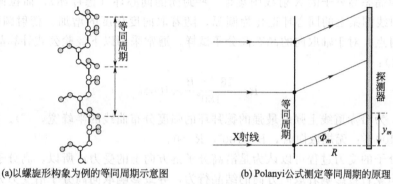

(a)以螺旋形构象为例的等同周期示意图　　(b) Polanyi公式测定等同周期的原理

图 4-9　高分子晶体的等同周期

（3）研究高分子结晶过程和结晶动力学

研究高分子结晶过程和结晶动力学有助于解释高分子结晶的机理。Lisowski 等采用 X 射线衍射法研究了聚环氧乙烷（PEO）在 4 个结晶温度（45℃、48℃、50℃和52℃）下的结晶行为，以 45℃的结晶温度为例［图 4-10(a)］，随着结晶时间的增加，PEO 结晶峰的位置和峰形无变化，但其强度不断增加，说明 PEO 样品逐渐由非晶态转变为晶态。结晶温度

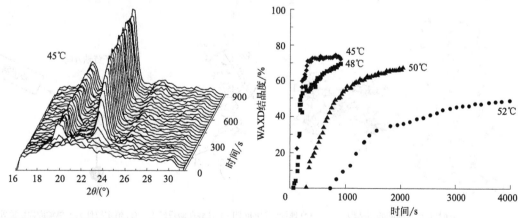

(a)结晶温度为45℃、不同结晶时间的PEO的广角X射线衍射(WAXD)曲线　　(b)不同结晶温度下PEO的结晶度与结晶时间的关系图

图 4-10　PEO 结晶过程和结晶动力学研究

越高，PEO 的结晶程度越低，所需要的结晶时间越长 [图 4-10(b)]。通过结晶动力学的 Avrami 方程 [公式(4-11)]，计算出结晶温度为 45℃时的 Avrami 指数（n）为 2.4，符合球晶的动力学机理，表明 PEO 在该温度下形成了球晶。PEO 在其他三个结晶温度下，前期和后期结晶过程的 n 值为 2～3 以及接近于 1，说明在升高结晶温度后，PEO 刚开始结晶时生成了球晶，然后在晶体表明逐渐形成晶核，并伴随有棒状晶体的产生。

$$1-X_c = \exp(-zt^n) \tag{4-11}$$

式中，X_c 为 t 时刻的结晶分数；z 为与成核速率和晶体生长速率有关的参数；n 为与成核和晶体生长几何体类型有关的参数。

(4) 研究高分子的取向

高分子材料在拉伸、挤出、注射、压延、吹塑等加工过程以及受力使用情况下，晶区和非晶区的高分子链或其他结构单元沿着外力方向进行排列，导致非晶区向晶区转变，造成取向"诱导结晶"。

无取向的晶态高分子的 X 射线图案是一些封闭的同心环（德拜环），而拉伸取向的晶态高分子，X 射线图案上的同心环退化为圆弧，随着取向度程度的增加，衍射圆弧逐渐缩短，最后成为衍射点。对于轴取向的晶态高分子试样，通常采用以下经验公式计算晶态高分子的取向指数（R）：

$$R = \frac{180° - B}{180°} \times 100\% \tag{4-12}$$

式中，B 为沿赤道线上强度最强的德拜环的强度分布曲线的半峰宽，(°)。完全取向时，$B=0°$，$R=100\%$；无规取向时，$B=180°$，$R=0$。

取向高分子的受力过程可以认为是沿高分子链方向上的受力，所以，高分子链的化学结构、构型和构象直接影响着取向方向的结晶行为，导致影响取向高分子沿受力方向的力学性质。目前，随着计算化的快速发展，可以通过计算机软件程序计算和预测取向高分子的力学性能，大致分为以下计算过程：①计算受力的高分子链在晶胞中的构象；②计算弹性常数张量矩阵（elastic constants tensor matrix）以及柔度张量矩阵（compliance tensor matrix）；③基于这 2 个矩阵进一步计算得到高分子链在垂直分子链主轴平面方向上的理论杨氏模量（Young modulus）以及线型压缩率（linear compressibility）。例如，Wasanasuk 等报道，α型 L-聚乳酸在晶胞中呈 $H10_3$ 螺旋形构象，即一个等同周期含有 10 个重复结构单元，3 个螺旋 [图 4-11（a）]；通过理论计算，其分子链在受力过程中发生主链沿轴向的扭转

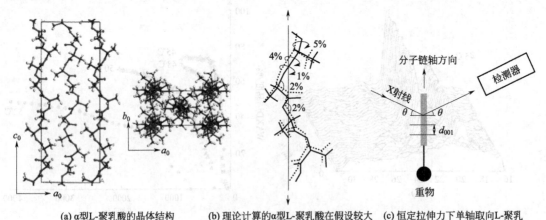

(a) α型L-聚乳酸的晶体结构　　(b) 理论计算的α型L-聚乳酸在假设较大拉伸力(30GPa)作用下的分子链形变　　(c) 恒定拉伸力下单轴取向L-聚乳酸的X射线反射位移实验装置示意图

图 4-11　α 型 L-聚乳酸取向研究

[图 4-11(b)]；通过理论晶体模量法计算出的 α 型和 δ 型 L-聚乳酸的杨氏模量分别为 14.7GPa 和 12.9GPa，接近于 X 射线晶体模量测试法 [图 4-11(c)] 测定的 α 型和 δ 型 L-聚乳酸的杨氏模量 [(13.76±0.17)GPa 和 (12.58±0.15)GPa]。

(5) 研究高分子复合体的结晶结构

直链淀粉是由葡萄糖单元通过 α-1,4 糖苷键连接而成的线型天然高分子，它能与客体分子形成复合物晶体，被命名为 V 型直链淀粉晶体。目前能与直链淀粉形成复合物晶体的客体分子有碘分子、脂肪醇（如丁醇和戊醇）、脂肪酸 [如月桂酸（十二烷酸）、肉豆蔻酸（十四烷酸）和棕榈酸（十六烷酸）]、磷脂、芳香化合物 {如薄荷酮（menthone，2-异丙基-5-甲基环己酮）和茴香酮（fenchone，1,3,3-三甲基二环 [2,2,1] 庚-2-酮}以及长链酯类化合物（如单硬脂酸甘油酯）等。V 型直链淀粉复合物晶体能减缓直链淀粉被消化道酶水解成葡萄糖的速率，并且直链淀粉还能与一些药物分子（如布洛芬）形成 V 型直链淀粉复合物晶体而起到减弱药物的副作用以及缓释药物的作用，所以，V 型直链淀粉复合物晶体在功能食品、生物以及医药领域显示出较好的应用前景。

X 射线衍射法研究结果表明，直链淀粉能缠绕着不同尺寸与形状的客体分子形成左螺旋结构（图 4-12），多个螺旋链堆积形成 V 型直链淀粉晶体结构。体积较小的客体分子（如碘分子）与直链淀粉形成含有 6 个葡萄糖单元的复合体 [图 4-12(a)]，有两种晶胞结构：含水分子的六方晶胞（V_{6h}，$a_0 = b_0 = 13.65$Å，Å $= 10^{-10}$ m，$c_0 = 8.05$Å），V_{6h} 晶体脱去水分子后发生收缩，形成斜方晶胞（V_{6a}，$a_0 = 13.0$Å，$b_0 = 23.0$Å，$c_0 = 8.05$Å）。当直链淀粉与体积稍大的客体分子（如丁醇、环己醇、薄荷酮、茴香酮、水杨酸等）复合后则形成含有 7 个葡萄糖单元的复合物晶体 [V_7，图 4-12(b)]，体积更为庞大的萘酚分子能与直链淀粉形成含有 8 个葡萄糖单元的复合物晶体 [V_8，图 4-12(c)]。控制结晶条件和结晶速度，直链淀粉能与脂肪酸分别形成 V_6 和 V_7 晶体。

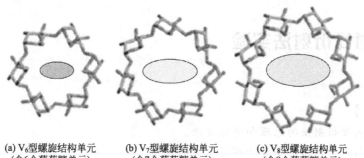

(a) V_6 型螺旋结构单元   (b) V_7 型螺旋结构单元   (c) V_8 型螺旋结构单元
(含6个葡萄糖单元)   (含7个葡萄糖单元)   (含8个葡萄糖单元)

图 4-12 直链淀粉与客体分子形成 V 型结晶复合物的结构示意

布洛芬（ibuprofen）为解热镇痛类药物，但其存在消化道不良反应的副作用，布洛芬/直链淀粉 V 型复合物在消化道酶的作用下能起到缓释布洛芬的作用，有利于发挥布洛芬的药效并减弱其对消化道的不良反应。布洛芬分子的尺寸为 4.265Å×9.700Å [图 4-13(a)]，直链淀粉 V_6、V_7 和 V_8 型螺旋结构单元的直径为 5.4～9.7Å，V_6 型螺旋结构单元的螺距为 9.75Å，所以，布洛芬的分子结构具备与直链淀粉形成复合物的条件 [图 4-13(b)]。将布洛芬滴加至直链淀粉稀溶液（0.1%，质量分数）加热可制备出布洛芬/直链淀粉片状单晶 [图 4-13(c)]，X 射线粉末衍射法证实布洛芬与直链淀粉形成了 V 型结晶，为斜方晶系，晶胞参数为 $a_0 = (28.24±0.01)$Å，$b_0 = (29.66±0.01)$Å，$c_0 = (8.00±0.01)$Å。在图 4-13(d) 和图 4-13(e) 中分别出现了布洛芬/直链淀粉复合物 V 型晶体的晶体衍射环和结晶衍射峰。

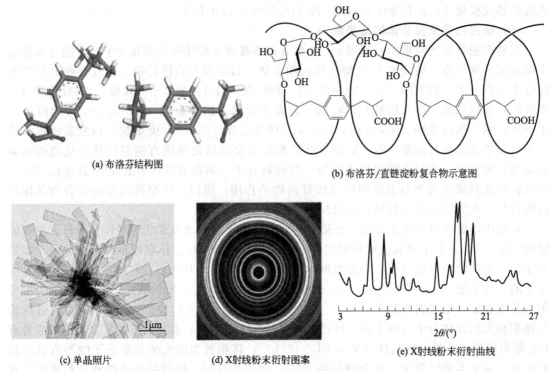

(a) 布洛芬结构图

(b) 布洛芬/直链淀粉复合物示意图

(c) 单晶照片

(d) X射线粉末衍射图案

(e) X射线粉末衍射曲线

图 4-13　布洛芬/直链淀粉 V 型复合物的形成研究

4.4　X 射线衍射法实验

【实验目的】

① 学习 X 射线衍射法的原理和研究方法。

② 了解 X 射线衍射法在高分子研究领域的应用。

③ 掌握 X 射线衍射法的测试技术及其数据分析处理方法。

【实验原理】

高分子的结晶行为和结构与其性能密切相关，本实验以高分子工程材料和民用材料领域常用的纤维类和塑料类高分子材料为实验样品，学习 X 射线衍射仪法研究高分子结晶行为和结构方面的实验技术。

【仪器】

D-MAX 2200 VPC X 射线粉末衍射仪（RIGAKU，日本理学），样品安装进样器。

【试剂】

① 纤维类试样：PET 纤维（涤纶）、聚丙烯腈纤维（腈纶）、尼龙和纤维素。

② 塑料类试样：高压（低密度）支化 PE、低压（高密度）线型 PE、等规 PP 和 PET 塑料。

【实验步骤】

① 样品要求：干燥的粉末，表面平整的块状固体，薄膜样品。

② 样品处理：粉末类样品一般直接平铺在 XRD 进样器上，用载玻片或其他表面平整的工具将样品铺平。表面平整的块状固体或薄膜样品，直接平铺在进样器上，或者用黑色橡皮泥将其粘贴在进样器上。

③ 测试操作：

a. 在计算机桌面上双击 "XG Operation" 图标，进入 "XG control RINT2200 Target：Cu" 窗口。点击 "X-ray control" 图标 ⚒，打开 X 射线粉末衍射仪电源，此时仪器上方绿灯亮起。点击 "X-ray control" 的 ☢，输入仪器电压和电流（例如 40kV 和 26mA），此时仪器上方的绿灯灭，红灯亮起。

b. 在计算机桌面上双击 "Standard measurement" 图标 ▦，进入用户登录窗口，出现标准测量窗。设置其中一行的 "Use" 一列为 "Yes"，其他行的该列处均为 "No"。"Folder name" 一列输入保存数据的文件夹路径，"File name" 一列输入文件名（后缀为 .raw），"Sample name" 一列输入样品名。

双击 "Condition" 一列与 "Use" 一行对应的含有数字的方框，进入测试条件选择窗口输入测试参数，包括起始角 "Start angle" 和终止角 "Stop angle"（$3° \sim 140°$），步长 "Sampling W."（0.02 或者 0.04），扫描速度 "Scan speed"（$4°/\text{min} \sim 10°/\text{min}$），电压值（$30 \sim 40\text{kV}$），电流值（$20 \sim 30\text{mA}$）。

c. 样品测试：按仪器的 "DOOR OPEN" 黄色按钮，直到听见一长多短的 "哔—哔-哔-" 后打开仪器舱门，将样品及进样器水平、平稳插入 XRD 仪器的进样口后，关闭舱门。在计算机的 "Standard measurement" 窗口点击测试开始键 ▣，执行测试操作。

d. 测试结束后，关闭 "Standard measurement" 窗口，在 "XG control RINT2200 Target：Cu" 窗口内，点击 "min value" 后再点击 "Set"，将电流和电压降至最小值。

④ 数据处理：在计算机桌面上双击 "MDIJade" 软件图标 ▦，选取测试数据文件，转化为 TXT 格式数据，用 Origin 软件绘制 X 射线衍射曲线图。

【注意事项】

身体受到 X 射线辐射后，将导致疲倦、头痛、记忆力减退、白细胞数量异常等，危害人体健康。所以，在整个 X 射线实验过程中，需要严格正确使用仪器，防止由于 X 射线泄漏而产生的危害。

【数据处理】

根据实验测定的 X 射线衍射峰的强度、2θ、d 值和半峰宽等参数，计算高分子试样的结晶度、微晶尺寸、晶胞内重复结构单元的数量及纤维样品的取向指数。

【结果与讨论】

根据高分子试样的晶体信息，查阅相关文献资料，讨论它们的结晶行为和结构与其性能之间的关系。

【思考题】

① 与小分子晶体相比，高分子晶体有哪些特点？

② X 射线如何产生的？与 X 射线相关的研究晶体结构的现代测试技术有哪些？

③ X 射线产生的危害有哪些？

④ 晶体产生 X 衍射的条件是什么？

⑤ X 射线衍射法主要有哪些实验方法？它们的特点是什么？

参 考 文 献

[1] 陈峥，商赢双，张海博，等. 高分子凝聚态结构与化学 [J]. 化学进展，2020，32 (8)：1115-1127.

[2] 扈健，王梦梵，吴婧华. X 射线晶体结构解析技术在高分子表征研究中的应用 [J]. 高分子学报，2021，52（10）：1390-1405.

[3] 符若文，李谷，冯开才. 高分子物理 [M]. 北京：化学工业出版社，2005.

[4] 张俐娜，薛奇，莫志深，等. 高分子物理近代研究方法 [M]. 北京：科学出版社，2004.

[5] 陈六平，戴宗. 现代化学实验与技术 [M]. 2 版. 北京：科学出版社，2015.

[6] Lisowski M S，Liu Q，Cho J，et al. Crystallization behavior of poly(ethylene oxide) and its blends using time-resolved wide-and small-angle X-ray scattering [J]. Macromolecules，2000，33：4842-4849.

[7] Wasanasuk K，Tashiro K. Theoretical and experimental evaluation of crystallite moduli of various crystalline forms of poly (l-lactic acid) [J]. Macromolecules，2012，45：7019-7026.

[8] Tan L，Kong L. Starch-guest inclusion complexes：formation，structure，and enzymatic digestion [J]. Critical Reviews in Food Science and Nutrition，2020，60：780-790.

[9] Le C A K，Ogawa Y，Dubreuil F，et al. Crystal and molecular structure of V-amylose complexed with ibuprofen [J]. Carbohydrate Polymers，2021，261：117885.

[10] Yang L，Zhang B，Yi J，et al. Preparation，characterization and properties of amylose-ibuprofen inclusion complexes [J]. Starch-Starke，2013，65：593-602.

第5章

高分子的分子运动和热力学分析

5.1 热分析法

差示扫描量热法（differential scanning calorimetry，简称DSC）是在一定的气氛和程序控制温度下，测量输入到试样和参比物的功率差（或温度差）与温度（或时间）关系的一种热分析技术。即测量物质在恒温受热或冷热过程中，由于发生物理或化学变化而产生的热效应。根据热流差随温度的变化信息可以分析得到样品吸热、放热和比热容变化等热效应信息，从而计算出反应热量（热焓）和温度。其是研究材料比热容、熔融与结晶、玻璃化转变、组分及相容性、热氧稳定性（氧化诱导期）、低分子结晶体纯度、交联固化和反应动力学等的支撑技术，广泛应用于塑料、橡胶、纤维、石油、化工、涂料、黏合剂、医药、食品、生物有机、无机材料、金属材料和复合材料等领域。

5.1.1 差示扫描量热法的基础理论

根据结构和测试原理不同，传统DSC分为补偿型和热流型两种，除了传统的DSC外，还有温度调制式DSC。

热流型DSC是外加热式，只有一个加热炉和一路加热控制系统，结构和测试原理如图5-1所示。

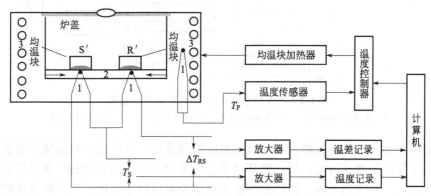

图5-1 热流型DSC结构和工作原理示意图

1—温度传感器；2—热传导板；3—均温块加热器；S′—试样支架系统；R′—参比支架系统

试样支架 S′和参比支架 R′在加热炉里的热传导板上是完全对称的，炉子用均温块控制环境温度，温度控制器给炉子的均温块加热，热量通过热传导板和气氛从均温块传递给试样支架和参比支架，热量从均温块流向试样支架和参比支架的热流定义为 $dQ_{pS'}$ 和 $dQ_{pR'}$，温度传感器检测温度。据热学原理，热流 dQ/dt 与温差 ΔT 成非线性的正比关系，温差 ΔT 越大，热流 dQ/dt 越大，即：

$$dQ/dt = k(T)\Delta T \qquad (5\text{-}1)$$

$$dQ_{pS'}/dt = k(T)\Delta T_{pS} \qquad (5\text{-}2)$$

$$dQ_{pR'}/dt = k(T)\Delta T_{pR} \qquad (5\text{-}3)$$

$$\Delta T_{pS} = T_p - T_S \qquad (5\text{-}4)$$

$$\Delta T_{pR} = T_p - T_R \qquad (5\text{-}5)$$

$$\Delta T_{SR} = T_S - T_R \qquad (5\text{-}6)$$

$$dQ_{pS'}/dt - dQ_{pR'}/dt = k(T)\Delta T_{pS} - k(T)\Delta T_{pR} = -k(T)\Delta T_{SR} \qquad (5\text{-}7)$$

式中，T_p、T_R 和 T_S 分别是程序温度（均温块温度）、参比温度和试样温度，系数 $k(T)$ 和热传导系数、热辐射、热容有关，并且强烈依赖于实验条件和温度，通过仪器校正得到 $k(T)$ 与温度的相关性。假设试样支架 S′和参比支架 R′的材质和结构完全相同，在热传导板上的位置完全对称，封装试样和参比物的容器（铝坩埚）完全相同，均温块流向试样支架热流 $dQ_{pS'}$ 减去流向参比支架热流 $dQ_{pR'}$ 的热流差为试样热流 dQ_S/dt。

$$dQ_S/dt = -k(T)\Delta T_{SR} \qquad (5\text{-}8)$$

因此，热流型 DSC 是在程序控温下，由温度传感器分别检测 T_p、T_R、T_S 和 ΔT_{SR}，根据热学原理，通过计算机由温差试样和参比温差 ΔT_{SR} 计算出试样支架和参比支架的热流差即试样热流。

功率补偿型 DSC 主要特点是具有完全独立的两个炉子，两炉子的材质和结构完全相同，分别具有独立的加热器和温度传感器，加热器直接给试样和参比加热，是内热式。结构和工作原理如图 5-2 所示。

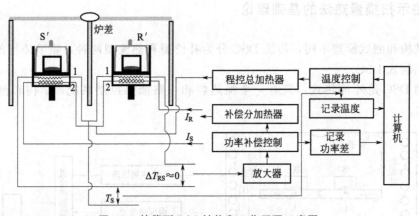

图 5-2 补偿型 DSC 结构和工作原理示意图
1—温度传感器；2—独立的加热器；S′—试样支架系统；R′—参比支架系统

仪器有两路加热系统进行监控。一路是温度控制系统，其作用是控制试样和参比物同时在预定的程序控温下改变温度；另一路是功率补偿系统，其作用是通过功率补偿方式控制试样和参比物的温差始终趋于零。温度控制器在程序控温过程中，给予试样和参比相同加热功率，温度传感器检测温度，当试样没有产生吸热或放热效应时，试样和参比物温度相同，温差为零；当试样产生吸热效应时，温度低于参比物，功率补偿系统通过增大试样的加热电流 I_S 补偿给试样功率，使试样与参比物温差始终趋于零；当试样产生放热效应时，温度高于参比物，功率补偿系统通过增大参比物的加热电流 I_R 补偿参比物功率，使试样与参比物温差始终趋于零。

加热功率（P），单位焦耳/秒（J/s），与电流（I）和电阻（R）关系：

$$P = I^2 R \tag{5-9}$$

补偿的功率 ΔP 是给试样加热功率 P_S 和参比加热功率 P_R 之差：

$$\Delta P = P_S - P_R = I_S^2 R_S - I_R^2 R_R \tag{5-10}$$

R_R 和 R_S 分别是参比支架和试样支架的加热电阻，令 $R_R = R_S = R$（已知定值）：

$$\Delta P = (I_S^2 - I_R^2) R \tag{5-11}$$

补偿型 DSC 是在程序控温下，以保持试样和参比温差为零，功率补偿控制系统补偿给试样和参比物功率，补偿功率 ΔP 即为试样和参比的热流率差 dQ_S/dt。

$$dQ_S/dt = \Delta P = (I_S^2 - I_R^2) R \tag{5-12}$$

温度调制式 DSC（简称 MDSC），程序控温是在传统 DSC 线性温变曲线上，叠加正弦振荡式的调制温变，如式(5-12)所示；调制温变速率 β^T 是线性温变速率 β 叠加正弦振荡式的温变率 $A_T \omega \cos \omega t$，如式(5-13)所示；热流输出是把总的热流（传统 DSC 热流）通过傅里叶变换，分解出可逆热流部分 $c_p \beta^T$ 和不可逆热流 $f(T, t)$ 部分，如式(5-14)所示，可逆热流只与试样的比热容和温变速率有关，不可逆热流与时间和温度相关：

$$T(t) = T_0 + \beta t + A_T \sin \omega t \tag{5-13}$$

$$\beta^T = dT/dt = \beta + A_T \omega \cos \omega t \tag{5-14}$$

$$dQ/dt = c_p \beta^T + f(T, t) \tag{5-15}$$

传统 DSC，加快温变速率提高检测灵敏度，但降低了分辨率；减小温变速率提高分辨率，但降低了灵敏度。MDSC 调制温变速率 β^T 可以减小线性温变速率 β 提高分辨率，同时加快正弦温变速率提高灵敏度。

5.1.2 差示扫描量热法在高分子领域的应用研究

(1) 聚合物玻璃化转变过程及相容性研究

从玻璃化转变过程的 DSC 曲线，如图 5-3 所示，可以得到玻璃化转变过程温度区域、

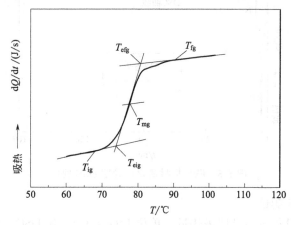

图 5-3 PET 玻璃化转变过程 DSC 曲线

转变温度 T_g 和转变前后的比热容差 Δc_p；根据多组分共混体系 T_g 和 Δc_p 的分布情况，可以研究共混体系相容性和各组分的相对含量；根据玻璃化转变温度可以评判塑胶的极限使用温度。

(2) 结晶聚合物结晶与熔融过程研究

图 5-4 是 PE 非等温结晶熔融过程的 DSC 曲线，从结晶熔融过程的 DSC 曲线可以得到结晶温度 T_c、熔融温度 T_m、结晶热焓 ΔH_c、半高峰宽 ΔW、过冷度 ΔT_c 等特征参数，从这些特征参数和峰形可以了解结晶聚合物结晶熔融温度、结晶度、结晶快慢、结晶规整性和结晶能力等信息。

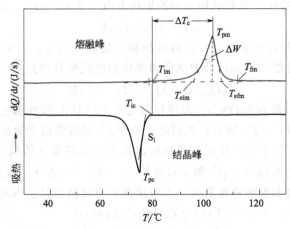

图 5-4 PE 非等温结晶熔融过程 DSC 曲线

(3) 氧化诱导期的测试及其应用

氧化诱导期（OIT）是用来评价塑料热氧稳定性的一种度量方法，图 5-5 是 PVC 板材在流速 50mL/min 的氧气气氛、200℃ 环境下恒温测量热流与时间的关系图，从 DSC 曲线上得到 PVC 开始降解的时间 t_2，计算出氧化诱导时间 OIT，实验温度越高，诱导时间越长，抗氧化性越好越稳定。

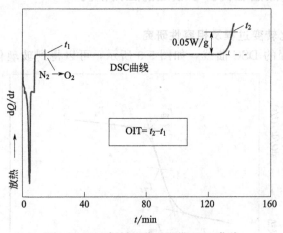

图 5-5 PVC 板材氧化诱导期 DSC 曲线

(4) 聚合物比热容测试

比热容是单位质量单位温升所需热量，单位 J/(g·℃)，用 DSC 分别测量空坩埚、蓝宝石和未知试样三条 DSC 曲线，用蓝宝石的已知比热容，通过比较法得到未知试样的比热容。图 5-6 是用 DSC 仪器测量不同覆铜板比热容的结果图。

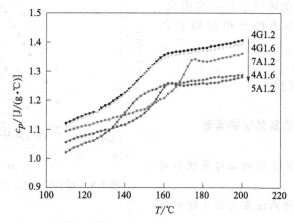

图 5-6 覆铜板在玻璃化转变区的比热容与温度的关系图

（5）等温结晶动力学的研究

图 5-7 是 PP 在不同温度下等温结晶的 DSC 曲线，通过等温的 DSC 曲线，得到聚合物在不同温度下等温结晶过程的结晶时间 t_p、结晶热焓 ΔH_c 和结晶速率 $t_{0.5}$ 等特征参数。

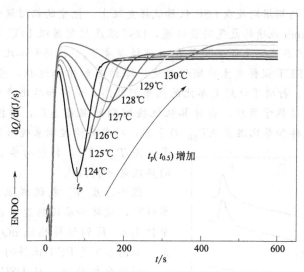

图 5-7 PP 在不同温度下等温结晶的 DSC 曲线

利用 Avrami 方程，建立 t 时间结晶程度 $f_c(t)$ 与时间 t 之间的关系：

$$1-f_c(t)=e^{-kt^n} \tag{5-16}$$

$$\lg\{-\ln[1-f_{ck}(t)]\}=n\lg t+\lg k \tag{5-17}$$

图 5-8 是 $\lg\{-\ln[1-f_{ck}(t)]\}$ 与 $\lg t$ 关系图，成直线，直线斜率是与成核机理和结晶生长方式有关的 Avrami 结晶指数 n；直线截距是与晶核生长速率和晶体生长速率有关的结晶速率常数 k。

（6）MDSC 应用

MDSC 调制温变速率可以同时提高检测弱信号的灵敏度和分辨率；结晶聚合物在熔融过程中发生熔融-再结晶-熔融现象，MDSC 不可逆热流可以把再结晶热焓剥离出来；非晶态聚合物在玻璃化转变过程中伴随松弛热焓峰，老化时间越长，松弛热焓峰越大，利用可逆热流把纯的玻璃化转变过程剥离出来，利用不可逆热流把纯的松弛热焓峰剥离出来。

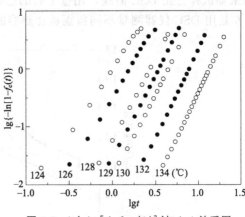

图 5-8 $\lg\{-\ln[1-f_{ck}(t)]\}$ 与 $\lg t$ 关系图

5.1.3 热分析法实验

5.1.3.1 差示扫描量热法的实验

【实验目的】

① 理解差示扫描量热法的工作原理和研究方法。

② 了解差示扫描量热法在高分子研究领域的应用。

③ 掌握差示扫描量热法的样品制备方法和测试技术。

④ 通过用差示扫描热量仪测量聚对苯二甲酸乙二醇（PET）试样的升降温 DSC 曲线，学会用 DSC 测量聚合物的 T_g、T_c、T_m、ΔH_c 和 ΔH_m。

【实验原理】

把装有 PET 试样的铝坩埚放在 DSC 仪器试样支架上，把空的铝坩埚作为参比物放在参比支架上，设定 30mL/min 流速的氮气实验环境，DSC 温度控制器以 10℃/min 升温速率，给加热炉加热，温度传感器在线记录程序温度 T_p、试样温度 T_S、试样和参比物温差 ΔT_{SR}。

在升温过程中，PET 试样发生玻璃化转变、冷结晶和熔融过程，分别伴随着比热容变化、放热和吸热现象，打破了试样与参比的热平衡状态，试样和参比产生温差 ΔT_{SR}。

热流型 DSC，通过热学原理，由计算机把检测到的温差 ΔT_{SR} 转换成热流差 dQ_S/dt。补偿型 DSC，保持试样和参比温差 ΔT_{SR} 趋于零，功率补偿控制系统补偿给试样和参比物功率，使 $T_S \approx T_R$，补偿功率 ΔP 即为试样和参比的热流差 dQ_S/dt。

程序温度 T_p 或试样温度 T_S 作为横坐标，单位℃，试样和参比热流差 dQ_S/dt 作为纵坐标，单位 J/s，得到试样热流 dQ_S/dt 与温度 T 的关系，如图 5-9 是 PET 试样的 DSC 曲线。

利用分析软件，从 DSC 曲线上，分析得到 PET 的玻璃化转变温度 T_g、结晶温度 T_c 和熔融温度 T_m，在结晶熔融峰区域热流 dQ_S/dt 对时间积分得到结晶熔融热量 Q_c 和 Q_m，热量对试样质量归一化得到结晶热焓 ΔH_c 和熔融热焓 ΔH_m。

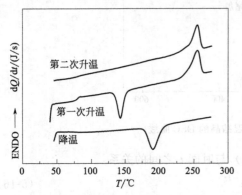

图 5-9 PET 升降温 DSC 曲线（10℃/min）

【仪器】

差示扫描量热仪，厂家 Perkin-Elmer，型号 PE-DSC4000，热流型；电子天平，厂家 Sartorius，型号 BT25S；卷边压样器，厂家厦门迈庭，型号 Al-5。

【试剂】

高纯氮气，聚对苯二甲酸乙二醇，铝坩埚（样品池），铟标样。

【实验步骤】

(1) 实验前准备

① DSC 加热炉清洁和消除热历史处理

在空气气氛下，以 20℃/min 的升温速率升温到 320℃，恒温 10min 后降到室温，用棉签蘸乙醇清洁样品支架和参比支架，如果没有污染，这步可省略；清洁后，再以 20℃/min 的升温速率升温到 320℃，消除热历史。

② DSC 仪器的温度和量热校正

测试环境如气体及流速、样品皿（坩埚）的材质尺寸、仪器的冷却系统、升降温速率等对 DSC 数据有影响，为确保 DSC 数据的准确度，必须用已知熔融温度和热焓的标准样品来对温度和热量进行校准。

在 30mL/min 的氮气气氛下，用 10℃/min 的升温速率，测量标准样品铟的升温 DSC 曲线，得到铟的熔融热焓 ΔH_m 和外推起始熔融温度 T_{eim} 的测量值，比较测量值和标准值来校正温度和热焓，铟的 ΔH_m 和 T_{eim} 标准值分别为 28.47J/g 和 156.60℃。

③ 非晶态聚对苯二甲酸乙二醇（PET）试样的制备

称取（3±0.5）mg 的 PET 试样，放在铝坩埚里，平摊盖上盖子，用卷边压样器冲压密封。在 30mL/min 的氮气气氛下，用 20℃/min 的升温速率升温到 300℃，恒温 5min，取出淬火到液氮温度。

(2) 开始实验

① 打开氮气气阀开关，调节减压阀，气体压力调到 0.2MPa。

② 依次开启 DSC 主机、机械制冷器、电脑和显示器的电源。

③ 双击【Pyris Manager】图标，打开控制软件，联机，预热 30min。

④ 参比物制备：DSC 实验选用的参比物要求在测量的温度范围内不发生任何热效应的稳定性物质，热容与热导率和试样应尽可能相近，如 $\alpha\text{-Al}_2O_3$、石英粉、氧化镁粉末等，为简化，本实验直接用空的铝坩埚加盖作为参比物。

⑤ 把 DSC 炉盖打开，把封装了淬火 PET 试样的铝坩埚放在试样支架上（左边支架），卷边朝上；把制备好的空的铝坩埚作为参比物放在参比支架上（右边支架），卷边朝上。

⑥ 把炉盖盖好。

⑦ 在控制面板右边，在【Temperature】输入 30℃，使仪器恒温在本实验的起始温度 30℃。

⑧ 设置实验参数

a. 在【Window】下拉菜单选择【Method Editor】进入实验参数设置界面。

b. 在【Sample Information】下拉界面输入样品名和样品重量，建立实验数据储存文件。

c. 在【Initial State】下拉界面选择实验环境需要的气体（氮气）及其流速（30mL/min）。

d. 在【Program】下拉界面设置可控温度程序，设置起始温度 30℃，恒温 1min，以 10℃/min 的升温速率升温到 300℃，恒温 3min，以 10℃/min 的降温速率降到 30℃，恒温 1min，再以 10℃/min 的升温速率升温到 300℃。

e. 点击【Start/Stop】键，开始测试，仪器自动记录 PET 的升降温 DSC 曲线。

【注意事项】

① 为确保 DSC 数据的准确度，必须用已知熔融温度和热焓的标准样品来对温度和热量进行校准。

② 为了得到试样材料的真实信息，需要在熔融温度以上消除试样的热历史，消除因力取向或热处理过程对试样晶型和结晶度的影响。

③ 尽量控制试样用量、颗粒形状及大小一致。试样量少，峰窄小尖锐，分辨率高，但灵敏度低；试样颗粒大、试样量多会影响热传递效果，温度滞后和内部温差大，导致峰形变宽，相邻峰重叠，分辨率低，但灵敏度高。

④ 升温速率对 DSC 数据有影响，升温速率快，灵敏度高，可提高弱信号的检测限，但基线漂移大，会降低相邻峰的分辨率；升温速率慢，分辨率高，但灵敏度低，有些弱信号检测不到。一般选择 $10℃/min$ 的升降温速率。

⑤ 为提高试样热焓测量的准确性，需要准确称取试样的质量，精确到 $0.01mg$。

⑥ 为预防加热炉被污染，在实验测试的温度范围，试样不能有挥发性物质溢出，对于不详的试样，先做热重分析，在失重量控制在 1% 以下的温度范围内做 DSC 测试。

【数据处理】

(1) 记录实验条件

包括仪器厂家和型号规格、试样名称和重量、气氛及其流速、升温速率。

(2) 用分析软件计算

从 PET 的升降温 DSC 曲线中，计算出玻璃化转变过程的转变温度 T_g 和转变前后的比热容差 Δc_p，结晶过程的特征温度 T_c 和结晶热焓 ΔH_c，熔融过程中的特征温度 T_m 和熔融热焓 ΔH_m。

(3) 数据处理过程

① 打开数据文件。

② 对 PET 的 DSC 曲线进行优化处理，包括调整基线斜率和上下平移曲线。

③ 从【Calculation】下拉菜单选择【Peak Area】，分析计算 PET 结晶熔融峰的特征温度和热焓。

④ 从【Calculation】下拉菜单选择【T_g】，分析计算 PET 玻璃化转变过程的特征温度和比热容差 Δc_p。

【结果与讨论】

根据实验结果，分析讨论经过淬火处理和慢速降温处理的 PET 试样的升温 DSC 曲线的异同及其原因。

【思考题】

① 影响 DSC 实验结果的因素主要有哪些？

② 在 DSC 曲线上怎样辨别是吸热峰还是放热峰？

5.1.3.2　热重分析法实验

【实验目的】

① 理解热重分析仪的工作原理和研究方法。

② 掌握热重分析仪的样品制备方法和测试技术。

③ 通过用热重分析仪测量草酸钙和 EVA 32 试样的 TG 和 DTG 曲线，学习如何通过处理分析数据获得物质的分解温度和失重量，推算物质的热分解过程。

④ 了解热重分析在高分子及其他研究领域的应用。

【实验原理】

热重法是在程序控制温度下，测量物质质量和温度关系的一种技术。热重法实验得到的曲线称为热重曲线（TG 曲线）。TG 曲线对时间或温度一阶求导可以获得微商热重曲线（DTG 曲线），DTG 曲线反映了失重速率随时间或温度的变化过程。热重分析仪是连续记录质量和温度函数关系的仪器，其基本构造如图 5-10 所示，包括样品盘、炉体、天平及程序控温系统，通过连接的电脑设置测试程序并进行数据的存储和处理。

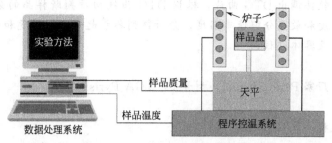

图 5-10 热重分析仪的基本结构

热重法主要特点是定量性强，能准确地测量物质的质量变化及变化的速率。然而热重法的实验结果受测试条件影响很大，只有控制在相同的实验条件下才可以获得一致性较好的结果。影响热重实验结果的因素主要有升温速率、气氛、样品量、药品粒度、坩埚材质、样品装填等。

本实验以草酸钙和乙烯-醋酸乙烯酯共聚物（32％酯基）分别作为无机物和高分子材料的典型代表。将适量样品装在氧化铝坩埚中，放入铂金吊篮后手动挂到天平的石英挂钩上，关闭炉体，设置好气氛后启动温度程序，仪器将质量随温度及时间的变化关系记录下来。

测试样品在程序控温和一定气氛下逐步分解，分解出的产物以气体形式从样品中逸出，热天平测量试样的质量（m）随程序温度（t）的变化，以程序温度 t 作为横坐标，单位℃，试样质量 m 为纵坐标，单位％或 mg，得到试样质量 m 与温度 t 关系（TG 曲线），如图 5-11 所示。

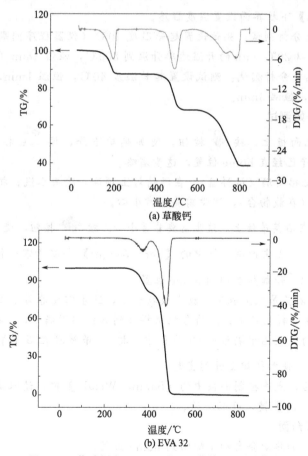

图 5-11 草酸钙和 EVA 32 的 TG 曲线和 DTG 曲线

首先通过分析软件调出 DTG 曲线，根据 DTG 曲线初步判断样品的分解步数及各分解步骤开始的分解温度和最大分解速率温度，分析得到各步起始分解温度和失重质量，推算物质可能的分解机理及具体过程。

【仪器】

热重分析仪，厂家 Perkin-Elmer，型号 PE TGA Pyris1。

【试剂】

高纯氮气，试样，氧化铝坩埚（样品池）。

【实验步骤】

(1) 开机步骤

① 打开氮气（或空气）气阀开关，观察并确认 2 路气体压力分别为 0.2MPa 和 0.1MPa。

② 依次开启 TAGS（气体控制器）、TGA 主机和电脑显示器的电源。

③ 双击【Pyris Manager】图标，打开控制软件，联机，预热 30min。

(2) 设置实验参数

① 在【Window】下拉菜单选择【Method Editor】进入实验参数设置界面。

② 在【Sample Information】下拉界面输入样品名，点击控制面板中的【Sample Weight】键，读取试样重量，建立实验数据储存文件，保存数据。

③ 在【Initial State】下拉界面选择实验环境需要的气体（氮气或空气）及其流速（30mL/min）。

④ 在【Program】下拉界面设置温度程序。

a. 草酸钙的热重分析测试：测试设置起始温度 $40℃$（仪器程序问题设置温度必须高于室温），恒温 1min，以 $20℃/min$ 的升温速率升温到 $800℃$，恒温 3min（为了排除尾气）。

b. EVA 32 的热重分析测试：测试设置起始温度 $40℃$，恒温 1min，以 $20℃/min$ 的升温速率升温到 $600℃$，恒温 3min。

(3) 装样品和开始测试

① 在 TGA 主机面板上，按 ⬇ 按钮，使加热炉下降，按 ➡ 按钮，使加热炉回到 home 位置，如果炉子已经在 home 位置，这步省略。

② 用镊子取氧化铝坩埚（试样盘），在酒精灯上预烧，除去水汽；把去掉水汽的氧化铝坩埚放在 Pt 吊篮里（在载物台），这步需要非常小心。

③ 把 Pt 吊篮挂在石英吊丝上，这步需要非常小心；按 ⬆ 按钮，使加热炉上升到密封。

④ 等重量稳定后，点击控制面板中的【Zero Weight】去皮清零；按 ⬇ 按钮，使加热炉下降，按 ➡ 按钮，使加热炉回到 home 位置。

⑤ 把 Pt 吊篮从石英吊丝上取下，放在载物台上，这步需要非常小心；把氧化铝坩埚从 Pt 吊篮中取出，放在制样铝板上；用药勺把试样放到氧化铝坩埚里，一般取 3mg 左右。

⑥ 把装有试样的氧化铝坩埚放回 Pt 吊篮中；把 Pt 吊篮挂在石英吊丝上，这步需要非常小心；按 ⬆ 按钮，使加热炉上升到密封。

⑦ 等重量稳定后，点击控制面板中的【Sample Weight】键，读取试样质量；在控制面板中，点击【Start/Stop】键，开始测试。

(4) 关机和清理台面

① 完成测试后，加热炉会自动下降回到 home 位置。

② 从石英吊丝中取下 Pt 吊篮。

③ 从 Pt 吊篮中取出氧化铝坩埚，放在废弃坩埚盒中。

④ 退出 Pyris Manager 控制软件。

⑤ 依次关电脑显示器、TGA 主机和气体控制器 TAGS 电源。

⑥ 关掉气源（关掉气体阀）。

⑦ 清洁台面，工具归位。

⑧ 登记包括机时等使用情况。

【数据处理】

（1）记录实验条件

包括仪器厂家和型号规格、试样名称和重量、气氛及其流速、升温速率。

（2）用分析软件计算

从试样的升温 TGA 曲线中，计算出试样的热稳定性温度和各个降解步骤的失重量。

（3）数据处理过程

① 在【Data Analysis】菜单中，选择分析数据文件。

② 对试样的 TGA 曲线进行微分处理，得到 DTGA（微分）曲线。

③ 从【Calculation】下拉菜单选择【Onset】，分析计算试样的热稳定性温度。

④ 从【Calculation】下拉菜单选择【Deta Y】，分析计算试样每步降解的含量。

（4）数据导出

在【Edit】下拉菜单，选择【Copy】复制数据，选择【Copy Image】复制图片。

【结果与讨论】

① 结合 DTG 曲线对两种样品的 TG 曲线进行分析，确定样品的具体分解步骤以及各分解步骤对应样品分解的结构和反应。

② 结合具体实验操作过程，论述实验过程中出现的问题及相应的原因。

【思考题】

① 装样品和开始测试时，为什么需要将氧化铝坩埚放在酒精灯上预烧除去水汽？

② TG 实验过程中，有哪些注意事项？

5.2 动态力学分析法

动态力学分析（dynamic mechanical analysis，DMA）是一种测试聚合物力学性能的手段。当样品受到交变应力（应变）作用时，聚合物将呈现出力学响应，分析交变应力（应变）作用下聚合物的力学性能（如模量、内耗等）随温度、频率等条件的变化，即为动态力学分析。

5.2.1 动态力学分析的基础理论

理想弹性体的平衡形变瞬时达到，与时间无关，应力与应变服从胡克定律。理想的黏性体受到外力作用时，形变随时间线性发展，应力与应变速率服从牛顿流动定律。聚合物由于分子运动单元的多重性，使其力学响应同时表现出明显的弹性和黏性特征，即黏弹性。根据聚合物受外部作用情况的不同，黏弹性表现出不同的现象，最基本的有蠕变、应力松弛、滞后和力学损耗（动态力学松弛）。

在交变应力或交变应变作用下，聚合物的动态力学行为主要表现为滞后和力学损耗现象。聚合物受到交变应力作用时，所观察到的应变变化落后于应力变化的现象，称为滞后现象（图 5-12）。

$$\sigma(t) = \sigma_0 \sin\omega t \tag{5-18}$$

$$\varepsilon(t) = \varepsilon_0 \sin(\omega t - \delta) \tag{5-19}$$

式中，σ_0 为受到的最大应力；ω 为外力变化的角频率；t 为时间；ε_0 为应变的最大值；δ 为应变发展落后于应力的相位差。

黏弹性材料应变的变化落后于应力的变化，发生滞后现象，在循环变化过程中克服内摩擦阻力，机械能转变为不可逆的热能而消失，称为力学损耗或内耗。不产生塑性形变的橡胶的拉伸-回缩应力-应变曲线可以构成一个闭合曲线，常称之为"滞后圈"（图 5-13）。

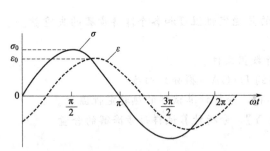

图 5-12 聚合物在交变应力下的滞后现象

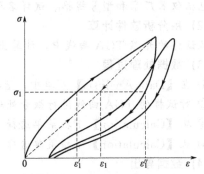

图 5-13 橡胶拉伸与回缩过程的应力-应变滞后圈

这时，一个拉伸回缩循环中所损耗的能量为：

$$\Delta W = \pi \sigma_0 \varepsilon_0 \sin\delta \tag{5-20}$$

力学损耗的大小正比于最大应力 σ_0、最大应变 ε_0 和应力与应变之间的相位差的正弦，因此 δ 又称为力学损耗角。为了方便人们更常用力学损耗角正切 $\tan\delta$ 来表示内耗的大小。

内耗的大小因高分子的结构而异。分子链上无取代基团，其内耗较小；侧基体积大、数目多，则内耗较大。橡胶的内耗越大，吸收冲击能量越大，但是回弹性较差。

内耗与温度有关。在玻璃化转变温度时出现一个与链段运动有关的内耗峰。当接近黏流温度时，出现与分子链运动有关的内耗极大值。

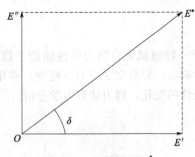

图 5-14 复数模量 E^*

内耗峰值出现的温度大小次序为：分子链运动内耗峰＞链段运动内耗峰＞基团运动内耗峰。

内耗与交变应力的作用频率有关。在频率适中的范围内，链段既能运动又跟不上外力的变化，滞后现象较明显，内耗在这一频率范围将出现一个极大值。

在动态力学实验中，应力和应变都是时间的函数，其模量常用复数模量来表示（图 5-14）。

$$E^* = E' + iE'' \tag{5-21}$$

$$\tan\delta = \frac{E''}{E'} \tag{5-22}$$

式中，E^* 为复数模量；E' 为实数模量；E'' 为虚数模量；δ 为力学损耗角；$\tan\delta$ 为力学损耗正切。

实数模量，又称储能模量，表示材料在形变过程中由于弹性形变而储存的能量。虚数模量，又称损耗模量，表示在形变过程中以热的方式损耗的能量。相应的动态力学表达式为：

$$\sigma(t) = \varepsilon_0 E' \sin\omega t + \varepsilon_0 E'' \cos\omega t \tag{5-23}$$

同一聚合物的力学松弛现象，既可在较高的温度下较短的时间内观察到，也可以在较低的温度下较长的时间内观察到，即聚合物的力学松弛具有时温等效性。

在一定频率下，聚合物动态力学性能随温度的变化称为动态力学温度谱。通常以 $\lg E'$、$\lg E''$ 和 $\tan\delta$ 对温度作图。在一定温度下，聚合物动态力学性能随频率的变化称为动态力学频率谱。通常以 $\lg E'$、$\lg E''$ 和 $\tan\delta$ 对频率 $\lg\omega$ 作图。

图 5-15 是典型非晶态聚合物的 DMA 温度谱。储能模量 E' 谱线有若干阶梯形转折。$\tan\delta$ 谱线（或 E''）出现若干突变的峰，这些峰分别对应于聚合物的主转变—α 转变（玻璃化转变）和次级转变—β、γ、δ 转变（局部侧基、端基、极短的链节等的运动）。

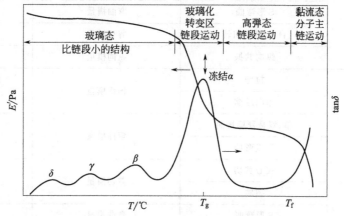

图 5-15 典型非晶态聚合物的 DMA 温度谱

图 5-16 是典型结晶聚合物的 DMA 温度谱。当温度高于 T_m 时，有两种可能：进入黏流态（图 5-16 中曲线 1 和 1′）；进入高弹态（图 5-16 中曲线 2 和 2′）。结晶聚合物非晶区的次级转变与前述非晶态聚合物相似。结晶聚合物晶区的次级转变对应的运动包括：晶区链段运动，晶型转变，晶区中分子链沿晶粒长度方向协同运动，晶区内部侧基、端基、缺陷、折叠链部分的运动，等等。

图 5-17 是典型交联聚合物的 DMA 温度谱。随着交联度增加，玻璃化温度提高，储能模量增加，损耗峰降低。

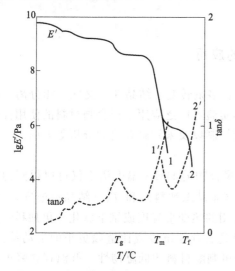

图 5-16 典型结晶聚合物的 DMA 温度谱

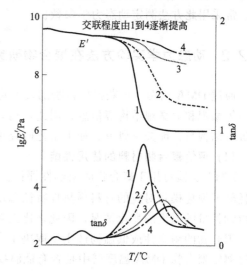

图 5-17 典型交联聚合物的 DMA 温度谱

聚合物动态力学实验方法主要有：强迫共振、强迫非共振、自由振动、声波传播等方法。它们适应于不同模量类型和频率范围（表 5-1）。

表 5-1 聚合物动态力学实验方法

振动模式	形变模式	模量类型	频率范围/Hz
自由振动	扭转	剪切模量	$0.1 \sim 10$
强迫共振	固定-自由弯曲	弯曲模量	$10 \sim 10^4$
	自由-自由弯曲		
	S 形弯曲	弯曲模量	$3 \sim 60$
	自由-自由扭转	剪切模量	$10^2 \sim 10^4$
	纵向共振	纵向模量	$10^4 \sim 10^5$
强迫非共振	拉伸	杨氏模量	$10^{-3} \sim 200$
	单向压缩		
	单、双悬臂梁弯曲	弯曲模量	$10^{-3} \sim 200$
	三点弯曲		
	夹心剪切	剪切模量	$10^{-3} \sim 200$
	扭转		
	S 形弯曲	弯曲模量	$10^{-2} \sim 85$
	平行板扭转	剪切模量	$0.01 \sim 10^4$
声波传播	声波传播	杨氏模量	$3 \times 10^3 \sim 10^4$
	超声波传播	纵向与剪切模量	$1.25 \times 10^3 \sim 10^4$

本实验采用强迫振动非共振法进行测试。强迫振动非共振法是强迫试样以设定的频率振动，测定试样在振动中的应力与应变幅值以及应力与应变之间的相位差，按定义直接计算储能模量、损耗模量、动态黏度及损耗角正切等性能参数。所用仪器类型为动态黏弹谱仪（动态力学分析测试仪），适合于测试固体。对于容易成型的橡胶、塑料、纤维等固体聚合物试样，常采用此方法测定动态力学参数。

5.2.2 动态力学实验方法在聚合物研究中的应用

通过 DMA 谱图，可获得聚合物的玻璃化温度、多重转变、结晶性、交联、相分离、凝聚态等微观和亚微观结构等信息，因此，动态力学实验可广泛应用于聚合物材料的使用性能评价、结构与性能关系研究、加工工艺研究和质量控制以及未知聚合物的分析等方面。

(1) 评价聚合物材料的使用性能

DMA 实验可用于聚合物的耐热性评价。测定聚合物的 DMA 温度谱不仅可以得到力学损耗峰或损耗模量对应的材料耐热性特征温度 T_g（非晶态塑料）和 T_f（结晶态温度），还可得知模量随温度的变化情况，因此，比工业上常用的热变形温度或维卡软化点更加科学。

聚合物的耐寒性或低温韧性主要取决于在低温是否存在链段或比链段更小的运动单元。通过测定聚合物 DMA 温度谱中是否有低温损耗峰可判断材料的低温韧性。低温损耗峰的温度越低，损耗峰强度越高，塑料的低温韧性越好。

动态力学温度谱和频率谱可为选择阻尼、减震材料提供依据。理想的阻尼材料在整个工作温度范围或频率范围都要有高内耗，即 tanδ 大，tanδ-温度曲线变化平缓，包容的面积大。

采用 DMA 温度谱可跟踪材料老化过程中刚度和冲击韧性的变化，分析结构和分子运动变化的原因，可为快速优选材料提供依据。

(2) 研究聚合物材料结构与性能的关系

当聚合物材料被拉伸取向时，分子链会沿拉伸方向重排，结晶度增大，或改变晶型，从而改变 DMA 谱图。因此，根据聚合物 DMA 温度谱的变化，可以研究聚合物结构取向与性能的关系。

随着聚合物交联度增加，在 DMA 谱图上可以明显看到其 α 峰（玻璃化转变）向高温移动，损耗峰面积下降，而相应的储能模量增加。因此，可以研究聚合物交联对性能的影响。

聚合物通过共混、共聚、接枝可以制备性能各异的复合材料，而 DMA 是研究这类聚合物复合材料微相结构的重要方法之一。对于两个完全相溶的共混聚合物，仅出现一个玻璃化转变峰，峰值介于两个组分的玻璃化温度之间，并服从下列关系式：

$$\frac{1}{T_g} = \frac{w_1}{T_{g,1}} + \frac{w_2}{T_{g,2}} \tag{5-24}$$

式中，w_i 为组分 i 的质量分数（$i=1, 2$）；$T_{g,i}$ 为组分 i 的玻璃化转变温度（$i=1, 2$）。

完全相溶共混聚合物 DMA 谱图与同组分的无规共聚物相似。而对于接枝或嵌段共聚物，若组分不相溶，DMA 谱图也呈现两个玻璃化转变峰，类似于两相混合物。

DMA 技术也可用于研究填充改性聚合物的结构与性能关系。粒子填充可改变复合材料中聚合物链段的受限运动行为，改变材料的动态力学性能。例如，刚性粒子填充可提高储能模量，降低 $\tan\delta$。部分纳米粒子具有较高表面能，与聚合物基体间有强作用，也会改变材料的动态力学行为。

(3) 材料加工工艺研究和质量控制

例如，可以采用 DMA 跟踪研究环氧树脂预浸料在等速升温固化过程中的动态力学性能变化，从而获得软化温度 T_s、凝胶化温度 T_{gel} 和硬化温度 T_h 等信息，还可检测热固性树脂固化过程和反应活化能等，从而为工艺和质量控制提供参考依据。

(4) 未知聚合物的分析

次级松弛转变对分析高分子的组成有很大帮助，可以利用 DMA 谱图中低温内耗峰的信息来推断未知聚合物的结构。例如，有三种结构不同的 ABS，它们的橡胶相组成分别为聚丁二烯（$T_g \approx -80℃$）、丁苯橡胶（$T_g \approx -40℃$）和丁腈橡胶（$T_g \approx -5℃$），通过分析它们的 DMA 谱图，根据它们的低温内耗峰位置，就可以明确地区分开来。

5.2.3 动态力学分析实验

【实验目的】

① 了解动态力学分析实验原理。

② 掌握动态力学分析仪及测试操作。

③ 了解动态力学试验方法在聚合物研究中的应用。

【仪器】

本实验采用 DMA25 动态力学分析仪（法国 01dB-Metravib 公司）（图 5-18），该仪器可

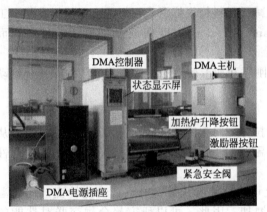

图 5-18　DMA25 动态力学分析仪

用于测试材料储存模量、损耗模量和损耗因子与温度或时间的依赖性；应力松弛、蠕变与恢复、应力-应变关系；热膨胀系数、软化点、玻璃化转变温度、相变温度、热形变温度；等等。

DMA25 的主要性能指标：温度范围为 $-150\sim500℃$，变温速率为 $0.1\sim10℃/min$，力值范围（动态）为 $\pm25N$（峰值），力值范围（静态）为 $-25\sim+25N$（峰值），频率范围为 $10^{-5}\sim200Hz$，动态位移为 $+/-1\sim3000\mu m$，静态位移为 $0\sim+/-6000\mu m$，模量范围为 $10^{3}\sim3\times10^{12}Pa$，损耗因子为 $10^{-4}\sim100$。

【试剂】

本实验样品采用聚对苯二甲酸乙二醇酯（PET）片，厚度 0.1mm，宽度 8mm，长度 50mm。

【实验步骤】

(1) 软件准备

开启电源开关，等待 10min，使仪器随之相继启动。观察控制器的状态显示屏，等待显示仪器正常。检查液氮管道控制阀方向并保持正确。打开联机电脑，在电脑桌面点击启动 DYNATEST 应用软件进入主界面（图 5-19）。

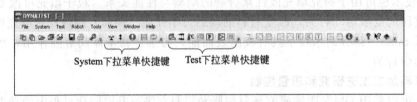

图 5-19　DYNATEST 应用软件主界面

(2) 仪器准备

① 打开样品室（双键同时按下）。

② 调节样品夹具到合适位置。

③ 安全检查。点击菜单上 Security 快捷键 ⓘ，进入图 5-20 界面，点击 Reset 键，直到所有亮灯均为绿色后，按 OK 键确认。

图 5-20　Security 界面

④ 系统平衡。点击菜单上系统平衡快捷键 ，或从 System→Balancing 进入图 5-21

界面，点击 Automatic balance（Center）进行平衡，之后按 OK 键确认。

（3）装样

① 测量并记录样品宽度、厚度。

② 把样品安装在夹具上，之后按夹具下行按钮将样品稍微拉紧。

③ 测量并记录样品长（高）度。

④ 关闭样品室。

（4）设置测试方法和条件

① 设置测试方法（模式）。可以从 File→Open Model 菜单打开一个已有的方法；或者通过菜单 File→Select Predefined Model→Dynamic Mechanical Analysis（DMA）→Temperature ramp tests→Multi frequency. mod 选项建立一个新方法（本实验选择后者）（图 5-22）。

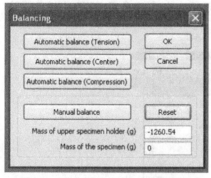

图 5-21 系统平衡（Balancing）界面

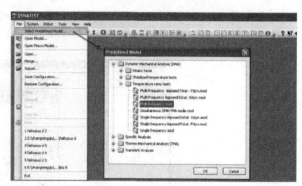

图 5-22 建立一个新方法

② 输入样品名。点击菜单 Test→Identification，输入样品名。

③ 选择夹具。从 Test→Specimen Holders Selection 进入夹具选择菜单（图 5-23），选择夹具（Tension jaws for bars）后，点击 OK 确认。

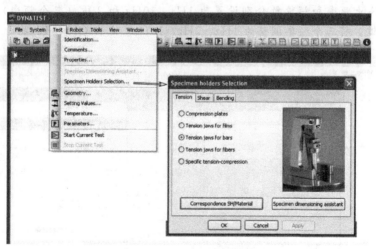

图 5-23 夹具选择菜单界面

④ 输入样品尺寸。从 Test→Geometry 进入样品尺寸输入菜单（图 5-24），选择样品形状（parallelepiped），然后输入样品尺寸，点击 OK 确认。

⑤ 设置振幅和频率。从 Test→Setting Values 进入实验参数菜单（图 5-25），分别设置频率和振幅。

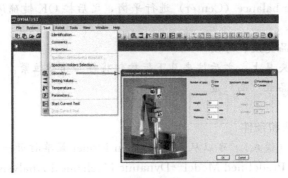

图 5-24 样品尺寸输入菜单

点击 Dynamic displacement，选择 Unic value，输入振幅。本实验采用 PET 片样品，实验振幅设置为 10×10^{-6} m。

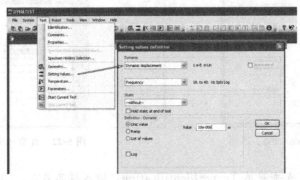

图 5-25 振幅设置界面

点击 Frequency，选择 Ramp 进入频率设置（图 5-26），输入起始、终止频率和频段数。本实验起始、终止频率和频段数分别设置为 1Hz、10Hz 和 2 段（三个频率），并通过点击 List of values 键，将三个频率调整为 1Hz、3Hz、10Hz。点击 OK 确认。

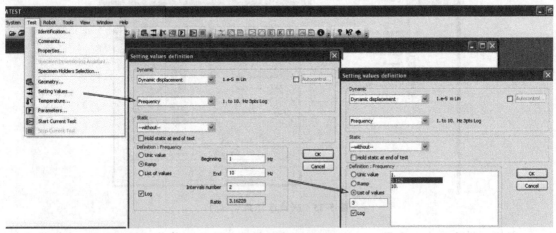

图 5-26 频率设置界面

在 Setting values definition 界面点击 Autocontrol 键进入最大位移和最大应力设定界面，将 Maxdynamic displacement set point 设定为 0.003（最大位移 3mm）；将 Maxdynamic force set point 设定为 25 (最大应力 25N)。点击 OK 确认。

⑥ 设置实验温度。从 Test→Temperature 进入温度设置菜单 (图 5-27)，点击 Modify 修改现有步骤。本实验升温速度 (Rate) 选择 5℃/min (实际分析测试应 3℃/min 以下，或 按测试标准选择)；本实验结束温度 (Ending temperature) 设定为 200℃；采样点数 (Meas. Pt. Number) 设定为 250 [使采样时间 (Meas. Interv) 在 8~10s]；点击 Confirmation 确认，点击 OK 确认。

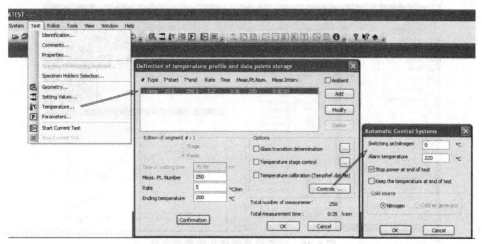

图 5-27　温度设置菜单

点击 Controls 进入下层菜单，设置启用液氮温度 (Switching air/nitrogen) (本实验设 定为 0℃) 和报警保护温度 (Alarm temperature) (本实验设定为 220℃)，选择 Stop power at end of test，点击 OK 确认。

⑦ 设置测试参数。从 Test→Parameters 进入设置菜单 (图 5-28)，在 Start of temperature profile 栏目选择 When test starts (beginning of control at the first segment including data points)。

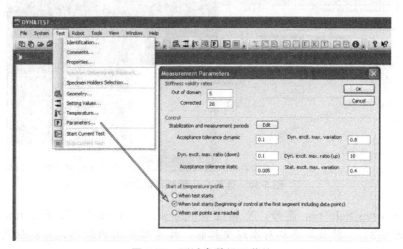

图 5-28　测试参数设置菜单

(5) 测试结果储存

点击 File→Save As 菜单，设置文件储存路径和文件名。

(6) 开始测试

点击 Test→Start Current Test 菜单，或快捷键 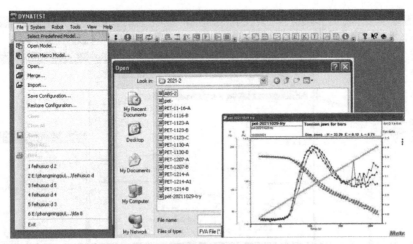，开始测试。

(7) 数据处理

从 File→Open 菜单选择待处理的样品文件（如 pet-20211029-try），进入数据处理界面（图 5-29）。

图 5-29 打开待处理样品的数据文件

点击快捷键 ，选择拟处理的测试数据（图 5-30）。点击 cancel the selection of hidden points 菜单，在 "VARIABLE" Magnitude 栏目选择 Time，在 "ISO" Magnitude 栏目选择 Frequency，点击 OK 键，选择待分析的频率和测试数据。

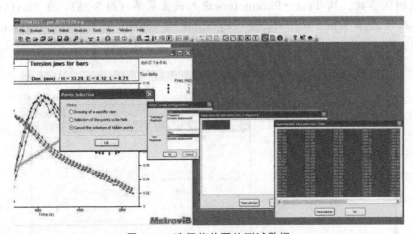

图 5-30 选择拟处理的测试数据

在 Data Curves Selection 界面，X 轴选 temperature，Y 轴选 E'、E''、$\tan\delta$，做 DMA 温度谱（见图 5-31）。将鼠标光标对准纵坐标轴，按左键往图内拉动，可标注谱线各点的数据，而对准标注的数据往图外拉就可删除。

(8) 数据输出

① 从菜单 View 选择 Export Current Views 可输出现有图片。

② 从菜单 View 选择 Generate ASCⅡ File 可将数据以 ASCⅡ 码输出。

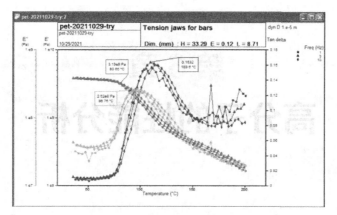

图 5-31 PET 片的 DMA 温度谱

【注意事项】

① 样品安装要垂直、牢固。

② 检查所设参数有无错误和遗漏。

③ 实验温度不可超过样品的熔融温度。

④ 温度降到 80℃以下，才可再打开样品加热室。

【思考题】

① 聚合物的动态力学行为和热力学相变有何不同？

② 请论述聚合物动态力学行为的时温等效现象。

③ 高聚物的结构对力学损耗（tan δ）的大小有何影响？

参 考 文 献

[1] 刘振海，畠山立子，陈学思，等. 聚合物量热测定 [M]. 北京：化学工业出版社，2002.

[2] 李余增. 热分析 [M]. 北京：清华大学出版社，1993.

[3] 周天楠. 聚合物材料结构表征与分析实验教程 [M]. 成都：四川大学出版社，2016.

[4] 张美珍，柳百坚，谷晓昱. 聚合物研究方法 [M]. 北京：中国轻工业出版社，2000.

[5] 胡芃，陈则韶. 量热技术和热物性测定 [M]. 合肥：中国科学技术大学出版社，2009.

[6] 符若文，李谷，冯开才. 高分子物理 [M]. 北京：化学工业出版社，2005.

[7] 朱诚身. 聚合物结构分析 [M]. 北京：科学出版社，2010.

[8] 钱保功，许观潘，余赋生. 高聚物的转变与松弛 [M]. 北京：科学出版社，1986.

[9] 何平笙. 新编高聚物的结构与性能 [M]. 北京：科学出版社，2021.

[10] Menard K P, Menard N R. Dynamic mechanical analysis [M]. Boca Raton：CRC Press，2020.

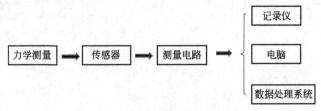

第6章
高分子的性能分析

6.1 力学性能分析法

6.1.1 高分子力学测试技术的基础理论

高分子材料的力学性能反映了材料受力作用与形变的关系。研究高分子材料的力学性能有助于使用和设计高分子制品，同时能够探究高分子材料力学性能与其微观多层次结构之间的关系，进而指导具有特定性能高分子材料的制备和高分子制品的加工成型。

早在17世纪，伽利略就进行了材料的拉伸、压缩和弯曲试验，建立了相关试验方法。1678年胡克用试验的方法确定了应力与应变的线性关系，在试验过程中，胡克发现"弹簧上所加重量的大小与弹簧的伸长量成正比"，他又通过多次试验验证自己的猜想，从此奠定了材料力学的试验基础。

胡克定律的内容为在材料的线弹性范围内，固体的单向拉伸变形与所受的外力成正比；也可表述为在应力低于比例极限的情况下，固体中的应力 σ 与应变 ε 成正比，即 $\sigma = E\varepsilon$，式中 E 为常数（对于确定的材料），称为弹性模量或杨氏模量。

如今，高分子材料力学试验原理和试验技术已有了很大的发展，可以进行静态试验、动态试验和断裂力学试验等。为了实现这些力学性能的测试，人们生产出各种材料试验机，可以通过对材料试样、零部件甚至实际制品施加应力、变形或扭矩，测量相应的变形情况。目前在材料试验机上能进行拉伸、压缩、弯曲、剪切、扭转、蠕变、应力松弛、断裂韧性、硬度、冲击、疲劳、摩擦磨损等试验，通过试验可以测定高分子材料的弹性、塑性、韧性、延性、强度、刚度等力学性能参数。

材料试验机一般包括机身、试样支持部分、动力驱动（或释放）和控制部分、测量和数据处理部分、安全防护等，其核心是动力驱动（或释放）和控制以及测量和数据处理（图 6-1）。

图 6-1 力学测试技术的示意图

为了对试样进行拉伸、压缩、扭转、弯折、蠕变、持久等试验，试验机需要有与其试验模式相应的动力驱动结构，例如对试样施加拉力的结构、或施加压力的结构、或施加扭矩及扭转的结构。对于冲击试验机而言，无论是摆锤式冲击试验机还是落锤式冲击试验机，由于是利用重锤的位能在下落过程中获得的动能来对试样做功的，因此，试验机的动力驱动部分就包含摆锤的提升装置，对试样来说，则是将之前存储的位能通过试验机的释放装置进行释放，从而将摆锤在下落过程中获得的动能作用于试样上进行冲击试验。

为了按照要求进行试验，试验机的试验过程必须是可控的，即使早期最简单的拉力试验机，也能够通过手工完成试样就位、装夹、施加动力进行试验、完成试验后停机或返回原位等控制功能。

试样经过试验后，通过试验机的测量部分将其力学性能检测并且呈现出来，因此完整的试验机测量系统还需包含测量结果的输出部分。

现代试验机的测量装置已完全摒弃了复杂的传统机械结构，采用信号传感技术将有关的力学量或几何量转变为电信号量进行材料性能的检测，结合二次仪表和数据处理部分，可以更准确、快捷地得到试验结果。以传感器为核心的检测系统就像神经和感官一样，能够提供材料宏观与微观的各种信息，在力学测试技术中所使用的测力传感器，就是把非电量转换成电量的一种关键装置。

试样经过试验，由试验机的测量结构检测得到有关材料的性能数据，如果试验机的测量结构缺少试验结果的输出部分，试验人员还是无法获知材料的性能特性。试验结果的输出有许多表现形式以满足使用者的要求。

(1) 拉伸试验

用万能材料试验机，在恒定的温度、湿度和拉伸速度下，对按一定标准制备的试样进行拉伸（图 6-2），直至试样被拉断。仪器可自动记录被测样品在不同拉伸时间的形变值，以及对应此形变值样品所受到的载荷值，同时电脑自动画出载荷-变形曲线或应力-应变曲线（图 6-3）。根据载荷-变形曲线或应力-应变曲线，可以找出样品的屈服点及相应的屈服应力值、断裂点及相应的断裂应力值和样品标距处的断裂伸长值。将屈服应力称为该材料的屈服强度（$\sigma_{屈}$），断裂应力称为该材料的断裂强度（$\sigma_{断}$）。样品标距处的断裂伸长值除以标距，得到样品的断裂伸长率（ε）。在应力-应变曲线中，根据曲线初始直线段的斜率，可以得到该材料的拉伸模量（也称拉伸弹性模量）E 值。

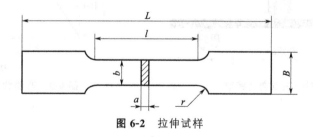

图 6-2　拉伸试样

拉伸屈服强度：

$$\sigma_{屈} = \frac{F_{屈}}{bh} \tag{6-1}$$

式中，$\sigma_{屈}$ 为拉伸屈服强度，MPa；$F_{屈}$ 为屈服载荷（最大载荷），N；b 为试样宽度，mm；h 为试样厚度，mm。

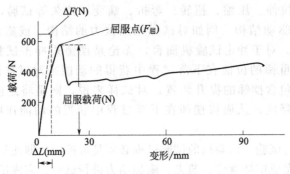

图 6-3 PP 拉伸载荷-变形曲线

拉伸模量：

$$E = \frac{\Delta F L_0}{\Delta L b h}$$
(6-2)

式中，E 为拉伸模量，MPa；ΔF 为拉伸载荷-变形曲线中初始直线段任两点之间的载荷差值，N；ΔL 为 ΔF 对应的两点的形变差值，mm；b 为试样宽度，mm；h 为试样厚度，mm；L_0 为标距，mm，本试验固定为 25mm。

断裂伸长率：

$$\varepsilon = \frac{\Delta L_0}{L_0} \times 100\%$$
(6-3)

式中，ε 为断裂伸长率，%；ΔL_0 为试样标距的增量，mm；L_0 为试样的标距，mm，本试验固定为 25mm。

（2）弯曲试验

弯曲试验是将试样放在两个支座上，在试样中心（两支座中心）以恒定速度施加集中载荷，直到试样屈服、断裂或变形达到预定值，测定试样屈服、断裂或变形达到预定值时的载荷（图 6-4、图 6-5）。

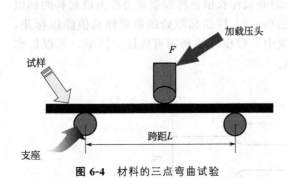

图 6-4 材料的三点弯曲试验

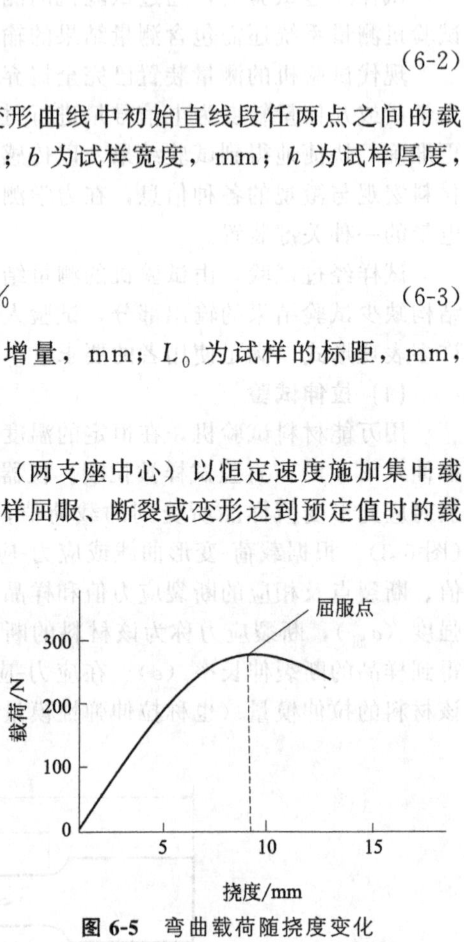

图 6-5 弯曲载荷随挠度变化

弯曲强度：

$$\sigma = \frac{3FL}{2bh^2}$$
(6-4)

在弹性范围内，弯曲模量：

$$E = \frac{\Delta FL}{4wbh^3}$$
(6-5)

式中，σ 为弯曲强度，MPa；E 为弯曲模量，MPa；F 为屈服载荷，N；L 为试样跨距，mm，本试验固定为 64mm；b 为试样宽度，mm；h 为试样厚度，mm；ΔF 为弯曲载荷-挠度曲线中初始直线段任两点之间的载荷差值，N；w 为 ΔF 对应的两点挠度差值，mm。

(3) 冲击试验

冲击试验是用来量度材料在高速状态下的韧性，或对动态断裂的抵抗能力的一种试验方法。冲击试验所获得的数据，可以用来评价材料抵抗冲击的能力或判断材料脆性或韧性的程度。

冲击试验可分为摆锤式（包括简支梁型和悬臂梁型）、落球式和高速拉伸等，不同材料或不同用途时可选择不同形式的冲击试验。

落球式冲击试验是最简单实用的冲击试验方法。落球式冲击试验比摆锤冲击试验更能结合实际使用情况，同时克服了摆锤冲击试验中飞出功的影响。落球式冲击试验使用标准尺寸的试样，可以比较不同材料和在不同冲击速度下的冲击性能。落球式冲击试验可以测定均质材料和取向材料的冲击性能，材料的破坏在最弱的方向，这样就模拟了实际情况，落球式冲击试验仅适用于板材、棒材和薄膜材料。

缺口试样简支梁冲击强度：

$$\alpha_{cN} = \frac{E_c}{b_N \times h} \tag{6-6}$$

式中，α_{cN} 为冲击强度，kJ/m^2；E_c 为试样破坏时吸收的能量，J；b_N 为试样剩余宽度，mm；h 为试样厚度，mm。本试验试样跨距为 62mm（图 6-6）。

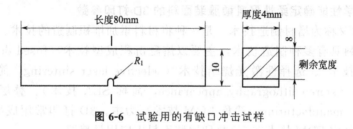

图 6-6 试验用的有缺口冲击试样

6.1.2 力学测试技术在高分子领域的应用研究

力学性能是高分子材料在作为材料使用时所要考虑的主要性能之一，它牵涉到高分子新材料的材料设计、产品设计以及高分子新材料的使用条件。因此掌握聚合物的力学性能数据，是了解和使用高分子材料的必要前提。聚乳酸（PLA）是目前应用最为广泛的生物降解材料之一，可以摆脱对石油资源的依赖。同时，聚乳酸可完全生物降解，且降解产物为 CO_2 和 H_2O。此外，聚乳酸的物理机械强度可与工程塑料相媲美。因此人们期望能够以聚乳酸代替通用塑料，从而解决塑料污染带来的生态环境问题。然而，聚乳酸分子结构呈长直链且缺少活性基团，导致聚乳酸韧性差和结晶度低，且加工过程中易于降解，这些缺点都限制了聚乳酸的应用，因此需要对其作深入的研究。以下围绕聚乳酸从几个方面举例说明力学测试技术在高分子领域的应用研究。

(1) 聚乳酸分子链结构的调控以及力学性能的研究

通过直接加入自由基引发剂过氧化二异丙苯（DCP）的方法，在无其他添加剂存在的情况下，将聚乳酸与 DCP 进行熔融共混，使聚乳酸体系中的分子链发生断裂和重排，并产生接枝反应，体系的黏度明显增大，有显著的剪切变稀行为。表 6-1 是聚乳酸材料的力学性能。可以看出 PLA/DCP 样品的拉伸强度、弹性模量、断裂伸长率都随 DCP 的加入先增大后减小，DCP 质量分数为 0.5% 时达到最大值，拉伸强度由 PLA 的 65.84MPa 升高到 90.30MPa，提高了 37%，弹性模量和断裂伸长率也分别提高了 24% 和 98%。但随着 DCP 质量分数的进一步增加，力学性能没有明显变化。这是因为 DCP 引起小尺寸球晶能够吸收更多能量，提高材料的力学性能。同时，引发的断链降低了缠结密度，分子链在拉伸过程中更易滑移，从而产生更高的断裂应变。

表 6-1 不同 DCP 质量分数下 PLA 的力学性能

试样编号	拉伸强度/MPa	弹性模量/GPa	断裂伸长率/%
PLAD0	65.84	2645	7.48
PLAD1	83.19	2978	8.37
PLAD5	90.30	3274	14.81
PLAD10	75.50	3054	4.39

注：PLAD0 是 DCP 为 0；PLAD1 是 DCP 为 0.1%；PLAD5 是 DCP 为 0.5%；PLAD10 是 DCP 为 1.0%。

从拉伸试样断面扫描电镜照片可以看出，所有样品表面呈现出片状结构。其中，0.5% DCP 样品的界面最光滑，片状结构几乎消失。此时的分子量多，分散性大，短链聚乳酸存在于长链聚乳酸的空隙中，使得空隙减少，分子链间的接触更加紧密。当 DCP 质量分数提高为 1% 时，分子链进一步发生交联，黏度增大，分子链流动性变差，因此表面变得更为粗糙。

(2) 利用力学性能确定柔性聚乳酸服装面料的 3D 打印参数

3D 打印技术又称为增材制造技术，是一种将材料累加堆积制造的技术。3D 打印技术根据不同的打印材料具有多种制造技术，主要以熔融沉积成型技术（fused deposition modeling，简称 FDM 技术）、选择性激光烧结技术（selective laser sintering，简称 SLS 技术）、光固化成型技术（stereo lithography appearance，简称 SLA 技术）、叠层实体制造技术（laminated object manufacturing，简称 LOM 技术）为主。3D 打印常用成型方法与所适用的材料相对应，其中 FDM 技术在 3D 打印服装面料中应用最普遍。

从材料的角度看，聚乳酸是 3D 打印中常用的打印材料，因此有必要确定最优打印温度、分层厚度、打印速度、填充密度等参数对 3D 打印服装材料力学性能的影响。

由于 3D 打印参数众多，综合考虑后决定选用正交试验以减少试验数量，共需要完成 9 次试验。将由打印参数确定的 9 个试件（图 6-7），在 3D 打印机上完成制作，待每组工件冷却至室温时，用材料试验机对 9 个打印试件的弹性模量和拉伸强度进行测试。通过对试验数据进行分析，确定出使 3D 打印模型具有最佳力学性能时的各个参数。正交试验方案及结果分析如表 6-2 所示。

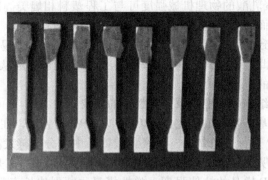

图 6-7 拉伸试样实物图

表 6-2　正交试验方案表及结果分析

试验序号	分层厚度 A/mm	打印速度 B/(mm/s)	打印温度 C/℃	填充角度 D/(°)	拉伸强度 /MPa	弹性模量 /GPa
1	0.1	70	190	15	6.86	0.31
2	0.1	80	200	30	9.18	0.52
3	0.1	90	210	45	11.13	0.69
4	0.2	70	200	45	11.14	0.70
5	0.2	80	210	15	10.77	0.72
6	0.2	90	190	30	8.71	0.49
7	0.3	70	210	30	11.62	0.67
8	0.3	80	190	45	12.37	0.78
9	0.3	90	200	15	11.73	0.63

拉伸强度/MPa				
均值 1(K_{1L})	9.057	9.873	9.313	9.787
均值 2(K_{2L})	10.207	10.773	10.683	9.837
均值 3(K_{3L})	11.907	10.523	11.173	11.547
极差(R_L)	2.850	0.900	1.860	1.760
主次顺序(主→次)(A>C>D>B)，最优化水平组合(A3B2C3D3)				

弹性模量/GPa				
均值 1(K_{1T})	0.507	0.560	0.527	0.553
均值 2(K_{2T})	0.637	0.673	0.617	0.560
均值 3(K_{3T})	0.693	0.603	0.693	0.723
极差(R_T)	0.186	0.113	0.166	0.170
主次顺序(主→次)(A>D>C>B)，最优化水平组合(A3B2C3D3)				

由表 6-2 可知：影响 3D 打印模型拉伸强度因素的主次顺序为分层厚度（A）→打印温度（C）→填充角度（D）→打印速度（B）；影响 3D 打印模型弹性模量因素的主次顺序为分层厚度（A）→填充角度（D）→打印温度（C）→打印速度（B）；最优方案均是 A3B2C3D3，即分层厚度为 0.3mm，打印温度为 210℃，填充角度为 45°，打印速度为 80mm/s。在以 3D 打印模型力学性能中拉伸强度和弹性模量指标为评价标准的试验中分析可得，单因素试验分析和正交试验分析所得出的结果是一致的。因此最优打印参数为：填充密度 20%，分层厚度 0.3mm，打印温度 210℃，填充角度 45°，打印速度 80mm/s。

进一步，利用材料试验机对采用最优打印参数所打印模型的力学性能进行测试，试验结果表明，用最优打印参数所打印的模型的力学性能指标都有所提高，这也验证了前述打印参数的最优化设计是正确的。

（3）紫外老化对聚乳酸结晶及力学性能的影响

高分子材料在日常使用中极易受外界环境（如光照、温度、湿度）的影响而发生不同程度的老化，导致力学性能及微观结构发生改变。聚乳酸作为一种可生物降解的聚酯基聚合物，因其具有良好的力学性能和生物相容性，原料来源广泛且可再生，受到了广泛关注，因此有必要采用紫外线老化测试仪对 PLA 进行人工加速老化处理，探究短周期老化、紫外和热对 PLA 表面与内部不同的老化机理，并分析短周期内紫外老化时间对 PLA 结晶及力学性能的影响。

图 6-8 是不同老化时间下 FPLA 的拉伸应力-应变曲线。可以看出，随着拉伸应力的逐渐增加，PLA 在发生线弹性形变后不经屈服而发生脆性断裂，呈现硬而脆的特性。经老化处理后，PLA 的拉伸应力-应变曲线出现屈服点，存在初始的线弹性形变和随后的非线性应变软化阶段，直至材料发生断裂，呈现硬而强的特性。未老化 PLA 的拉伸应力为 63.34MPa，应变为 6.97%；老化 72h 后，PLA 的拉伸应力达到 70.62MPa，比未老化前提高 11.49%，应变达到 6.10%，比老化前降低了 0.87%。原因是在老化过程中，PLA 分子链水解断裂为小分子链段，在热的作用下未结晶区域进一步调整，结晶度提高；同时，由于表面部分受紫外光的影响，分子链发生适度的交联固化，两者共同作用导致拉伸应力有所增强。分子链上大量 σ 键的内旋转运动是聚合物分子链表现柔性的本质原因，经老化的 PLA 分子链断裂为小分子链段，其主链上 σ 键减少，分子链的稳定构象数减少，同时 PLA 表面部分受紫外光影响产生交联，对 σ 键的内旋转产生阻碍作用，导致分子链柔性变差，应变随之变低。

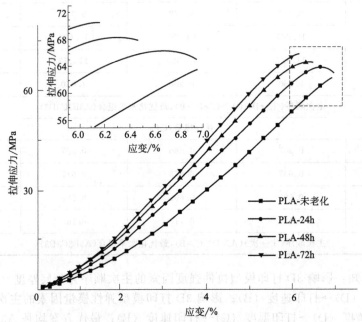

图 6-8　经不同时间老化的 PLA 的拉伸应力-应变曲线

6.1.3　力学测试实验

【实验目的】

① 利用电子万能试验机和数字化落锤冲击试验机测试高分子材料的拉伸性能、弯曲性能及冲击性能等。

② 测定材料的强度和刚度等基本性能指标，利用这些性能数据，达到控制材料质量的目的。这些性能是作为评价和选择材料以及进行制品设计的依据，这在工程技术上十分重要。

③ 从分子结构（包括原子、分子、分子量及其分布、支化、立体规整度、结晶、取向、交联、共聚物组成、序列分布、显微结构等）去探讨高分子材料具有这些力学行为的根本原因。这些性质不但能够解释材料力学行为的原因，而且可以指导高分子材料的生产和加工，

并根据需要来改进、提高现有材料的性能，或者创造出更新的材料。

④ 验证和发展材料力学的理论：高分子材料有许多特性不同于金属材料，我们从大量的材料力学试验中，发现了高分子材料既具有弹性又具有黏弹性的特点，这就产生了高分子材料力学试验研究的新课题。

【实验原理】

拉伸试验：把一定尺寸的试样按照垂直居中的原则，将试样的上下两端夹紧在试验机的固定夹具上，对试样施加拉伸载荷直至断裂来测定试样能承受的最大载荷以及相应的形变，以测定材料的拉伸强度、拉伸模量、断裂伸长率和拉伸应力-应变曲线。

弯曲试验：把一定尺寸的试样支撑成横梁，在跨度中心以恒定速度施加载荷，直到试样断裂或变形达到预定值，以测定材料的弯曲强度、弯曲模量以及载荷-挠度曲线。弯曲试验的特点是试样的上部受压，下部受拉。在弯曲试验时，试样在载荷作用下发生弯曲形变，加载压头直接接触的一面受压缩，相反的一面受拉伸。

落锤缺口冲击试验：试验时用具有一定重量的冲头在一定高度上落下打在试样上。试样为长方形，试样中部有一个深度为 2mm 的 V 型缺口，把试样放置在支架上，缺口背对冲头，当冲头打在试样上，使其产生裂纹或断裂。

【仪器】

微机控制电子万能试验机：型号 CMT6103，生产厂家为深圳市新三思材料检测有限公司。

小型落锤冲击试验机：型号 ITW mini-tower，生产厂家为 INSTRON 公司。

【试剂】

聚丙烯粒料：型号 PPB-M09，生产厂家为中国石油化工股份有限公司茂名分公司。

【实验步骤】

(1) 拉伸试验步骤

① 用游标卡尺测量拉伸试验所用哑铃型试样的长度、中间部分的宽度和厚度。

② 依次开启计算机电源、拉力机电源和空压机电源。

③ 双击计算机桌面上的"SANS Power Test"图标的软件，在界面"选择传感器"栏中选"1kN"，再点击"联机"，然后安装拉伸试验的试样夹具。

④ 点击"试验部分"按钮，选"编辑试验方案"，在"基本参数"中，输入试验方案名称"小试样拉伸"，选试验方向为"拉向"，变形传感器选"大变形"，试样形状选"板材"，返车速度输入"200mm/min"；试验标准选"GB/T 1040.2—2006"（此标准于 2023 年 2 月作废，新标准为 GB/T 1040.2—2022），入口力输入"0.1N"，去除点数"10"；结束参数设置为"定力 900N"以及"定力衰减率 80%/s"。

⑤ 点击"控制方式"按钮，选"位移控制"，试验速度输入"15mm/min"；在"用户参数"中，分别添加"厚度""宽度"和"标距"，单位均为 mm；在"结果参数"中，添加"弹性模量"，单位为 MPa。在"图形坐标"中，主画面选 Y 轴——力，X 轴——大变形；第一画面选 Y 轴——应力，X 轴——应变；第二画面选 Y 轴——力，X 轴——位移；第三画面选 Y 轴——位移，X 轴——时间。然后点击"保存并退出"。

⑥ 点击"试验部分"按钮，选"设计试验报告模板"，在试验方案名中选"小试样拉伸"。点击右边"标题"，再点击"编辑"，可对标题中的"字体"和"坐标"进行设置，设置完毕点击"应用"—"确定"。点击右边"固定栏"，再点击"编辑"，增加一行后可输入"材料""试验速度"等信息，设置完毕点击"应用"—"退出"。点击右边"结果栏"，再点击"编辑"，输入坐标值，在"分成"处选"1 段"，"用户参数"分别添加宽度、厚度和标

距，单位均为 mm，再添加"结果参数"——弹性模量，单位为 MPa。设置完毕点击"应用"—"退出"。点击右边"曲线图"，再点击"编辑"，输入 X 轴坐标和宽度的值，选择"打印图形"，然后点击"确定"。

⑦ 右边"统计项目"中，选择"平均值""标准偏差"和"离散系数"，然后点击"存盘并退出"。

⑧ 在主界面选择试验方案名称为"小试样拉伸"，存盘名为"日期＋PP 拉伸"，输入厚度值和宽度值；然后安装试样，先安装上夹具，调整横梁到合适的测试位置，把力值、位移值和大变形值都清零，然后夹紧下夹具，点击"运行"按钮。

⑨ 试验完毕，点击"生成报告"，可以进行打印报告，或者导出试验报告和数据点。

(2) 弯曲试验步骤

① 用游标卡尺测量弯曲试验所用试样的长度、宽度和厚度。

② 依次开启计算机电源、拉力机电源。

③ 双击计算机桌面上的"SANS Power Test"图标的软件，在界面"选择传感器"栏中选"1kN"，"串口号"打"√"，类型选"瑞士"、"COM1"、系数"1"，点击"联机"。然后安装弯曲试验的压头、支座和千分表。

④ 点击"试验部分"按钮，选"编辑试验方案"，在"基本参数"中，输入试验方案名称"小试样弯曲"，选试验方向为"压向"，变形传感器选"引伸计"，试样形状选"板材"，返车速度输入"50mm/min"；试验标准选"GB/T 9341—2008"，入口力输入"0.2N"，去除点数"10"；结束参数设置为"定力 900N"以及"定力衰减率 80％/s"。

⑤ 点击"控制方式"按钮，选"位移控制"，试验速度输入"2mm/min"；在"用户参数"中，分别添加"厚度""宽度"和"跨度"，单位均为 mm；在"结果参数"中，添加"规定挠度"，单位为 mm。在"图形坐标"中，主画面选 Y 轴——应力，X 轴——应变；第一画面选 Y 轴——力，X 轴——位移；第二画面选 Y 轴——力，X 轴——时间；第三画面选 Y 轴——位移，X 轴——时间。然后点击"保存并退出"。

⑥ 此步骤与拉伸试验步骤⑥相同。(在试验方案名中选"小试样弯曲"。)

⑦ 此步骤与拉伸试验步骤⑦相同。

⑧ 在主界面选择试验方案名称为"小试样弯曲"，存盘名为"日期＋PP 弯曲"，输入厚度值和宽度值；然后将试样放置在支座的中央，调整横梁到合适的测试位置，把力值、位移值和变形值都清零，点击"运行"按钮。

⑨ 此步骤与拉伸试验步骤⑨相同。

(3) 冲击试验步骤

① 用游标卡尺测量冲击试验所用试样的长度、厚度、宽度和剩余宽度。

② 依次开启计算机、打印机、信号接收器的电源；安装冲击试验的冲头和支座，调整支座跨度为 62mm，并将试样放在支座上校正速度测量的起始位置。

③ 双击计算机桌面上的"Impulse Data Acquisition"图标的软件，点击界面上的"运行"，选"冲击试验"，进入"定义冲击试验"，在"方法文件"中选"GB/T 1043.met"，在"结果图表"中选"简支梁 ASTM-E23"，"试验次数"选"5"；在"保存到样品"中选"新"，然后点击"下一步"；在"样品"中输入"PP 缺口冲击"，然后点击"创建"；在"跟踪信息"中输入"批号"为"当前日期"；在"Test comments（测试条件）"中输入 0 砝码、L＝62mm、缺口冲击等信息；在"将信息应用到所有试样"处打"√"，然后点击"下一步"；在"试样信息"中直接点"下一步"。

④ 将试样放置在支座上，试样缺口要背对冲头，并将冲头用手轻轻放下压在试样上，

让冲头的顶部与试样缺口的尖端在同一直线上，再将冲头复位；然后点击"下一步"，此时显示 30s 的倒计时，必须在 30s 内让冲头释放完成冲击试验。

⑤ 点击"下一步"，下一个同学可以按步骤④的操作来完成试验；组内每个同学都完成试验后，点击"完成"，然后进行数据读取和处理。

【注意事项】

① 在做拉伸试验和弯曲试验时，安装拉伸试样夹具和弯曲试样夹具时，要将右边立柱的限位开关调整到合适位置，保证上下两个气动夹头或上压头与下支座，在横梁下降时不会发生碰撞。如果发生碰撞，测力传感器就会受损而报废。

② 在做冲击试验时，试样缺口要背对冲头，不能放反了，而且尽量让冲头的顶部与试样缺口的尖端在同一直线上，不然会影响测试结果的准确性。

【数据处理】

① 拉伸试验：根据测试得到的拉伸载荷-变形曲线，计算所测材料的拉伸强度和断裂伸长率，并分别计算每组同学所测结果的平均值、标准差和离散系数。

② 弯曲试验：根据测试得到的拉伸弯曲载荷-挠度曲线，计算所测材料的弯曲强度和弯曲模量，并分别计算每组同学所测结果的平均值、标准差和离散系数。

③ 冲击试验：根据测试得到的试样冲击曲线和结果，读取冲击速度（m/s）、最大载荷（N）、总能量（J）、最大载荷时能量（J）、最大载荷时时间（ms）和总时间（ms）等数据，根据试样的尺寸，按公式计算所测试样的缺口试样简支梁冲击强度，并计算每组同学所测结果的平均值、标准差和离散系数。

【结果与讨论】

① 高分子材料在拉伸试验中得到一条拉伸应力-应变曲线，根据曲线的形状特点，可将高分子材料分为五种经典类型：软而弱、软而韧、硬而脆、硬而强和硬而韧。通过对比，讨论本试验所用试样属于哪一种类型的高分子材料。

② 通过本次的高分子材料缺口落锤冲击试验，试说明如何从冲击曲线的特征点判别材料的缺口冲击特性。

【思考题】

① 在进行材料拉伸试验时，为了得到稳定的应力-应变曲线，应该选择较快的拉伸速度还是选择较慢的拉伸速度？

② 在进行材料三点弯曲试验时，选择不同的跨度/厚度比，是否会对试验结果有影响？

③ 缺口试样和无缺口试样的冲击性能有何不同？

④ 为什么同种高分子材料不同试样测得的力学性能不完全相同？

6.2 电学性能分析法

6.2.1 高分子电学性能概述

高分子的电学性能是指它们在外加电压或电场作用下表现出的行为及其所表现出来的各种性能，包括高分子在交变电场中的介电性质，导电高分子的导电性，高分子在强电场中的击穿现象，高分子处于机械力、摩擦、热和光等环境作用下的静电、热电和光电等现象。所以，研究高分子的电学性质具有非常重要的理论和实际意义。高分子所体现出的特殊而优异的电学性能，使得其在电子工业（如柔性电子器件、显示材料、芯片、防静电和电磁屏蔽的电子元器件等）、塑料薄膜太阳能电池、生物材料（如生物传感器、3D 打印构建再生组织等）、航天航空等领域得到广泛研究和应用。

高分子的电学性能与其结构密切相关，能够反映高分子材料内部结构的变化和分子运动的情况。所以，高分子电学性能的表征已经成为一种研究高分子结构和分子运动的重要手段。

6.2.1.1 高分子的介电性质

(1) 介电系数

介电系数（ε）是一个重要的表征绝缘材料在交变电场作用下极化程度的电性能参数。它是指在相同电极尺寸的电容器中，充满绝缘材料的电容（C）与真空电容（C_0）的比值，即 $\varepsilon = C/C_0$。

介电系数无量纲，其反映电介质储存电能的能力。介电系数越大，表明极板上产生的感应电荷和储存的电能越多。介电系数与电解质分子的极性密切相关，分子的极性增加将使介电系数增大。分子极性的大小可以用偶极矩来衡量，所以，偶极矩越大的分子将具有更大的介电系数。偶极矩是一个矢量，既有大小数值（分子正、负电荷中心的电荷量与它们之间距离的乘积），也有方向性。对于高分子而言，其分子的偶极矩是各偶极单元的偶极矩矢量之和。由于高分子具有多种构象，所以，其偶极矩是各种构象状态的偶极矩的平均值。随着偶极矩的增加，高分子的介电系数不断增大。

高分子的介电系数除了与偶极矩有关外，还受到以下高分子结构因素的影响。

① 极性基团在高分子链中的位置：主链上的极性基团活动能力小，对介电系数影响较小；而侧基的极性基团活动性较大，对介电系数造成较大影响，极性侧基的柔顺性越好的高分子，介电系数越大。

② 力学状态：极性高分子处于高弹态和黏流态时的活动能力高于其处于玻璃态的活动能力，所以，高分子处于玻璃态时的介电系数较低。例如，室温下玻璃态聚氯乙烯的介电系数为 3.5，当升高温度至高弹态时，其介电系数升高至约 15。

③ 高分子结构的对称性：含极性侧基的高分子结构对称性越高，其整个分子的极性越小，介电系数越小。例如，聚四氟乙烯分子具有很高的对称性，其室温时的介电系数为 2.0，低于室温时聚氯乙烯的介电系数。

④ 交联和拉伸：交联和拉伸均降低了极性基团的活动性，导致介电系数减小。

(2) 介电损耗

在交变电场中，电容器中的电介质消耗一部分电能转化为热能，该现象称为介电损耗。介电质电容器的电流分为两部分：①领先电压 90°相位角的电流（I_c），相当于流过"纯电容"的电流，不产生能量损耗；②与电压同相位的电流（I_r），相当于"纯电阻"的电流，存在能量损耗。

图 6-9 为电流和电压存在相位差（φ）时的向量图，流过电容器的电流（I_d）分解成电流 I_c 和 I_r，它们与损耗角（δ）存在以下关系：

$$\tan\delta = \frac{I_r}{I_c} = \frac{\omega\varepsilon''UC_0}{\omega\varepsilon'UC_0} = \frac{\varepsilon''}{\varepsilon'} \tag{6-7}$$

式中，$\tan\delta$ 称为介电损耗正切，也称为介电损耗因子或介电损耗因数，用于表征材料介电损耗大小；ε'' 为复数介电系数的虚部，表示每个周期介电损耗的能量；ε' 为复数介电系数的实部，表示每个周期介电存储的能量；ω 为交流电压的角频率；U 为交流电压；C_0 为真空电容器的电容。

高分子材料产生介电损耗的两个主要原因：①偶极损耗，偶极子取向极化时跟随外加交流电场的变化，需克服介质的黏滞（内摩擦）阻力而产生的；②电导损耗，电介质中各种极性杂质成为载流子，在外电场的作用下形成电导电流而消耗的电能。高分子的 $\tan\delta$ 值大多数在 10^{-2} 到 10^{-4} 范围内。

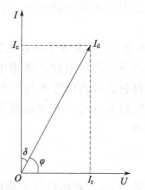

图 6-9　交流电场中电流与电压的
　　　　向量关系（$\delta = 90° - \phi$）

高分子材料介电损耗的影响因素主要是以下几个方面。

① 高分子的分子结构：分子极性越大，极性基团密度越高，介电损耗越大；极性基团的活动能力越高，阻力较小，介电损耗较小。

② 交变电场频率：当 ω 趋近于 0 或 ∞ 时，偶极取向完全跟得上电场的变化或偶极取向极化来不及进行（只发生变形极化），介电损耗较小；$0 < \omega < \infty$ 时，取向极化不能完全跟上外加电场的变化，介电损耗较大。

③ 其他影响因素（如温度、增塑剂和杂质）也会对介电损耗造成一定的影响。

（3）介电松弛和介电松弛谱

在外加场中，高分子的原子和电子的诱导极化过程瞬间完成，侧基、链段或高分子链的取向极化过程却需要一定的时间才能完成，该现象称为介电松弛。

高分子的介电损耗与分子结构密切相关，可以反映高分子各运动单元的松弛特性。所以，在一定频率下测定高分子的介电损耗随温度的变化，可以得到介电松弛温度谱（图 6-10）；或在一定温度下测定高分子的介电损耗随频率的变化，可以得到与高分子的分子运动相关的特征谱图，称为高分子的介电松弛频率谱。

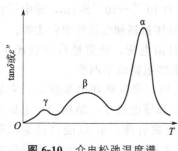

图 6-10　介电松弛温度谱

在介电松弛谱图中，高聚物的介电损耗一般都出现一个以上的极大值，分别对应不同尺寸运动单元的偶极子在电场中的松弛损耗。习惯上按照这些损耗峰出现的先后顺序，温度谱从高温到低温，频率谱从低频到高频，依次命名为 α、β 和 γ 松弛峰（图 6-10）。对于非晶态极性高分子，α 松弛发生在高弹态温度范围，也称为偶极-弹性损耗，与高分子链段偶极的取向运动相关。β 和 γ 次级松弛发生在玻璃态温度范围，又称为偶极-基团损耗，与高分子链的侧基等较小运动单元的受限运动相关联。

（4）驻极体与热释电流谱

高分子在电场进行极化的过程中，通过升温或利用光源（紫外光或可见光），可使极化的高分子在外电场除去后仍然滞留在极化状态（或减缓去极化作用），这些具有被冻结的长寿命的非平衡电矩的高分子被称为热驻极体或光驻极体。目前已得到应用的高分子驻极体主要有聚偏氯乙烯、聚四氟乙烯和聚丙烯等超薄膜驻极体，它们的用途包括能量转化器件、传声器、耳机、扬声器等。高分子驻极体在生物材料领域也显示出较好的应用前景，如抗血栓、促进骨骼和人工膜组织的生长等。

高分子驻极体在等速升温下，被冻结的偶极解取向，释放极化电荷，产生微电流（约 10^{-12} A），即释热电流，释热电流随温度变化的谱图被称为热释电流谱（或去极化介电谱）。由于高分子运动单元（高分子链、链段、链节、侧基、短支链等）的多层次性，在热释电流谱中出现与各种运动单元相关的热释电流峰，所以，热释电流谱可用于研究高分子的分子运动。

6.2.1.2 高分子的导电性

高分子的导电性通常用电阻率（ρ）和电导率（σ，即电阻率的倒数）来表示。由于高分子材料表面的电性质与其内部本征的电性质存在差别，因此，采用表面电阻率（ρ_S）和体积电阻率（ρ_V）来表征高分子表面和内部的不同导电性，通常所述的电阻率一般为体积电阻率。

$$\rho_S = R_S \frac{l}{b} \tag{6-8}$$

式中，ρ_S 表示高分子单位面积的电阻，Ω；R_S 为表面电阻；l 和 b 分别为平行电极的长度和两电极间的距离。

$$\rho_V = R_V \frac{S}{h} \tag{6-9}$$

式中，ρ_V 表示高分子单位体积的电阻，$\Omega \cdot m$；R_V 为体积电阻；S 和 h 分别为电极的面积和试样的厚度。

大部分高分子都是绝缘体，它们具有很高的体积电阻率，例如聚烯烃类高分子（聚乙烯、聚苯乙烯、聚四氟乙烯等）的体积电阻率高达 $10^{18}\Omega \cdot cm$。1977 年，日本科学家白川英树（Hideki Shirakawa）、美国科学家黑格（Alan J. Heeger）和麦克迪尔米德（Alan G. MacDiarmid）研制出导电性聚乙炔，荣获了 2000 年度诺贝尔化学奖，由此开创了导电高分子材料领域。聚乙炔、聚吡咯、聚噻吩、聚苯胺、聚乙烯咔唑、聚对苯乙烯、C_{60} 聚合物等导电高分子材料的研究与应用得到了快速发展，它们的电导率为 $10^{-9} \sim 10^{-5} S/cm$，导电性位于半导体和金属导体之间，目前已被用于制备太阳能电池、半导体材料和电活性聚合物等。

导电高分子材料的导电性来源于其内部存在传递电流的自由电荷，通常被称为载流子，它们可以是电子、空穴以及正离子、负离子等。导电聚合物主要包括以下两类。

① 结构型导电聚合物（即本征型导电聚合物），例如聚乙炔、聚吡咯和聚苯胺等，它们分子链中均含有可提供导电载流子的共轭双键。按照结构特征和导电机理，结构型导电聚合物可进一步分为以下三种：a. 以自由电子为载流子的电子导电聚合物；b. 以能在高聚物分子间迁移的正、负离子为载流子的离子导电聚合物；c. 以氧化还原反应为电子转移机理的氧化还原型导电聚合物。

结构型导电聚合物的导电性与其自身结构密切相关，其中导电高分子中共轭链的长度是一个重要的影响因素，线型共轭导电聚合物的电导率随着共轭链长度的增加而呈指数快速增加。所以，提高共轭链的长度是高分子导电性能的一种重要方法之一。

结构型导电聚合物的导电性还与制备过程中的一些因素有关（表 6-3）。

表 6-3　结构型导电聚合物导电性的影响因素

影响因素	电子导电聚合物	离子导电聚合物
分子量	分子量增加可延长电子在分子内的通道，电导率增加	分子量减小导致的链端效应有利于高分子链段运动，使离子迁移率增加，电导率增加
交联	高分子间交联键的增加有利于提供更多的电子在分子间传递通道，电导率增加	交联网络结构限制了离子的迁移，导致电导率下降
结晶与取向	结晶和取向使高分子紧密堆砌，有利于电子在高分子间的传递，电导率随着高分子结晶度和取向度的增加而增加	结晶和取向使高分子的自由体积减小，使得离子迁移率下降，电导率下降

影响因素	电子导电聚合物	离子导电聚合物
增塑剂	—	增塑剂使高分子链段的活动性增加,自由体积增大,可提高离子的迁移率,电导率增加

结构型导电聚合物的导电性除了与上述影响因素有关外,使用时的环境温度也将影响其导电性。对于大多数高分子,其电导率随着温度上升而增加,它们的关系列于公式(6-10):

$$\sigma = \sigma_0 e^{-E_0/(RT)} \qquad (6-10)$$

式中,σ_0 为常数;E_0 为电导活化能;R 为气体常数。

② 复合型导电聚合物(即填充型导电聚合物),依靠渗入其中的导电填料提供自由电子载流子以实现导电性能,常用的导电填料主要有碳炭系列(石墨、炭黑和碳纳米管等)、金属系列(导电金属粉末或纤维等)以及其他导电系列(如无机盐和金属氧化物粉末等)。

6.2.1.3 高分子的电击穿

在强电场中($10^7 \sim 10^8 \, \text{V/m}$),高分子的电绝缘性随着电压的升高而逐渐下降。当电压达到一定数值(U_b)时,高分子材料中形成局部电导,发生电击穿。此时即使电压不变,电流仍然增大,高分子材料从介电状态转变为导电状态,高分子完全丧失电绝缘性,其化学结构遭到破坏。通常采用电击穿强度作为绝缘高分子材料的一项电性能指标:

$$E_b = \frac{U_b}{h} \qquad (6-11)$$

式中,E_b 为电击穿强度,MV/m;h 为高聚物试样的厚度,m。

高分子的电击穿强度不仅与其自身的化学结构、分子量、结晶度、增塑、填料等有关,还受到外界环境的影响,如电压升高的速率、电场频率、温度等。按照在电击穿时被破坏的机理,一般将高分子的电击穿分为三种。

① 本征击穿:在高压电场中,高能量电子使高分子发生电离,产生的载流子(电子和离子)不断与高分子碰撞产生更多的载流子,导致高分子发生电机械击穿。本征击穿主要与高分子的结构和电场强度有关。低介电损耗类高分子(如聚苯乙烯)的电击穿一般以本征击穿为主。

② 热击穿:在高压电场作用下,由于介电损耗所产生的热量来不及散发,致使高分子的温度升高,电导率急剧增大,如此往复循环最终导致高分子氧化、熔化和烧焦而被破坏。聚氯乙烯和聚氧化乙烯等高损耗类高分子的介电损耗和介电系数均随温度的升高而升高,所以,它们的电击穿以热击穿破坏为主。

③ 放电击穿:在高压电场作用下,高分子表面和内部微孔或缝隙中的气体发生局部电离放电,产生的热量可引起高分子的热降解,产生的臭氧和氮氧化物等促使高分子氧化老化,直至高分子材料发生击穿破坏。

6.2.1.4 高分子的静电现象

静电现象是指两个不同物理状态的固体表面在相互接触或摩擦时发生电荷分配,当它们分开后,每一个固体表面将带有比其接触或摩擦前过量的正(或负)电荷。

静电现象给高分子的加工和使用带来许多不利影响甚至是危害,例如聚丙烯腈纤维的干纺过程中因摩擦产生的静电高达 1500V 以上,需要采取有效的静电消除措施才能保障纺丝过程的顺利进行;更严重的是静电产生放电现象,如果周围有易燃易爆的气体,则存在极大的火灾隐患。所以,消除静电现象是高分子生产和使用过程中的一种重要而现实的问题,目前主要采用雾气消除法、表面传导消除法和体积传导消除法消除高分子表面的静电。另一方面,高分子的静电现象也得到了合理利用,如静电印刷、静电喷涂以及静电分离等。近年来通过静电力的牵引来制备高分子纳米纤维的静电纺丝技术得到了快速发展，制备的高分子纳米纤维将在生物医用材料、过滤及防护、催化、能源、光电、食品工程、化妆品等领域具有较好应用前景。

6.2.2 电学性能分析法在高分子领域的应用研究

6.2.2.1 介电松弛谱的应用

介电松弛谱能够反映高分子运动单元相关的信息，因此，介电松弛谱已被广泛用于研究高分子的分子运动、结构以及高分子材料的性能。

① 研究高分子的分子运动和结构：高分子的各种松弛过程与不同尺寸运动单元的分子运动密切相关，而分子运动受到各种结构因素的制约，如结构单元的立体构型和空间排列、线型结构、支化结构、交联网络结构、结晶和取向等。所以，介电松弛谱被广泛应用于研究高分子的分子运动及其结构。

② 研究高分子材料的性能：高分子材料中的添加物（如增塑剂、添加剂、杂质、共混物等）以及高分子材料的老化、降解等过程均会导致介电松弛谱发生变化。因此，介电松弛谱可用于研究高分子材料的性能变化。

这里以聚硅氧烷树脂的介电松弛谱为例来阐述介电松弛谱的实际应用。聚硅氧烷树脂具有耐氧、臭氧和阳光照射的特性，以及高剪切稳定性、良好的介电强度和低毒性，在介电弹性体驱动器材料方面的应用备受关注。然而，由于聚硅氧烷树脂较低的介电系数和抗断裂性限制了其实际应用。文献报道，为了提高聚二甲基硅氧烷（PDMS）的介电系数，将 PDMS 与含氰基丙基极性基团的 PDMS 制备出极性-非极性交联网络结构的 PDMS 材料 [图 6-11(a) 和图 6-11(b)]，介电系数由 PDMS 的 3.1 提高至 PDMS 交联材料（PDMS/P_{62} 质量比为 1/1）的 6.2，电导率由 3.6×10^{-13} S/cm 提高至 2.5×10^{-9} S/cm。采用介电松弛谱研究了 PDMS 交联材料的介电松弛行为，在介电松弛温度谱中 [图 6-11(c)]，出现了两个与 PDMS 和 P_{62} 玻璃化转变温度相关的 α 松弛以及与侧基相关的 β 松弛，α 松弛峰随着频率的增加变宽并且向高温移动，表明 PDMS 交联材料的玻璃化转变温度随着频率的增加而升高。PDMS 和 P_{62} 的 α 松弛峰随着温度的升高向高频方向移动 [图 6-11(d)]。

6.2.2.2 导电高分子的应用

近年来，柔性导电高分子材料在柔性电子器材领域越来越受到关注，显示出较好的应用前景，可用于制备可穿戴电子器件、软机器人电子皮肤和体内植入电子器件等。由于导电高分子较为刚性，所以，需要将其与富有弹性的聚合物基材进行复合，通过它们之间产生的协同效应，制备出柔性导电高分子材料。目前常用的弹性聚合物基材主要有硅橡胶（如 PDMS）、聚苯乙烯-乙烯-丁烯-苯乙烯弹性体（SEBS）、热塑性聚氨酯（TPU）、水凝胶以及可拉伸织布等。

掺杂聚苯乙烯磺酸盐的聚 3,4-亚乙基二氧噻吩（PEDOT：PSS）导电聚合物材料具有高导电性、水稳定性和生物相容性，已被广泛应用于各种功能器件，例如太阳能电池、发光二极管、透明电极、电化学晶体管、记忆器和超级电容器等。PEDOT：PSS 柔性导电高分子材料在人体各部位使用的软生物电子设备方面具有较好的应用前景。然而，由于 PEDOT：PSS 缺乏柔韧性，使得其在物理和力学性能上与生物组织匹配性较差，导致难以长期适应生物组织而稳定地发挥作用。目前已有制备柔性 PEDOT：PSS 水凝胶的报道，它们不仅为细胞生长和分化提供了合适的微环境，而且还具有导电网络，可以在电刺激下原位研究细胞行为。

基于微裂纹机制制备的掺杂聚多壁碳纳米管的聚 3,4-亚乙基二氧噻吩（PEDOT/CNFs）

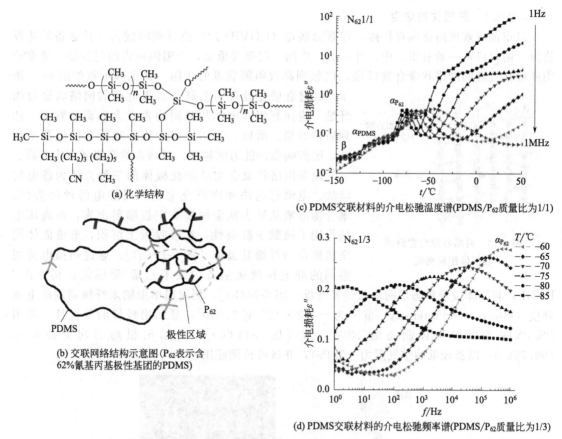

(a) 化学结构

(b) 交联网络结构示意图(P₆₂表示含
62%氰基丙基极性基团的PDMS)

(c) PDMS交联材料的介电松弛温度谱(PDMS/P₆₂质量比为1/1)

(d) PDMS交联材料的介电松弛频率谱(PDMS/P₆₂质量比为1/3)

图 6-11 极性-非极性 PDMS 交联材料

导电薄膜及其在应变传感器方面的应用如图 6-12 所示,将其连接到人体的各部位(包括手腕、面部、颈部和关节),能对产生的生物信号进行实时高精度测量,包括心率、血压、呼吸频率、体温和皮肤电反应等,所以,可以提供诊断、监测、预测治疗和预防疾病所需的关键信息,在不断增长的医疗保健行业显示出较好的应用前景。

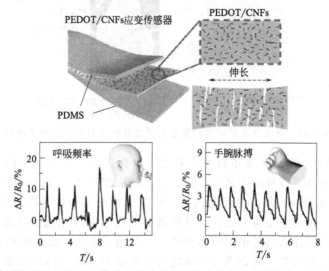

图 6-12 微裂纹 PEDOT/CNFs 薄膜应变传感器及其在检测呼吸频率和手腕脉搏中的应用

6.2.2.3 驻极体的应用

口罩能有效地防止病毒传播，在新冠病毒（COVID-19）流行期间成为一种必备的防疫物资。防疫口罩一般有里、中、外三层，中间一层至关重要，为阻隔病毒的过滤层，通常使用驻极化处理的网络状聚合物纤维，以起到高效阻隔病毒的作用。其机理示意如图6-13所示，经过驻极化处理工艺制备富集电荷的网络状聚合物纤维，进而利用静电作用吸附病毒及含病毒的颗粒，达到防护效果。所以，网络状聚合物纤维所含的电荷量越高，吸附病毒的能力则越强，对病毒的阻隔效率也越高。

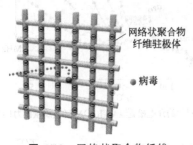

图6-13 网络状聚合物纤维驻极体阻隔病毒

制备网络状聚合物纤维驻极体的三种方法为静电纺丝法、电晕充电法和摩擦充电法。以静电纺丝法为例，聚合物溶液从针尖状金属喷头中被喷射出来，在高压电场作用下被赋予驻极性，在接收板上沉积，形成固体网络状聚合物纤维驻极体 [图6-14(a)]。通过扫描电镜观察到的静电纺丝法制备的聚苯乙烯/聚偏氟乙烯（PS/PVDF）驻极体微观形态呈网络状纳米纤维 [图6-14(b)]，测定出单根纳米纤维周围的电场强度（electric field intensity）范围为 -4.2×10^9 至 2×10^9，显示出较好的驻极性。采用 PS/PVDF 纤维驻极体制备的 N95 口罩 [图6-14(c)]，显示出很高的病毒滤过率（99.752%）以及较低的空气阻力（72Pa），并且可长期使用。

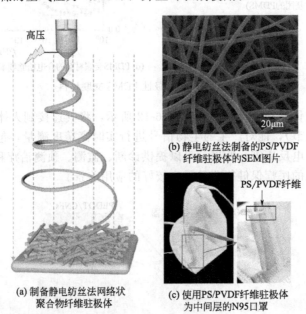

(a) 制备静电纺丝法网络状聚合物纤维驻极体

(b) 静电纺丝法制备的PS/PVDF纤维驻极体的SEM图片

(c) 使用PS/PVDF纤维驻极体为中间层的N95口罩

图6-14 静电纺丝法网络状聚合物纤维驻极体的制备及相关应用

由于聚丙烯（PP）熔喷纤维布材料产量大、来源广泛、成本低，而且具有纤维超细、比表面积大、孔隙率高、空气阻力低等优点，被广泛应用于空气过滤领域。所以，在目前工业生产中95%以上的防疫口罩都选用聚丙烯（PP）熔喷纤维布材料作为病毒阻隔层。PP熔喷布只有经过驻极处理后才会带上电荷，才能通过静电吸附作用捕获病毒及含病毒的颗粒。电晕充电法能够使驻极体表面的电荷分布更均匀，因而工业上经常采用电晕充电的方式制造PP熔喷布驻极体（图6-15）。在制备PP熔喷布的设备中配置与高压电源相连的电晕驻极，当施加高电压时，电晕驻极针端下方的空气被击穿，产生局部放电，电荷受到电场的作用而沉积到 PP 熔喷布表面及内部成为 PP 熔喷纤维驻极体材料。

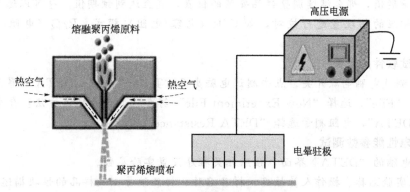

图 6-15 电晕充电法制备聚丙烯熔喷布驻极体

6.2.3 高分子的介电松弛谱测试实验

【实验目的】

① 学习高分子介电松弛和介电松弛谱的原理。

② 了解介电松弛谱在研究高分子结构及其性能中的应用。

③ 掌握介电热性能谱仪的测试技术及其数据分析处理方法。

【实验原理】

高分子的介电松弛与高分子的分子运动及高分子材料的性能密切相关，本实验以不同结晶度的常用热塑性树脂为实验样品，学习应用介电松弛谱技术研究高分子介电性与高分子的分子运动及高分子材料性能的关联。

【仪器】

介电热性能谱仪（Dielectric Thermal Analyzer，DETA），仪器型号：英国 Triton-deta-DS6000。

【试剂】

聚对苯二甲酸乙二酯（PET），高密度聚乙烯（HDPE），低密度聚乙烯（LDPE）。

【实验步骤】

(1) 试样的制备

将测试样品制备成直径约为 30mm 的圆形薄膜片，表面平整，准确测定出样品薄膜片的厚度。

(2) 电极的清洁和调试

① 电极表面及四周如有污渍，用橡皮擦清理干净，以免影响测试结果。

② 将电极安装在测试头上，将电极两端面贴紧，形成一闭环回路。

③ 打开电桥和电感电容电阻测量仪（LCR）的电源开关，将电桥的测试模式（MODE）调至 R/Q（电阻/质量因子）模式，按下"START"键，如果在电极紧锁并贴紧状态下测定出的电阻（R）值小于 2Ω，则可进行实验。

(3) 样品安装

① 在电桥装置中，将样品薄膜片安装于电极的两夹具之间，保持夹具处于水平。

② 将 LCR 仪的电桥测试模式（MODE）调至 C/D（电容/介电损耗因子）模式，按下

"START"键，测定出电容和介电损耗因子，如果它们的数值达到预期值，则可进行测试；如果没达到预期值，那么继续调整样品安装的位置，直至达到预期值。也可以选用其他测试模式测定出相应的物理量进行校对，如 C/R（电容/电阻）模式、R/Q（电阻/质量因子）模式等。

（4）测试软件的准备

① 打开测试电脑电源开关，点击测试电脑桌面"Triton"，进入 DETA 的界面。

② 点击"File"，选择"New Experiment File"创建一个新的测试方法：介电性能参数测试选择"DETA"，电阻测量选择"DETA Resistance"。

（5）介电性能参数测试

在测试电脑的"DETA"界面，按照相关程序设置实验参数。

① 输入实验名称、操作人员姓名、样品名称、样品编号以及样品的性状描述。

② 点击"NEXT"，进入样品尺寸描述对话框，依次输入样品厚度和最小接触直径。

③ 点击"NEXT"，进入温度设定程式对话框，选择温度扫描模式为 Temperature Scan（温度扫描），依次输入以下参数：是否需要设定具体起始温度（一般室温开始测定，不需要设定具体起始温度）、终止温度、升降温速度以及数据采集的间隔时间。

④ 点击"NEXT"，进入电桥设定程式对话框，选择是否采用多频率扫描模式，如选择多频率模式，依次输入以下参数：起始频率、终止频率、频率个数。

⑤ 点击"Finish"，在出现文件夹的界面中输入文件名，保存，进入测试程式对话框，点击"Start"，开始测试。

⑥ 测试结束后，得到列出样品各种参数的 Excel 文件，保存，参数包括测试时间、温度、频率、电容（C）、介电损耗正切（$\tan\delta$）、介电损耗因数（ε''）、实数介电系数（ε'）、复数介电系数（ε^*）以及电导率（σ）。

⑦ 可以选择温度扫描模式分别为 Time Scan（Isothermal）（等温扫描）、Stepped Isothermal（分段恒温扫描）以及 Custom（自定义温度扫描），采用上述类似方法进行测试。

（6）电阻测试

在 DETA 的界面，点击"File"，选择"New Experiment File"的测试方法为"DETA Resistance"，根据软件操作提示进行电阻测试。

【注意事项】

① 电极洁净度：在电桥装置中安装样品前，做好电极的清洁处理，以免影响测试结果。

② 安装的正确性：在电桥装置两夹具之间安装薄膜样品时，需保持夹具处于水平位置。

【数据处理】

分别绘制各种高分子试样不同频率的 $\tan\delta$ 和 ε'' 随温度变化的介电温度谱。

【结果与讨论】

① 分析讨论各种高分子试样的介电损耗峰与运动单元的关联性。

② 对于同一种高分子试样，分析讨论不同频率下介电损耗峰与运动单元的关联性。

③ 根据 HDPE 和 LDPE 的结构特点，分析讨论它们的介电损耗峰与运动单元的关联性。

【思考题】

① 解释介电系数的含义及其意义，阐述高分子的结构如何影响其介电性。

② 解释介电损耗的含义及其影响因素。

③ 为什么通过在非极性高分子主链上引入柔性极性侧基的方法可获得介电系数较大、而介电损耗小的高分子材料？

④ 介电松弛谱有哪些应用？

⑤ 在高分子的介电松弛谱测试实验中，为什么电极洁净度十分重要？如电极不干净，对实验有什么影响？

⑥ 阐述导电高分子材料的分类及其结构特点，并简述目前导电高分子材料有哪些新的研究进展。

6.3 流变性能分析法

6.3.1 流变性能分析法的基础理论

流变学是研究材料流动和变形的科学。流动是流体的属性，流体流动时主要表现为黏性行为，产生永久形变并消耗一部分能量；变形是固体的属性，固体变形时主要表现出弹性行为，产生弹性形变并储存能量，外力撤销时，弹性形变恢复并释放储能。

黏度是表征流体的流动性和流动行为的量，表示为流体对外部负载的内部阻抗。对于不同种类的负载，黏度可分为剪切黏度和拉伸黏度。

(1) 剪切黏度

剪切流动是一种重要的流动模式，经长期的实验研究，有大量的数据，这也是塑料加工过程中出现最多的流动方式。剪切流动模式中，流体流动发生在两平板间的窄缝中，如图 6-16 所示。采用直角坐标系，$y=0$ 处的流体处于静止状态，$y=h$ 处的流体与上平板以相同的速度 v_{max} 在 x 方向上运动。若采用圆柱坐标系，对于圆柱中央 $r=0$ 处流体以 v_{max} 在 x 轴方向上运动。在 $r=R$ 管壁上流体是静止的。前者是平板拖曳剪切流动；后者是压力作用下圆管道剪切流动。

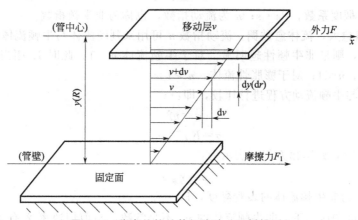

图 6-16 稳态的简单剪切流动（平板模型）

剪切流动可以看作许多相邻间的薄液层沿外力作用方向进行相对移动。图 6-16 中 F 为外部作用于面积 A 上的剪切力。F 克服面积 A 以下各层的流体间的内摩擦力，使以下各层流体向右流动。单位面积上的剪切力称剪切应力 (σ)：

$$\sigma = \frac{F}{A} \tag{6-12}$$

流体以速度 v 沿外力方向移动，在黏性阻力和固定壁面阻力的作用下，使相邻液层之间出现速度差。在间距为 dy 的两液层移动速度分别为 v 和 $v+dv$。dv/dy 是垂直液层流动方向的速度梯度，称为剪切速率，以 $\dot{\gamma}$ 表示：

$$\dot{\gamma} = \frac{dv}{dy} \tag{6-13}$$

牛顿流体的黏度不随剪切应力和剪切速率的大小而改变，始终保持常数。牛顿流体的流动行为遵从牛顿流动定律：

$$\sigma = \eta\dot{\gamma} = \eta\frac{d\gamma}{dt} \tag{6-14}$$

式中，σ 为流体流动时的剪切应力，Pa；$\dot{\gamma}$ 为流体流动时的剪切速率，s^{-1}；η 为流体的剪切黏度或牛顿黏度，$N\cdot s/m^2$，即 $Pa\cdot s$。

水、溶剂、矿物油即高分子稀溶液一般表现为牛顿流体，高分子熔体只有在剪切速率较低时才表现为牛顿流体行为。

在高分子材料加工成型过程中，如挤出和注塑成型，流体通常表现为非牛顿性，剪切应力和剪切速率之比不为常数。因此，在熔融状态下，由于高分子的大分子特性，许多聚合物流体的流动行为不符合牛顿流动定律，被称为非牛顿流体。非牛顿流体包括假塑性流体、膨胀性流体和宾厄姆流体。假塑性流体的黏度随剪切速率的增加而降低，即剪切变稀；膨胀性流体的黏度随剪切速率的增加而增加，即剪切变稠；宾厄姆流体在剪切应力低于一定值的情况下不发生流动，表现为胡克弹性体。

高分子熔体和浓溶液都属于非牛顿流体，其剪切应力对剪切速率的作图所得不为直线，即黏度随剪切速率改变而发生改变。不同类型的非牛顿流体具有不同类型的流变方程，即使是同一种流体，在不同温度、压强下，其流变关系也不尽相同。由于非牛顿流体结构上的复杂性，很难获得具有普遍适用性的通用流变模式，幂律方程是工程上应用最为广泛的一种流变模式，它适用于假塑性流体和膨胀性流体。

$$\sigma = K\dot{\gamma}^n \tag{6-15}$$

式中，K 为稠度系数，$Pa\cdot s$；n 为流动指数，也称为非牛顿指数。

流体的 K 值愈大，流体愈黏稠。流动指数 n 可用来判断流体与牛顿流体的差别程度。n 值离整数 1 越远，则呈非牛顿性越明显。对于牛顿流体 $n=1$，此时 K 相当于牛顿黏度 η；对于假塑性流体，$n<1$；对于膨胀性流体，$n>1$。

将幂律方程与牛顿流动方程进行比较，即：

$$\sigma = \eta\dot{\gamma} \tag{6-16}$$

$$\sigma = K\dot{\gamma}^{n-1} \times \dot{\gamma} \tag{6-17}$$

令 $\eta_{表} = K\dot{\gamma}^{n-1}$，则幂律方程可表示为：

$$\sigma = \eta_{表}\dot{\gamma} \tag{6-18}$$

式中，$\eta_{表}$ 称为非牛顿流体的表观黏度，$Pa\cdot s$。

在给定的温度和压力下，非牛顿流体的 $\eta_{表}$ 不是常数，与剪切速率 $\dot{\gamma}$ 有关。对于牛顿流体，$\eta_{表}$ 等于牛顿黏度 η。

(2) 拉伸黏度

拉伸流动对高分子的成型加工有重要意义，合成纤维的熔融纺丝、拉伸、吹塑等与拉伸黏度密切相关。在拉伸流场中，通过测量拉伸速率和拉伸应力，可以定义拉伸黏度函数。拉伸黏度是材料的特征参数，也称为 Trouton 黏度。对于牛顿流体，拉伸黏度有：

$$\eta_E = \frac{\sigma}{\dot{\epsilon}} \tag{6-19}$$

其中：

$$\dot{\varepsilon} = \frac{dv_x}{dx} \tag{6-20}$$

式中，σ 为拉伸应力，Pa；$\dot{\varepsilon}$ 为拉伸速率，s^{-1}。

牛顿流体的拉伸黏度与拉伸速率无关，与剪切黏度的关系为：

$$\eta_E = 3\eta \tag{6-21}$$

对于非牛顿流体，只有在低拉伸速率时，如在非牛顿流体的牛顿性区域，上式也适用。由于分子结构的影响，如含长支化链的聚合物中的分子链缠结，容易造成拉伸黏度的增加；而塑化剂和润滑剂则会使拉伸黏度降低。

6.3.2 聚合物黏性流动中的弹性现象

低分子液体流动所产生的形变是完全不可逆的，而高分子的黏性流动却包含一部分可逆的高弹性形变。因此，高分子加工时会表现出许多奇特的黏弹现象，如挤出物胀大、爬杆现象、不稳定流动和熔体破裂现象，以及上面描述的拉伸流动等。这是聚合物熔体区别于小分子流体的重要特点之一。聚合物熔体弹性形变的实质是大分子长链的弯曲和延伸，应力解除后，这种弯曲和延伸的回复需要克服内在的黏性阻滞，因而这种回复不是瞬间完成的，而是一个松弛过程。大分子链柔顺性好或温度较高时，松弛时间短，弹性形变回复快。在聚合物加工过程中产生的弹性形变及其随后的回复，对制品的外观、尺寸、产量和质量等都有重要影响。

（1）爬杆效应（又称包轴效应、法向应力效应或韦森堡效应）

在各种旋转黏度计或容器中进行搅拌时，低分子液体因受离心力的作用，中间部位液面下降，器壁处液面上升，如图 6-17（a）所示；盛在容器中的高分子液体，与低分子流体不同，受到旋转剪切的作用时，流体会沿内筒壁或轴上升，发生包轴现象，如图 6-17（b）所示。这一现象是由熔体的弹性引起的。由于转轴附近的聚合物流通发生剪切流动速率较大，使流体中卷曲状的大分子链在流线方向上取向并发生拉伸变形，而大分子链的热运动又使其自发回复到原来的卷曲状态，这种回复卷曲的倾向受到转轴的限制，迫使这部分弹性性能表现为一种朝向轴心的压力，沿棒爬升。

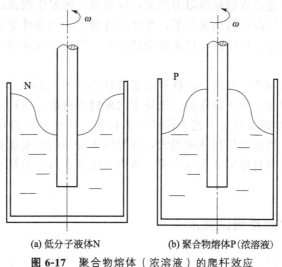

(a) 低分子液体N　　　　　　(b) 聚合物熔体P（浓溶液）

图 6-17 聚合物熔体（浓溶液）的爬杆效应

爬杆效应的产生是由大分子链的剪切或拉伸取向产生的法向应力差所致，故又称法向应力效应，又因是韦森堡（Weissenberg）首先发现的，故又称韦森堡效应。法向应力挤出机、锥板与平行板流变仪等的工作原理都与韦森堡效应相关。

(2) 挤出物胀大效应

当聚合物熔体从喷丝板小孔、毛细管或狭缝中挤出时，挤出物的直径 d_1 或厚度会明显地大于模口尺寸 D，同时截面形状也发生变化的现象称为挤出物胀大现象或入口效应、弹性记忆效应。通常采用胀大比 B（挤出物直径的最大值 d_1 与模口直径 D 之比）表征其胀大效应，如图 6-18 所示。

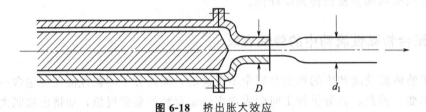

图 6-18 挤出胀大效应

挤出物胀大是聚合物熔体黏弹性的表现之一，其是由分子链在挤出过程中来不及松弛而在挤出后松弛所引起的。从流变学的观点，挤出物胀大现象是挤出过程中聚合物熔体不仅有不可逆的塑性形变，即聚合物的真实流动现象，而且还伴随着可逆的弹性形变现象。从分子结构观点看，挤出物胀大是大分子链在流动过程中受到高剪切场的作用，从而使分子链舒展和取向，并因在口模中停留的时间短，分子链来不及松弛和解取向，直到流出口模之后才解取向，恢复收缩，因而出口模时发生膨胀。然而，熔体流动中的应力松弛是非常慢的，不是一出口模就马上恢复，而是需要一段时间，所以在出口一段距离之后才变粗。

(3) 不稳定流动和熔体破裂现象

高分子熔体从口模中挤出时，当挤出速度（或挤出应力）超过某一临界剪切速率（或临界剪切应力）时，就容易出现弹性湍流，导致流动不稳定，挤出物表面粗糙；随着挤出速度的增大，可能分别出现波浪形、鲨鱼皮形、竹节形、螺旋形畸变等，最后导致完全无规则的挤出物断裂，称为熔体破裂现象。

造成熔体不稳定流动的重要原因是熔体的弹性。对于小分子液体，在较高的雷诺数下，液体运动的动能达到或超过克服黏滞阻力的流动能量时，则发生湍流；对于高分子熔体，黏度高，黏滞阻力大，在较高的剪切速率下，弹性形变增大，当弹性变形的储能达到或超过克服黏滞阻力的流动能量时，将导致不稳定流动的发生。聚合物这种因弹性形变储能引起的湍流称为高弹湍流。

发生熔体破裂的机理比较复杂，但各种假定都认为这也是高分子液体弹性行为的表现，它与熔体的非线性黏弹性、分子链在剪切流场中的取向和解取向（构象变化及分子链松弛的滞后性）、缠结和解缠结以及外部工艺条件诸因素有关。从形变能的观点，高分子液体的弹性储能本领是有限的。当外力作用速率很大，外界赋予液体的形变能远远超过液体可承受的极限时，多余的能量将以其他形式表现出来。其中产生新表面，消耗表面能是形式之一，即发生熔体破裂现象。

6.3.3 聚合物流体黏度测试技术

对聚合物流体流动性的研究一般用黏度计进行实验。实验流变学常用的仪器主要有：挤出式流变仪（毛细管流变仪、熔融指数仪）、转动式流变仪（同轴圆筒黏度计、锥板式流变仪）、拉伸流变仪等。比如，通过计算球体在流体中因自身重力作用沉落的时间，据以计算流体的流量，以求得牛顿黏滞系数和宾厄姆流体屈服值的管式黏度计法；利用同轴的双层圆柱筒，使外筒产生一定速度的转动，利用仪器测定内筒的转角，以求得两筒间流体的牛顿黏滞系数与转角的关系的转筒法等。

6.3.3.1 落球式黏度计

落球式黏度计是一种实验室常用的测量透明溶液黏度的仪器，结构简单，如图 6-19 所示。它是将待测溶液置于玻璃黏度管中，放入加热恒温槽，使之恒温。然后向管中放入不锈钢小球，令其自由下落，记录小球恒速下落一段距离 S 所需的时间 t，由此计算溶液黏度。

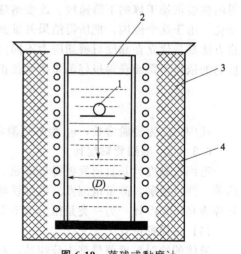

图 6-19 落球式黏度计
1—小球；2—黏度管；3—加热管；4—外套

小球下落过程受到重力、浮力、Stokes 黏性阻力三个力的作用。

重力：

$$W = \frac{4}{3} \pi R^3 \rho_b g \qquad (6\text{-}22)$$

浮力：

$$f = \frac{4}{3} \pi R^3 \rho_s g \qquad (6\text{-}23)$$

Stokes 黏性阻力：

$$F = 6 \pi R \eta v \qquad (6\text{-}24)$$

式中，R 为小球半径；ρ_b、ρ_s 分别为小球和待测溶液的密度；v 为小球下落速度；g 为重力加速度；η 为待测溶液的黏度。

初始时小球在溶液内以加速运动下落。待速度 v 升到一定值时，黏性阻力、浮力与重力达到平衡，小球作恒速下落运动。这时有 $W = F + f$，即

$$\frac{4}{3} \pi R^3 \rho_b g = \frac{4}{3} \pi R^3 \rho_s g + 6 \pi R \eta v \qquad (6\text{-}25)$$

由此得到

$$\eta = \frac{2 g R^2 (\rho_b - \rho_s)}{9 v} \qquad (6\text{-}26)$$

式中，R、ρ_b、ρ_s 均为已知，因此只需测出小球速度 v，就可求出溶液黏度 η。小球速度 v 的测量一般采用光电测速装置，测量小球恒速通过一定距离 S（通常定为 20cm）所需的时间 t，则小球速度 $v = S/t$，代入式(6-26)，得：

$$\eta = \frac{2 g R^2 (\rho_b - \rho_s) t}{9 S} \qquad (6\text{-}27)$$

为了减小玻璃管壁对小球运动的影响，黏管半径 D 与小球半径 R 之比大些为宜。根据流体力学分析，小球附近的最大剪切速率可控制在 10^{-2}s^{-1} 以下。由于测定的切变速率很低，不能用于研究黏度的切变速率依赖性。低切变速率的黏度可视为零切黏度。因此，落球式黏度计常用于测定黏流活化能。

落球式黏度计测量熔体黏度的方法非常适合于低分子量液体、高分子溶液和低聚物。由于落球法是从牛顿流体建立起来的，如果所研究的流体的黏度依赖于剪切速率，则落球法测得的黏度依赖于球的下落速度。改变落球的材料和半径，可使剪切应力在 $1 \sim 100\text{Pa}$ 范围内变化。由于这个原因，把所得结果外推到零剪切应力时的结果是一种重要的方法。现有的外推方法都是建立在黏度对剪切应力不同的依赖关系之上。例如，Subbara 等根据黏度对剪切应力的依赖关系而获得极好的非牛顿校正结果：

$$\eta = \frac{\eta_0}{1 + C\sigma^2} \tag{6-28}$$

式中，C 为经验常数；η_0 为必须测定的起始牛顿黏度。

6.3.3.2 毛细管黏度计

毛细管黏度计是目前发展得最成熟、应用最广的流变测量仪之一，其主要优点在于操作简单，测量精确，测量范围宽。毛细管黏度计可分为两类：一类是重力型毛细管流变仪，通常称为乌氏黏度计；另一类是压力型毛细管流变仪，如毛细管流变仪等。

(1) 乌氏黏度计

液体的绝对黏度测量都十分烦琐，对于使用黏度法测定聚合物分子量而言，并不需要测定溶液的绝对黏度，只需测定溶液和溶剂的相对黏度即可，而乌氏黏度计是最适宜使用于高分子溶液相对黏度测量的流变仪。

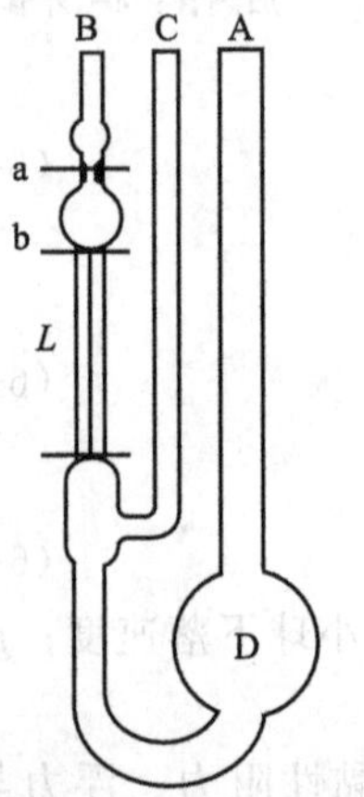

图 6-20 是一个普通的三支管玻璃乌氏黏度计。它具有一根内径为 R、长度为 L 的毛细管，毛细管上端有一个体积为 V 的小球，小球上下有刻线 a 和 b。实验前，黏度计底部大球 D 内有待测溶液，实验时，C 管密闭，从 B 管开口处抽气吸溶液至刻线 a 之上，随后将 C 管通大气，任毛细管上的溶液自然流下，记录液面流经 a 及 b 线的时间 t。设溶剂流下的时间为 t_0，则溶液与溶剂流经时间之比就是相对黏度：

$$\eta_{\text{r}} = \frac{\eta}{\eta_0} = \frac{t}{t_0} \tag{6-29}$$

图 6-20 乌氏黏度计

通过不断地稀释 D 内的溶液，就可以用一支乌氏黏度计测量一系列浓度的相对黏度，在浓度很稀的情况下，就可以通过作图外推或拟合的方法计算出特性黏数 $[\eta]$，而 $[\eta]$ 是与高分子的分子量之间有对应关系的，利用它就可以求得聚合物的平均分子量。

(2) 熔融指数仪

熔融指数仪属于一种固定压力型的毛细管流变仪，其结构如图 6-21 所示。这种毛细管流变仪结构简单、价格较低、使用方便，主要用于高分子材料黏度的分档，在高分子材料工业中的应用十分普遍。

所谓熔融指数仪是指在一定的温度和负荷下，聚合物熔体每 10min 通过规定的标准口模的质量，其单位为 g/(10min)，常用 MI 或 MFI 来表示。对于同一种聚合物而言，在相同的条件下，流出量越多，熔融指数越大，说明其流动性越好。但对于不同的高分子，由于测定时所规定的条件不同，因此不能用其大小直接进行比较。

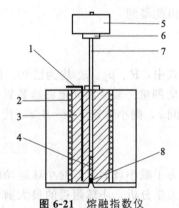

图 6-21 熔融指数仪

1—温度计；2，3—隔热层；4—料筒；5—砝码；
6—砝码托盘；7—活塞；8—标准口模

（3）毛细管流变仪

压力型毛细管流变仪既可以测定聚合物熔体在毛细管中的剪切应力和剪切速率的关系，又可以根据挤出物的直径和外观以及在恒定压力下通过改变毛细管的长径比来研究熔体的弹性和不稳定流动（包括熔体破裂）现象，从而预测聚合物的加工行为，作为选择复合物配方、寻求最佳成型工艺条件和控制产品质量的依据，此外，还可为高分子材料加工机械和成型模具的辅助设计提供基本数据，并可用作聚合物大分子结构表征研究的辅助手段。

根据测量对象的不同，压力型毛细管流变仪又可分为恒压型和恒速型两类。恒速型毛细管流变仪的构造如图 6-22 所示。其核心部件是位于料筒下部的给定长径比的毛细管，料筒周围为恒温加热套，料筒内物料的上部为液压驱动的柱塞。

物料经加热变为熔体后，在柱塞高压作用下从毛细管中挤出，由此可测量物料的流变性。毛细管流变仪检测到的是不同柱塞下降速度 v 时所施加的挤压载荷 F。由 v 和 F 可计算流体的相关流变性质。

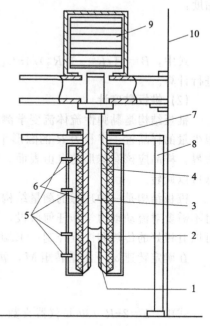

图 6-22 恒速型毛细管流变仪
1—毛细管；2—物料；3—柱塞；4—料筒；
5—热电偶；6—加热线圈；7—加热片；
8—支架；9—负荷；10—仪器支架

6.3.3.3 旋转流变仪

旋转流变仪是现代流变仪中的重要组成部分，它依靠旋转运动来产生简单剪切流动，可以用来快速确定材料的黏性、弹性等各方面的流变性能。

旋转流变仪一般是通过一对夹具的相对运动来产生流动的。引入流动的方法有两种：一种是驱动一个夹具，测量产生的力矩，称为应变控制型；另一种是施加一定的力矩，测量产生的旋转速度，称为应力控制型。实际用于黏度等流变性能测量的几何结构有同轴圆筒、平板和锥板等。

（1）同轴圆筒黏度计

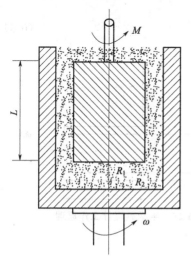

图 6-23 同轴圆筒黏度计

同轴圆筒黏度计（流变仪）的结构如图 6-23 所示。两个同轴圆筒的半径分别为 R_1（内筒）和 R_2（外筒），内筒浸入液体长度为 L。一般内筒静止，外筒以角速度 ω 旋转。选择外筒旋转的目的就是要保证在较大的旋转速率下也尽可能保持筒间的流动为层流。一般同轴圆筒间的流场是不均匀的，即剪切速率随圆筒的径向方向变化。当内、外圆筒间距很小时，同轴圆筒间产生的流动可以近似为简单剪切流动。因此同轴圆筒流变仪是测量中、低黏度均匀流体的最佳选择，但它不适用于聚合物熔体、糊状和含有大颗粒的悬浮液。

测出内筒上的转矩 M 就可以计算液体的黏度：

$$\eta = \frac{M}{4\pi L\omega}\left(\frac{1}{R_1^2} - \frac{1}{R_2^2}\right) \qquad (6\text{-}30)$$

考虑到内筒末端流体会产生一个附加转矩，相当于内筒比原来增加了一个长度 L_0，因此上式可以改写为：

$$\eta = \frac{M}{4\pi(L+L_0)\omega}\left(\frac{1}{R_1^2}-\frac{1}{R_2^2}\right) \tag{6-31}$$

式中，L_0 可由改变内筒浸没长度的测量结果外推至浸没长度为零的方法估算。更为简便的方法是用一个已知黏度的液体来标定黏度计的仪器常数 B，然后用公式（6-32）计算黏度：

$$\eta = B\frac{M}{\omega} \tag{6-32}$$

式中，$B=(1/R_1^2-1/R_2^2)/4\pi L$。这样只要测量的液体体积不变，就可以用公式（6-32）进行计算。

(2) 锥板黏度计

锥板结构是黏弹性流体流变学测量中使用最多的几何结构，其工作原理如图 6-24 所示。很少量的样品置于半径为 R 的圆形平板和锥板之间，锥板的顶角很小（通常 $\theta<4°$）。在外边界，样品应该有球形的自由表面。对于黏性流体，锥板也可以置于平板下方，锥板或平板都可以旋转。

锥板结构是一种理想的测量结构，它主要的优点在于剪切速率恒定，在确定流变学性质时不需要对流动动力学作任何假设，不需要流变学模型；测试时仅需要很少量的样品；体系可以有极好的传热和温度控制；末端效应可以忽略。

在确定转速 ω 下测量转矩 M，就可按公式计算黏度：

$$\eta = \frac{M}{b\omega} \tag{6-33}$$

式中，$b=2\pi R^3/3\theta$ 是仪器常数。

(3) 平板黏度计

与锥板结构相同的是平板结构，它主要用来测量熔体流变性能，其工作原理如图 6-25 所示。它由两个半径为 R 的同心圆盘构成，间距为 h，上下圆盘都可以旋转，扭矩和法向应力也都可以在任何一个圆盘上测量。边缘表示流体与空气接触的自由边界。在自由边界上的界面压力和应力对扭矩和轴向应力测量的影响一般可以忽略。这种结构对于高温测量和多相体系的测量非常适宜。平板间距可以很容易地调节：对于直径为 25mm 的圆盘，经常使用的间距为 $1\sim2mm$，对于特殊用途，也可使用更大的间距。在低剪切速率下，平板黏度计计算黏度的公式为：

$$\eta = \frac{2Mh}{\pi R^4 \omega} \tag{6-34}$$

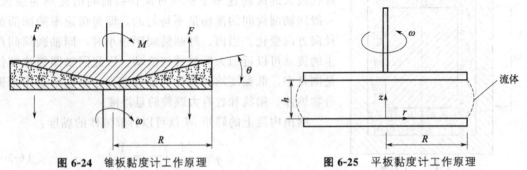

图 6-24　锥板黏度计工作原理　　　　图 6-25　平板黏度计工作原理

6.3.3.4　转矩流变仪

转矩流变仪记录物料在混合过程中对转子或螺杆产生的反扭转以及温度等随时间的变

化，可研究物料在加工过程中的分散性能、流动行为以及结构变化，同时也可作为生产质量控制的有效手段。转矩流变仪是一种相对流变仪，它不是直接测量各种流变学指标，而是对实际生产过程进行模拟，它与实际生产设备（挤出机、密炼机等）结构相似，且物料用量少，特别适宜于生产配方和工艺条件的优选。

转矩流变仪的基本结构可分为微机控制系统、机电驱动系统、可更换的实验部件等三部分，一般根据需要配备密闭式混合器或螺杆挤出器。

密闭式混合器如图 6-26 所示，它相当于一个小型的密炼机，由一个"∞"形的可拆卸混合室和一对以不同转速、相向旋转的转子组成。在混合室内，转子相向旋转，对物料施加剪切作用，使物料在混合室内被强制混合；两个转子的速度不同，在其间隙中发生分散性混合。

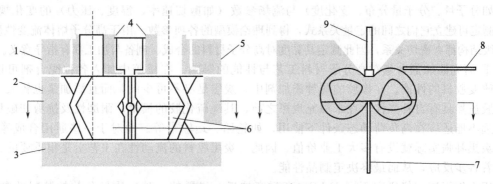

图 6-26　密闭式混合器
1—密炼室后座；2—密炼室中部；3—密炼室前板；4—转子传动轴承；5—轴瓦；6—转子；
7—熔体热电偶；8—控制热电偶；9—上顶栓

采用混合器测试时，物料加入密炼室中，通过转子与混合室壁之间的混炼、剪切，实现物料的塑化，直至达到均匀状态。物料对转子凸棱的反作用力由传感器测量，转换成转矩值，形成转矩随时间的变化曲线，即流变图，曲线描述了聚合物在密炼过程中经历的热机械历史。根据转矩随时间的变化曲线，可对物料的流变性能与加工性能进行评价。

6.3.4　流变性能分析法在高分子领域的应用研究

6.3.4.1　毛细管黏度计的应用

(1) 用乌氏黏度计研究高分子形态

乌氏黏度计可以用来测定高分子的平均分子量，其基本原理就是在特性黏数的基础上，利用 Mark-Houwink 方程计算高分子的黏均分子量。由于高分子的分子形状对高分子溶液的黏度有很大影响，所以，黏度法除了可以测定高分子的黏均分子量外，还可以表征聚合物的分子形态。

① 测定高分子的支化度。线型聚合物和支化聚合物在溶液中的流体力学体积（$[\eta]M_\eta$）不同，对溶液黏度贡献的大小也不同，即溶液的特性黏数不同。相同平均分子量下，支化聚合物的流体力学体积较小，其溶液的特性黏数也较小。随着大分子链支化程度的增加，溶液的特性黏数值降低，降低值越大，高分子的支化程度越大。因此，求出支化聚合物和其线型聚合物的特性黏数 $[\eta]$ 和 $[\eta]_0$，即可得到高分子的支化度：

$$G = \frac{[\eta]}{[\eta]_0} \tag{6-35}$$

② 研究聚合物的分子链尺寸。在 θ 体系中，高分子溶液的特性黏数 $[\eta]_\theta$、分子量和分

子无扰尺寸（末端距 h_0，旋转半径 R_0）存在如下关系：

$$R_0 = 0.62(M[\eta]_\theta)^{\frac{1}{3}} \tag{6-36}$$

在非 θ 体系中，高分子链的扰动尺寸和无扰尺寸存在如下转换关系：

$$R = R_0 \left(\frac{[\eta]}{[\eta]_\theta}\right)^{0.45} \tag{6-37}$$

因此，只要知道高分子的分子量，测定 θ 体系和一般体系中的特性黏数，就可求得高分子链的扰动和无扰尺寸。

(2) 用毛细管流变仪测定高分子材料熔体黏度的应用

毛细管流变仪最广泛的应用是测定材料的零切黏度以及测定剪切黏度随各种高分子结构参数（如分子量、分子量分布、支化度）与流场参数（如剪切速率、温度、压力）的变化规律。通过测定可建立它们之间的定量关系式，得到理论模型的各项参数。由于高分子熔体流变性质与其各级结构都有密切关系，因此测定其黏度对高分子材料的合成、制备与加工都有指导意义。

① 研究添加剂含量对高分子材料工艺与性能的影响。在橡胶中加入各种配合剂可以有效地改变胶料的性能。在橡胶的各种添加剂中，炭黑是必不可少的，而且添加量也较大。有些橡胶虽然具有自补强性，在未填充炭黑之前，其纯硫化胶的模量、耐磨性及抗剪切破坏性能也远不能适应在高负荷动态条件下使用，如轮胎、运输带等。而对于一些通用合成橡胶，未经炭黑补强实际就没有多大工业价值。因此，炭黑胶料的流动性在工艺上是很重要的，它影响着各步反应，从而最终决定制品性能。

用毛细管流变仪研究不同 HAF（高耐磨炉黑，炭黑的一种）质量分数的胶料的黏度，如图 6-27 所示。从实验结果可以看出：炭黑份数增加，体系黏度随之上升，其原因在于炭黑粒子吸附的分子链数增多而使体系的流动阻力升高。从图中还可以看出，随着剪切力的提高，炭黑胶料的黏度呈下降趋势，这是由于在高的剪切速率和剪切应力作用下，炭黑与胶料形成的网络结构被破坏，致使炭黑胶料黏度下降。

在塑料中最常用的一种添加剂就是碳酸钙，为了研究碳酸钙对塑料熔体流变性能的影响，用毛细管黏度计测试碳酸钙填充聚丙烯体系的黏度，如图 6-28 所示。从图中可以看出，相同碳酸钙份数时，体系黏度随剪切速率的增加而减小；而且在高的剪切速率下，体系黏度降低得更为迅速，说明在高的剪切速率下体系的非牛顿性更为明显。

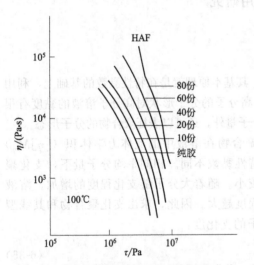

图 6-27 添加不同份数炭黑的胶料流变曲线

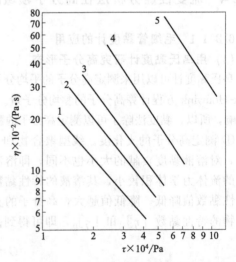

图 6-28 添加不同份数碳酸钙的聚丙烯的流变曲线
1—10份；2—20份；3—30份；4—40份；5—70份

随碳酸钙含量的增加，曲线向上移动，黏度增大。这是因为碳酸钙是不可形变的固体颗粒，其流动性能很差，碳酸钙的加入增加了体系的刚性，增大了流动阻力，导致体系黏度迅速上升。填充塑料这一特点在成型加工中应特别引起注意，否则工艺条件选择不当时就有可能因为黏度过高、压力过大而损坏设备，并引发事故。

② 研究材料对温度的敏感性。不同的高分子材料，由于其结构不同，在升温过程中表现出来的流变性能也不尽相同。通常情况下，把随温度变化时黏度变化大的材料称为温敏性材料；把随温度变化时黏度变化小的材料称为切敏性材料。对切敏性材料而言，显然只通过升温的方法改善加工性能是不合适的，这既浪费资源，又不能达到相应的目的。对于此类材料，在加工中不能只单纯提高温度，而是应通过改变剪切速率或改变配方等方法来改善加工性能。

高分子材料都是在熔融状态下加工的，所以应首先选择加工温度。加工温度必须使物料完全熔融，增加流动性，易于加工，但是温度又不能高于物料的分解温度。在对一种物料进行加工之前，应首先进行流变性能测试，观察物料在几个不同温度下的流变性能，以选择最适宜的加工温度。

6.3.4.2 用旋转流变仪研究涂料流变性能

流变学对涂料行业是十分重要的，因为在涂料的使用过程中有各种问题产生，如沉积、下垂以及平整性、遮盖力、稳定性不佳等，可以用不同的流变学手段来表征。研究各种因素对其流变性能的影响，可以为涂料的生产提供可靠依据，为施工提供详细指导。

水溶性丙烯酸树脂的黏度与使用的温度有关，利用圆筒型旋转流变仪测定其在不同温度下的黏度值，得到的结果如图 6-29 所示。这一结果能帮助涂装过程中涂料温度的确定与控制。

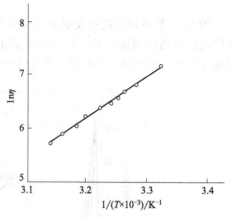

图 6-29 水溶性丙烯酸树脂温度与黏度的关系

6.3.4.3 用转矩流变仪优化高分子材料的生产过程

随着人们对转矩流变仪应用研究的深入和功能的拓展，它已成为高分子材料共混及实验流变学中不可缺少的重要工具，可广泛用于原材料和生产工艺的研究、开发与产品质量控制等领域。

(1) 原材料的检验与研究

聚乙烯有很多种类型，它们结构上的差异导致转矩流变仪的扭矩曲线不同，图 6-30 所示为三种 PE 的流变图。从图中可以看出高转速时 LLDPE 的扭矩曲线最高，LDPE 的扭矩曲线最低；此外，LLDPE 比 LDPE 的剪切敏感性更强，两条扭矩曲线在 10min 的高转速混合期间发生了交叉，这在其他流变实验中是难以观察到的。而在低转速条件下，LDPE 的扭矩曲线则高于 LLDPE 的扭矩曲线，这与毛细管流变仪、旋转流变仪的黏度曲线是相吻合的。

(2) 加工过程的模拟与分析

转矩曲线可用来研究聚合物的交联反应（如橡胶的硫化、热固性塑料的固化及热塑性塑料的交联等）以及温度、交联剂类型与用量等因素对交联反应的影响。聚合物发生交联反应时，高分子链由线型结构转变为三维的网状结构，体系的黏度增大，转矩也随之升高，因此可采用转矩曲线出现上升作为交联反应的标志。此外，转矩上升的速率可以反映交联反应速率的快慢。

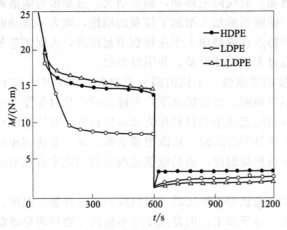

图 6-30　三种 PE 的扭矩曲线（流变图）

图 6-31 是不同温度对交联聚乙烯反应速率的影响。从图中可以看出，温度为 140℃时，交联反应开始的时间最长，反应速率最小；温度为 160℃时，交联反应开始的时间最短，反应速率最大；温度为 150℃时，则介于两者之间。

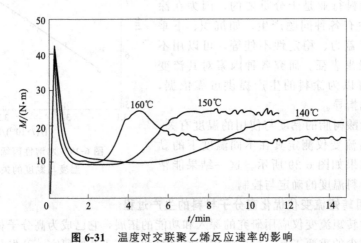

图 6-31　温度对交联聚乙烯反应速率的影响

6.3.5　流变性能测试实验

【实验目的】

① 了解聚合物的流变行为。

② 掌握挤压式毛细管流变仪测量聚合物流变性能的方法。

【实验原理】

毛细管流变仪是目前发展得最成熟、应用最广的流变测量仪之一，可以方便地用于聚合物流变性能的测试。挤出毛细管流变仪的测试条件与聚合物的挤出和注塑的加工条件相近，能够有效地研究高分子的结构和加工性能。通过毛细管流变仪能够测定高分子熔体的表观剪切浓度，还可以观察高剪切速率下高分子熔体的不稳定流动以及熔体破裂现象。

毛细管流变仪的原理如图 6-32 所示。仪器由一活塞加压，使毛细管两端具有压力差 $\Delta p = p - p_0$，在此压差下将熔体从半径为 R、长为 L 的毛细管中挤出。

该仪器可以测出熔体通过毛细管的挤出速度 v（如图 6-33 所示）：

$$v = \frac{\Delta h}{\Delta t} \tag{6-38}$$

式中，Δh 为曲线任意一段直线部分的横坐标变化量；Δt 为曲线任一段直线部分的纵坐标变化量。

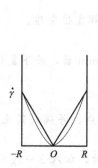

(a) 毛细管内切变速率的变化，直线为牛顿流体，曲线为高分子流体

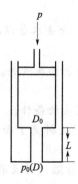

(b) 熔体受力示意

图 6-32 毛细管流变仪的原理

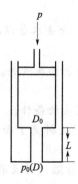

$\longleftarrow$ h(柱塞下降量)/cm

图 6-33 流动速率曲线

聚合物熔体在管中的体积流量可以由下式求得：

$$Q = v \times S = \frac{\Delta h}{\Delta t} \times S \tag{6-39}$$

式中，Q 为流量；S 为料筒截面积。

根据熔体在毛细管中流动力平衡原理有下列公式：

$$\tau_w = \frac{\Delta p \times D}{4L} \tag{6-40}$$

$$\Delta p = \frac{4F}{\pi d_p^2} \tag{6-41}$$

式中，τ_w 为毛细管壁上的剪切应力；Δp 为毛细管两端的压力差；D 为毛细管的直径；L 为毛细管的长度；F 为负荷；d_p 为活塞杆的直径。

对于牛顿流体：

$$\dot{\gamma}_w = \frac{32Q}{\pi D^3} \tag{6-42}$$

$$\eta_a = \frac{\tau_w}{\dot{\gamma}_w} = \frac{\Delta p \times \pi \times D^4}{64Q \times L} \tag{6-43}$$

式中，$\dot{\gamma}_w$ 为毛细管壁上的剪切速率；η_a 为表观黏度。

式(6-43)为著名的哈根-泊肃叶黏度方程。由于绝大部分聚合物的熔体属于非牛顿流体，其黏度随剪切速率的变化而发生变化，黏度与剪切速率不成直线关系，需进行非牛顿修正。经过推导得：

$$\dot{\gamma}_w^{改正} = \frac{3n+1}{4n} \dot{\gamma}_w \tag{6-44}$$

式中，n 为非牛顿指数，当 $n=1$ 时，流体为牛顿流体，$n<1$ 时为假塑性流体，$n>1$ 时为膨胀性流体。

在实际的测定中，由于毛细管的长度有限，熔体从大直径的料筒进入小直径的毛细管时会产生较大的压力降，称为入口效应。入口效应会使毛细管的有效长度变长，因此需要进行矫正。而当毛细管较长时，入口效应就可以忽略，当长径比（L/R）为 80 时可以不进行入口效应的校正。

【仪器】

MLW-400 计算机控制毛细管流变仪。

【试样】

高分子试样，须在测试前真空干燥 2h 以上，除去水分以及其他的挥发性杂质。

【实验步骤】

① 开启稳压电源，依次开启仪器总开关和控制面板开关。预热 20min 后，按下复位键，检查面板上各按钮是否正常工作。

② 打开电脑进入流变仪实验操作界面，设置实验条件。

③ 安装毛细管，选择适当长径比的毛细管，从料筒下面旋入料筒中，并从料筒上面放入柱塞。

④ 单击"准备实验"，进行力调零和升温，当温度升至指定温度时，加入 2～3g 试样，装入压料杆，使其不接触物料，等待温度稳定至实验温度。

⑤ 单击"开始实验"，在规定的时间内降压料杆下移至与物料接触，使电脑上"负荷显示"大概为几十或者一百"N"即可。当恒温 10min 后系统软件提示加压时，注意观察"负荷显示"，若加压过慢，可以适当调节压杆高度。记录流变速率曲线。

⑥ 一个条件下的实验结束时，根据曲线状况选择是否保存数据。在进入下一个实验之前，先提起压杆，否则负荷清零不准确。仪器连续自动改变负荷，重复测试，每个温度共做 5～6 个不同负荷下的流变速率曲线，再改变温度，重复④、⑤、⑥步骤。

⑦ 实验结束后，停止加热，趁热卸下毛细管，并用布擦拭干净毛细管和料筒，避免残留聚合物影响下一次的测试。

【结果与讨论】

根据实验原理中的公式，计算出 $\dot{\gamma}_w^{改正}$ 和表观黏度 η_a。

【思考题】

① 为什么要对高分子材料进行流变学分析？

② 比较三种不同的旋转流变仪的特点，并说明它们的使用范围。

③ 用乌氏黏度计研究高分子形态的原理是什么？

④ 分析毛细管黏度计、旋转流变仪、转矩流变仪测量指标的差异，从其测量原理上说明差异的原因。

参 考 文 献

[1] 张明，苏小光，王妮. 力学测试技术基础 [M]. 北京：国防工业出版社，2008.

[2] 王春香. 基础材料力学 [M]. 北京：科学出版社，2011.

[3] 全国塑料标准化技术委员会通用方法和产品分会. 塑料 拉伸性能的测定 第 1 部分：总则：GB/T 1040.1—2018 [S]. 北京：中国标准出版社，2009.

[4] 全国塑料标准化技术委员会. 塑料 拉伸性能的测定 第 2 部分：模塑和挤塑塑料的试验条件：GB/T 1040.2—2006 [S]. 北京：中国标准出版社，2007.

[5] 全国塑料标准化技术委员会. 塑料 拉伸性能的测定 第 2 部分：模塑和挤塑塑料的试验条件：GB/T 1040.2—2022 [S]. 北京：中国标准出版社，2022.

[6] 全国塑料标准化技术委员会. 塑料 弯曲性能的测定：GB/T 9341—2008 [S]. 北京：

中国标准出版社，2009.

[7] 全国塑料标准化技术委员会. 塑料 简支梁冲击性能的测定 第 1 部分：非仪器化冲击试验：GB/T 1043.1—2008 [S]. 北京：中国标准出版社，2009.

[8] 何平笙. 高聚物的力学性能 [M]. 2 版. 合肥：中国科学技术大学出版社，2008.

[9] 沃德. 固体高聚物的力学性能 [M]. 北京：科学出版社，1980.

[10] 张梦雨，杨其，赵中国，等. 聚乳酸分子链结构的调控以及力学性能的研究 [J]. 塑料工业，2020，48：44-48.

[11] 张紫阳，孟家光，薛涛，等. 3D 打印参数对柔性聚乳酸服装面料力学性能的影响 [J]. 合成纤维，2021，50：31-34.

[12] 曹乐，贾仕奎，张奇锋，等. 紫外老化对聚乳酸结晶及力学性能的影响 [J]. 高分子材料科学与工程，2020，36：60-66.

[13] Peng S, Yu Y, Wu S, et al. Conductive polymer nanocomposites for stretchable electronics：material selection, design, and applications [J]. ACS Applied Materials & Interfaces, 2021, 13：43831-43854.

[14] Fu F, Wang J, Zeng H, et al. Functional conductive hydrogels for bioelectronics [J]. ACS Materials Letter, 2020, 2：1287-1301.

[15] Nezakati T, Seifalian A, Tan A, et al. Conductive polymers：opportunities and challenges in biomedical applications [J]. Chemical Reviewer, 2018, 118：6766-6843.

[16] 王珊，杨小玲，古元梓. 导电高分子材料研究进展 [J]. 化工科技，2012，20 (3)：62-66.

[17] Shepa I, Shepa E, Shepa J. Electrospinning through the prism of time [J]. Materials Today Chemistry, 2021, 21：100543.

[18] 何平笙. 新编高聚物的结构与性能 [M]. 北京：科学出版社，2009.

[19] 符若文，李谷，冯开才. 高分子物理 [M]. 北京：化学工业出版社，2005.

[20] 何曼君，张红东，陈维孝，等. 高分子物理 [M]. 上海：复旦大学出版社，2007.

[21] 赵空双. 介电谱方法及应用 [M]. 北京：化学工业出版社，2008.

[22] Asandulesa M, Musteata V E, Bele A, et al. Molecular dynamics of polysiloxane polar-nonpolar co-networks and blends studied by dielectric relaxation spectroscopy [J]. Polymer, 2018, 149：73-84.

[23] Zhang S, Chen Y, Liu H, et al. Room-temperature-formed PEDOT：PSS hydrogels enable injectable, soft, and healable organic bioelectronics [J]. Advanced Material, 2020, 32：1904752.

[24] Lu B, Yuk H, Lin S, et al. Pure PEDOT：PSS hydrogels [J]. Nature Communications, 2019, 10：1043.

[25] Spencer A R, Primbetova A, Koppes A N, et al. Electroconductive gelatin methacryloyl-PEDOT：PSS composite hydrogels：design, synthesis, and properties [J]. ACS Biomaterial Science & Engineering, 2018, 4：1558-1567.

[26] Peng S, Wu S, Yu Y, et al. Nano-toughening of transparent wearable sensors with high sensitivity and a wide linear sensing range [J]. Journal of Materials Chemistry A, 2020, 8：20531-20542.

[27] Li Y, Yin X, Si Y, et al. All-polymer hybrid electret fibers for high-efficiency and low-resistance filter media [J]. Chemical Engineering Journal, 2020, 398：125626.

[28] 侯冠一，武文杰，万海肖，等．口罩聚丙烯熔喷布的静电机理及其影响因素的研究进展 [J]．高分子通报，2020，8：1-22.

[29] 张美珍．聚合物研究方法 [M]．北京：中国轻工业出版社，2006.

[30] 陈厚．高分子材料分析测试与研究方法 [M]．北京：化学工业出版社，2011.

[31] 任鑫，胡文全．高分子材料分析技术 [M]．北京：北京大学出版社，2012.

[32] 徐佩弘．高聚物流变学及其应用 [M]．北京：化学工业出版社，2003.

第7章

高分子的形态分析

7.1 透射电镜法

7.1.1 透射电镜的成像原理

透射电镜法全称为透射电子显微镜（TEM）法，是一种利用电子束穿透样品进行成像的高分辨显微技术。目前，高分辨 TEM 的分辨率可以达到 0.2nm，已经成为高分子材料结构分析中不可或缺的分析手段。

透射电镜的基本原理与光学显微镜类似，二者的主要差别在于 TEM 是利用电子作为探测信息的介质，而光学显微镜则是利用可见光来对样品进行观察。使用电子作为照明源是透射电子显微镜分辨率远高于光学显微镜的主要原因。根据瑞利判据，分辨率与辐射波长的关系可以近似表示为：

$$\delta = \frac{0.61\lambda}{\mu\sin\beta} \tag{7-1}$$

式中，δ 为显微镜能够分辨的最小距离；λ 为辐射波长，nm；μ 为介质的折射率。

可见光的波长范围为 $370 \sim 800$nm，一台好的光学显微镜的分辨率约为 300nm。而根据德布罗意方程 [公式(7-2)，忽略相对论效应]，100keV 的电子的波长约为 0.004nm，能量越高的电子的波长越短。将电子的德布罗意波长代入公式(7-1)，可以看出 TEM 的分辨率可以达到非常高。当然由于电子透镜的限制，实际 TEM 的分辨率无法达到极限分辨率。

$$\lambda = \frac{1.22}{E^{1/2}} \tag{7-2}$$

式中，E 为电子的能量，eV；λ 为电子波长，nm。

透射电镜的光路图如图 7-1 所示。

如图 7-1 所示，电子束从电子枪中被射出后，通过聚焦透镜的汇聚，形成带有一定孔径角和强度的平行的电子束

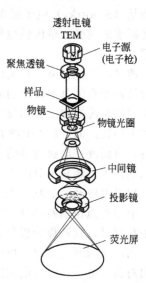

图 7-1 透射电镜的成像原理图

（标注：透射电镜 TEM、电子源（电子枪）、聚焦透镜、样品、物镜、物镜光圈、中间镜、投影镜、荧光屏）

流，并照射在样品上。透过试样的电子被物镜、中间镜和投影镜放大，最后在荧光屏上形成有一定衬度和放大倍数的电子图像，电子图像的放大倍数为物镜、中间镜和投影镜放大倍数的乘积。由于样品各个微区的厚度、原子序数、晶体结构和晶体取向不同，通过样品的电子束的强度会产生差异，在荧光屏上就会展现出由亮暗差别所反映出的试样微区特征的显微电子图像。

7.1.2 透射电镜的结构

商用透射电镜根据其电子枪的类型、加速电压高低和物镜极靴类型的不同可以分为许多种类，例如高分辨型透射电子显微镜（HRTEM）、高压电子显微镜（HVEM）、中等加速电压的电子显微镜（IVEM）、扫描透射电子显微镜（STEM）等。从原理上来讲，这些设备都是在传统 TEM 技术的基础上发展起来的，因此他们基本的构成都是相同的，都是由电子光学系统、真空系统和电源系统组成的。

(1) 电子光学系统

电子光学系统是 TEM 的主要部分，由电子源、透镜和荧光显示屏组成，其结构如图 7-1 所示。其中，电子源负责提供电子束，透镜负责将电子源发射出来的电子束进行聚焦和放大，荧光显示屏则负责记录经透镜放大后的电子图像。

电子源是 TEM 中重要的部分之一，优质的电子源是获取优质图像和信息的必要前提。由于 TEM 对电子源的苛刻要求，目前只有三种电子源在 TEM 中得到使用：热电子发射电子源、场发射电子源以及二者的结合肖特基电子源。

其中，热电子发射电子源包括钨灯丝（现在用得比较少）和六硼化镧（LaB_6）晶体（用得比较多），通过加热来激发电子的发射，对真空度的要求不高。场发射电子源则是使用非常细的针状钨丝作为发射源，在钨丝和阳极之间施加一个很大的电压，通过量子隧穿效应发射电子，所发射的电子的单色性更好，获得的 TEM 图像的质量要高于热电子发射电子源。在工作条件下场发射电子源的温度与环境温度相同，因此场发射电子源又称冷场发射电子源。由于场发射要求针尖的表面必须非常干净，导致场发射电子源必须在超高真空（$<10^{-9}$Pa）的条件下工作，这使得场发射 TEM 的费用要远高于传统的热电子发射 TEM。肖特基（Schottky）电子源则是在场发射电子源的基础上对电子源进行加热，在降低了对真空度要求的同时，单色性也要优于热电子发射电子源，因此在商用 TEM 中得到了广泛的使用。

透镜部分包括电磁透镜部分、光圈和光阑部分。与可见光显微镜类似，TEM 的透镜控制着仪器所有的基本操作功能。与光学透镜所不同的是，光学透镜需要通过上下移动透镜来控制照明系统的强度和图像聚焦。同时，玻璃透镜的焦距是固定的，需要通过更换透镜来改变放大倍数。而 TEM 中透镜使用的是电磁透镜，可以通过改变软铁芯上线圈的电流来改变磁场，进而改变电磁透镜的焦距，而不需要对透镜进行移动。但是与光学透镜相比，电磁透镜的制作工艺还是十分的不完善，目前最好的电磁透镜也就相当于用可乐瓶瓶底制作的放大镜，提升电磁透镜的制作工艺是提高 TEM 分辨率的一条重要途径。

电磁透镜包括两部分。第一部分是由软磁材料做成的圆柱形对称磁芯，例如软铁，有一个小孔穿过，软铁称为极靴，而小孔称为极靴孔。第二部分则是缠绕在每个极靴上的铜线圈，当给线圈通电流时，极靴孔中会产生磁场。该磁场沿透镜的纵向方向并不均匀，但是沿轴向对称，电子在经过电磁透镜时的运动轨迹就会被改变，而改变的程度就由极靴孔中磁场的强度决定（实际上等效于调整电磁透镜的焦距）。此外，由于线圈工作的过程中会有热产生，需要对线圈进行水冷。

在 TEM 中，光圈是由 Pt 或者 Mo 制备的带孔金属圆盘，而光阑指的就是金属圆盘的圆形孔。光阑和光圈的作用是限制透镜的收集角，即使特定角度的电子通过透镜，而其他电子撞击在光圈上被限制。由于电磁透镜的质量较差，经过透镜的电子束流具有很明显的像差，需要使用很小的光阑去减小透镜的像差。此外，光阑还能控制透镜形成的图像的分辨率、景深和焦深、图像衬度、衍射花纹的角分辨率等，其对于透镜部分是不可或缺的。

TEM 荧光屏是由铝板上涂布荧光物质（例如 ZnS）制成，荧光物质对电子感光，感光度则与所受的照射的电子束强度成正比，因此可以通过观察荧光屏观察到样品的电子透射图像。由于电子在与荧光屏作用的过程中也会发出其他信号（例如 X 射线等），对操作者的健康造成危害。为了防止高能信号对人体的损害，TEM 的观察窗必须由铅玻璃制成。除了直接通过目视观察之外，在荧光屏下面还会放有一个可以自动换片的照相暗盒，照相时，荧光屏竖起，电子束使底板曝光即可记录样品的电子图像。此外，还可以用特殊的摄像机对专用的荧光屏进行摄像，对透射电子显微像进行实时动态记录。

（2）真空系统

由于原子对电子具有强烈的散射作用，TEM 除了需要使用极薄的样品之外，在工作的过程中还需要保持高真空环境（$10^{-4} \sim 10^{-7} \, \mathrm{Pa}$），场发射透射电镜电子枪的真空度则要求更高，约为 $10^{-9} \, \mathrm{Pa}$（超高真空）。因此真空系统是 TEM 中十分重要的一个部分，甚至直接决定了 TEM 是否能进行工作。

通常来说，TEM 会配有两种类型的真空泵，一种是真空度较低的泵，称为粗真空泵，另外一种是高/超高真空泵。在抽真空的过程中，粗真空泵先抽真空至低真空，再用高真空泵抽真空至高真空状态。除了进行维修和检查，TEM 需要一直保持高真空状态，因此当需要更换样品、电子源或者底片时，需要有能够独立抽取真空的密封系统来完成操作。

粗真空泵一般是常见的机械泵，价格较为便宜，噪声比较大，且只能获得 $10^{-1} \, \mathrm{Pa}$ 的真空度。为了避免泵的振动和产生的噪声对 TEM 造成影响，机械泵需要安装在 TEM 的房间外，并通过不传递振动的管子与 TEM 相连。

高/超高真空泵有许多类型，按其工作原理可以分为扩散泵、涡轮分子泵、离子泵和低温（吸附）泵。其中，扩散泵通过加热使油沸腾，沸腾的油蒸发、扩散产生蒸气压，气压迫使蒸气上升，并从油孔中排出。油蒸气流把从顶部排出的空气分子带向底部，并在冷阱的作用下冷凝循环使用，而空气分子则被前级机械泵抽出。扩散泵的效率很高，能够将气压从 $10^{-1} \, \mathrm{Pa}$ 降至 $10^{-9} \, \mathrm{Pa}$。涡轮分子泵利用涡轮机将电镜中的空气抽出，涡轮机转速越高，所能达到的真空度也就越高。涡轮分子泵通常需要一个无油机械泵作为它的前级泵。离子泵通过将空气分子电离再将电离的空气吸附在电极的方法来实现真空的环境。电极间的离子电流越小，真空度就越高，因此离子泵可以不需要外带的真空计对真空度进行测量。由于离子泵只能在高真空的环境下工作，需要其他的泵先进行抽真空（$<10^{-3} \, \mathrm{Pa}$）后，才能启动离子泵。低温（吸附）泵是利用液氮冷却具有大表面积的分子筛，通过低温的分子筛对空气进行吸附，使环境压强降至 $10^{-4} \, \mathrm{Pa}$，常用作离子泵的前级泵。离子泵和低温泵都是俘获泵，在工作时吸附空气分子，而在关闭后就会释放空气分子。

（3）电源系统

TEM 的电源系统分为两部分，专门给电子枪进行供电的高压部分和给其他部分供电的低压部分。为了使 TEM 具有高的分辨率，要求电源系统具有很高的稳定性。给电子枪供电的高压部分的电压稳定度需要达到 10^{-6} 数量级，而给电磁透镜供电的电源的电流稳定度需要达到 10^{-5} 数量级。除此之外，TEM 还需要有专用的线路来保证线路的稳定性，至少在同一线路内不能有大的电压和电流冲击。

7.1.3　透射电镜在高分子领域的应用研究

(1) 观察高分子材料的形态和结构

作为一种具有很高的分辨能力的显微技术，透射电镜能够展示出高分子材料十分细微的结构。赵华章等利用透射电镜观察了 PDMDAAC（聚二甲基二烯丙基氯化铵）系列絮凝剂的结构形貌（如图 7-2、图 7-3 所示）。探讨了絮凝剂的结构形貌与特性黏度、阳离子度之间的关系，以及不同的 PDMDAAC 系列絮凝剂间结构形貌的区别。可以从图 7-2 中看出，随着特性黏度的增加，即其分子量的增加，其吸附架桥的能力在不断地增加。不同特性黏度和阳离子度的 P(DMDAAC-AM) 以及聚丙烯酰胺（PAM）的形貌观察结果如图 7-3 所示。由图中可见，PAM 呈枝状、条状结构；而 P(DMDAAC-AM) 在阳离子度较高而特性黏度较小时呈颗粒状分布，当阳离子度降低而特性黏度增大时，P(DM-DAAC-AM) 呈现出与 PAM 相似的条状结构，表明条状结构有利于提高聚合物的吸附架桥性能。

(a) $[\eta]$=0.56dL/g (×48000)　　(b) $[\eta]$=1.14dL/g (×48000)　　(c) $[\eta]$=1.96dL/g(×10000)

图 7-2　不同特性黏度 PDMDAAC 的结构形貌图

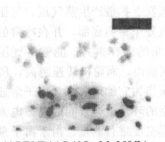  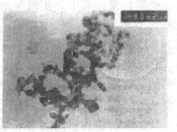

(a) P(DMDAAC-AM)，$[\eta]$=5.08dL/g，　(b) P(DMDAAC-AM)，$[\eta]$=8.00dL/g，　(c) PAM，$[\eta]$=16.3dL/g
阳离子度=37%　　　　　　　　　　阳离子度=16.2%

图 7-3　用透射电镜观察到的 P(DMDAAC-AM) 及 PAM 结构形貌比较（均放大 48000 倍）

(2) 观察高分子材料结构的变化

原位透射电子显微镜能够实时地对高分子材料的结构进行检测，能够直观地展示出材料结构的变化，进而推测出材料各个组分的作用。D. Qian 等用原位 TEM 对多壁碳纳米管（MWNT)-聚苯乙烯复合薄膜进行了原位应变研究（见图 7-4）。MWNT-PS 在张力下变形的实时 TEM 观察表明，MWNT 可防止裂纹打开。图 7-4（a）～（c）是按时间顺序从录像带中截取下来的，其中各个部分展示了裂纹扩展的过程。

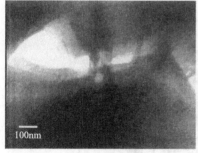
(a) 裂纹通过复合材料扩展

(b) 黏合良好的MWNT簇明显延缓了裂纹的开裂

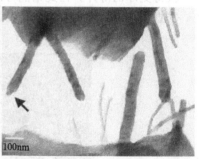
(c) MWNTs最终从聚合物基体中拔出（或者如箭头所示，在裂纹尾迹中断裂）

图 7-4 MWNT-PS 在张力下变形的实时 TEM 图像

由于纳米管随机分散在基体中，许多 MWNT 必须以较大的角度弯曲，才能垂直排列在裂纹尾迹上。而当纳米管断裂或从基质中拉出，它们就会弹回其原始构象。例如，图 7-5 中标记为 A 和 B 的纳米管轴向弯曲超过 45°，但在折断或从基质中拉出后，它们会恢复为笔直的构象。MWNTs 的高柔韧性对于增强复合材料的韧性很重要，因为 MWNTs 有助于裂纹桥接，即使它们相对于裂纹面可能没有很好的定向作用。此外，将 MWNT 从基体中拉出时产生的摩擦力也会耗散能量，从而增加材料的韧性。

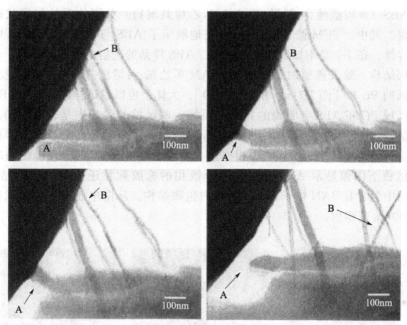

图 7-5 MWNT-PS 在拉伸应力下变形的实时 TEM 图像

(3) 观察高分子材料的晶态结构

利用 TEM 可以观察到高分子材料的晶体结构、形状和结晶相的分布。Jae 等研究了熔融混合 PCL/CNT（聚己内酯/碳纳米管）纳米复合材料的成核和结晶行为。图 7-6 展示了具有代表性的透射电子显微照片，其中在 55℃等温结晶 7 天后，可以看到 PCL 的层状形态在一些 CNT 周围成核（在右侧特写中更好地观察并用圆圈表示）。他们使用长结晶时间以获得更厚的薄片，因此结晶可以很容易地通过 TEM 观察到。从图中可以看出薄片倾向于以垂直于纳米管轴的方式成核。

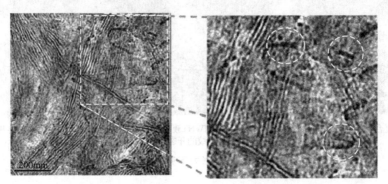

图 7-6 PCL$_{97}$M$_3$ 在 55℃等温结晶 7 天后的 TEM 显微照片
97 表示 PCL 的质量分数；M 表示 CNT；3 表示 CNT 的质量分数

(4) 观察多相高分子体系

通过共混能够改变高分子材料的性质，赋予高分子材料新的性能。共混体系往往无法完全相容，会导致多相高分子体系的产生。由于各相之间对于电子的透射能力不同，可以轻松地通过 TEM 对不同的相进行观察，并对各相的行为进行研究。阎捷等利用 SEM 和 TEM 技术对 PC/ABS（聚碳酸酯/丙烯腈-丁二烯-苯乙烯共聚物）共混体系的相容状态和冲击断面进行了观察。其中，TEM 像（图 7-7）直观地展示了 ABS 与 PC 在共混体系中的分布以及二者的相容性。图 7-7 是不加入相容剂时 PC/ABS 样品的透射电子显微图像。图中可见材料是一种多相结构，除去典型的 ABS 中的 SAN 苯乙烯-丙烯腈共聚物相和橡胶颗粒相外，尚有密度较低的 PC 相［图 7-7(a) 和图 7-7(b)］。大体上可以说试样的 PC 和 ABS 呈现分相结构。有些区域 PC 和 ABS 有明确的界面，而另一些区域的界面则是较模糊的。此外，从图中还可以估计出 PC 所占的面积大于 ABS 所占的面积，即大概反映了材料两种成分的配比。ABS 相各区域大体是连通的，PC 相亦然。可见材料中 ABS 相和 PC 相均以连续相存在。高放大倍数下图像显示 ABS 相中作为分散相的橡胶颗粒还有更复杂的结构［图 7-7(c)］。橡胶相中包含有 SAN 粒子，此即所谓内包藏结构。从图中还可以看出橡胶颗粒的大小在 150～400nm 范围内。

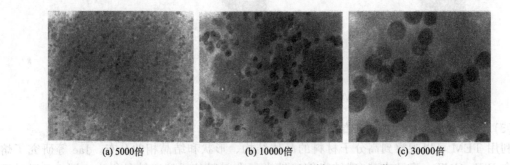

(a) 5000倍 　　　　　(b) 10000倍 　　　　　(c) 30000倍

图 7-7 未加相容剂的 PC/ABS 共混材料的 TEM 显微照片

7.1.4 透射电镜实验

【实验目的】
① 了解透射电子显微镜的工作原理。
② 掌握透射电子显微镜样品的制样方法。
③ 掌握透射电子显微镜的操作方法。
④ 观察通过透射电子显微镜所得到的图像。

【实验原理】

透射电镜实际上就是利用电子替代可见光、电磁透镜替代光学透镜、荧光屏替代肉眼的一种高分辨显微镜。平行的电子束在穿过试样时电子束流各部分的强度发生变化，再经过电磁透镜的放大，投射在荧光屏上，即得到了试样的电子透射图像。在进行测试前，需要对样品进行制备，而在 TEM 实验的过程中，样品的制备是至关重要的一个步骤。如果样品本身不能满足实验的要求，那么后面的观察结果就会与实际产生较大偏差。

TEM 测试对样品的要求如下：
① 样品一般应为厚度小于 100nm 的固体。
② 测试的区域与其他区域有反差。
③ 样品在高真空中能保持稳定。
④ 不含水分或其他易挥发物，含有水分或其他易挥发物的试样应先烘干除去。
⑤ 对磁性试样要预先去磁，以免观察时电子束受到磁场的影响。

透射电镜的样品需要放置在载网或者支撑膜上进行观察。载网一般为直径 3mm、目数为 200 的铜网，可以用来放置片状的样品，对电子不透明。而支撑膜则是用来承载粉末等细小样品的载体。需要对电子透明，其厚度一般小于 20nm，同时需要有一定的机械强度来承受电子束的冲击，并在与样品接触的过程中保持惰性。支撑膜一般由火棉胶、聚乙烯-甲醛、石墨或金属（例如铍）制成。

高分子材料一般无法直接作为透射电镜的观察样品，需要通过各种技术制备成适合观察的细小薄片样品。其中，超薄切片技术是 TEM 样品制备方法中最基本、最常用的制备技术。超薄切片技术需要经过取材、固定、脱水、浸渍、包埋聚合、切片以及染色等步骤。由于高分子结构致密，包埋剂只能起到加固试样的作用，因此要求包埋试样的体积越小越好。高分子材料的反差弱，切片需要进行染色增加观察区域的反差。高分子材料的染色通常采用正染色，使染色区域在电镜下显示黑色，使用得较多的染色剂为四氧化锇和四氧化钌。有些高分子材料由于在常温下具有性质柔软、有一定弹性和韧性、结构致密等特点，在常温下难以或者无法进行切片，此时可以进行冷冻超薄切片。冷冻超薄切片需要将温度降至高分子材料的玻璃化温度或者玻璃化温度以下 20℃，在此条件下高分子材料处于玻璃态。冷冻超薄切片的刀温需要高于样品温度 10~20℃，切片过程中刀的角度，前角和切片速度几个主要切片参数的组合适当与否，是影响切片效果的重要因素。一般来说，处理较硬的材料时，需要较大的刀角和前角，而需要较大的切片速度，而较软材料则相反。

除了超薄切片技术以外，高分子材料还可以利用聚焦离子束技术（focused ion beam，FIB）进行制样。FIB 是利用电透镜对离子束进行聚焦并轰击于材料表面，实现材料的剥离、沉积、注入、切割和改性。利用 FIB 配合高倍数电子显微镜能够实现纳米级加工，所制备的样品切片的质量很高。但是由于操作烦琐，而且效率较低，实际上并不常用。

除了直接制作样品切片以外，还可以通过复型技术对样品的结构进行观察。所谓的复型技术就是将样品表面的显微组织浮雕复制至一种很薄的膜上，然后对复型膜进行观察。复型要求能够对样品表面的结构进行精确的复制，又要求复型薄膜本身的结构不会被 TEM 观察到，同时要求在电子束的作用下膜的结构不会发生变化，并且在高真空下试样和表面不会挥发。常用的复型方法有碳一级复型、塑料-碳二级复型和萃取复型。

【仪器】

透射电子显微镜（TEM），厂家为 JEOL，型号为 JEM-1400 Plus。软件：Tecnai User Interface。

【实验步骤】

在样品制作完之后，即可对其进行观察。TEM 的具体操作步骤为：开冷却水→送电→抽真空（30min 以上，达到工作真空度以后）→加高压（从低电压逐渐加到所用电压）→加阴极电流（缓慢增加）→镜筒合轴→放入试样→观察记录。

其中，为了得到高质量的图像，镜筒合轴是非常重要的。镜筒合轴是在对电磁透镜的励磁电流进行调整后，对电镜的各个部分进行调整，以得到清晰的 TEM 图像的步骤。按各部分的位置从上到下的顺序为：

① 电子枪的合轴调整；

② 聚光镜的合轴调整；

③ 聚光镜消像散；

④ 物镜电压中心调整；

⑤ 物镜消像散；

⑥ 中间镜消像散；

⑦ 投影镜合轴调整；

⑧ 试样高度调整；

⑨ 物镜焦距的调整。

具体实验步骤如下。

(1) 检查仪器是否运行正常

① 查看仪器控制面板上的指示灯（正常情况为 On 灯灭，Off、Vac 和 HT 灯亮）。

② 查看样品台的指示灯（正常情况指示灯不亮）。

③ 检查空调、冷却水机、空气压缩机、不间断电源及其他相关设备仪表的工作状况，确保其正常运行。

④ 检查实验器材（样品杆、镊子、杜瓦瓶、投影室视窗）是否有损坏。

(2) 登录用户界面

在登录界面输入用户名和密码，启动主程序 Tecnai User Interface，再次检查仪器是否处于正常状况。

① 确认 Column Valves Closed 按钮处于关闭状态（黄色）。

② 查看真空和高压值是否正常。

真空：在 Tecnai User Interface 软件 Setup→Vacuum 控制面板中，Gun、Column、Camera 的压力指示条都是绿色的才为正常。

高压值：在 Tecnai User Interface 软件 Setup→High Tension 控制面板中，正常情况下，High Tension 指示条为黄色，高压指示值为 200kV。FEG Control 控制面板中，Operate 是黄色的（灯丝开启状态）。

③ 查看样品台位置是否正常。

（3）装液氮

先将投影室视窗用挡板挡住，再戴上手套，将液氮小心地倒入杜瓦瓶中（不要装满），慢慢将铜辫伸入杜瓦瓶中，并将杜瓦瓶安置在支架上。将瓶中的液氮装满，并盖上盖子。往能谱罐中加满液氮（一般不用此操作）。

（4）装样品

将待测样品装入样品杆，样品正面需朝下。样品杆有两种类型：单倾只能在 A 方向倾转；双倾在 A、B 两个方向都能倾转。如不需倾转样品，请选择单倾样品杆。

对于单倾样品管：

① 选择单倾样品杆，取下前端套筒。

② 检查样品杆尖端以及夹具，确保其是清洁干燥的。

③ 保持一只手顶在样品杆的末端，确保它不会移出套管。

④ 将（套管支持架上其中一个孔中的）工具插入到夹子前面的孔中，然后提起夹子到最大可能的角度。

⑤ 将样品正面朝下，放在样品杆尖端圆形的凹槽处。

⑥ 用工具把夹子小心地降到样品之上，并确保样品保持在正确位置。样品安全夹子必须小心地放低，否则，样品和夹子会被损伤。

⑦ 将样品杆旋转 $180°$，轻敲套管，确保样品不会掉落。

对于双倾样品管：

① 选择双倾样品杆，取下前端套筒。

② 检查样品杆 O 圈，确保其是清洁干燥的。

③ 保持一只手顶在样品杆的末端，确保它不会移出套管。

④ 用六角棒将样品固定螺母旋下，并取出垫圈（垫圈可以不用）。

⑤ 将样品正面朝下，放在样品杆 O 圈内，并确保样品保持在正确位置。

⑥ 小心地将垫圈放在样品上，然后用六角棒将固定螺母旋上。

⑦ 将样品杆旋转 $180°$，轻敲套管，确保样品不会掉落。

（5）进样

① 再次确认样品的 x、y、z、A、B 五个坐标近似为零。如果不为零，点击 Holder 进行归零。

② 确认样品台的红灯熄灭（如果红灯是亮的，应点击 Holder，这时红灯就会熄灭）。

③ 手拿样品杆，将限位突针对准 Close 标线（约 5 点钟方向），沿轴线平行将样品杆小心插入，向内滑动样品杆直到遇到阻挡。样品预抽室开始预抽，样品台的红灯亮，预抽开始。

④ 此时，样品杆不能旋转。若样品杆能够旋转，说明样品杆没有进到位，应慢慢把样品杆向左、右稍微转动直到完全进到位。

⑤ 此时在 User Interface 界面中，Turbo On 按钮变为橙色，Column Valves Closed 不可点击，Vacuum Overview 中显示出预抽时间。

⑥ 如果是单倾杆，选择 Single tilt 样品杆类型，点击回车符确认；若是双倾杆，则需要在 Tecnai User Interface 软件中选择 Double tilt 样品杆类型并确认，然后连接 B 方向倾转控制电缆并确认。

⑦ 大约 3min 以后，预抽时间结束，样品台红灯熄灭，就可以进样（注意预抽结束后 20s 内必须插入样品杆）。

⑧ 手握样品杆末端，绕轴逆时针旋转样品杆 $120°$，将样品杆的销钉对准样品台的圆孔。

⑨ 然后必须握紧样品杆末端（此时真空对样品杆有较强的吸力作用），使样品杆在真空吸力作用下慢慢滑入电镜，要送到底（要轻拿轻送，不要用力扭转，避免样品杆撞击样品台，装好后轻敲样品杆后座，确保到位）。进样同时注意观察真空值。

(6) 启动软件

(7) 开启阀门

① 等待系统真空 Column 真空值小于 20，可开启阀门。

② 开启阀门：点击 Col. Valves Closed 按钮，使其变灰。此时 Status 显示 Ready。

③ 若在软件右下方，选择 Vacuum Overview 视窗，可以发现，该操作可以使 V7 和 V4 阀门同时开启，它们分别是隔离镜筒与电子枪及镜筒与照相室的阀门。

(8) 设置共心高度

① 移动轨迹球找到样品观察区域。

② 在 10k× 以上的放大倍数下（约 1850×）。

③ 按右操作面板上的 Eucentric Focus 按钮（保证样品中心轴位置不变）。

④ 调节 Intensity（逆时针聚光，顺时针散光），使光斑汇聚到屏幕中心一点，调 Z-axis 使影像聚焦到衬度最小。

(9) 调节聚光镜像散和光阑

(10) 调节旋转中心

如果图像在聚焦过程中随焦距的变化其中心位置也跟着变化，则需要调整旋转中心。具体步骤是：

① 选择适当的放大倍数和光束强度，并选择适当的观察区（通常是将较明显的特征点放至荧光屏中心）。

② 选择在 Workset 的 tune 选项，选 Direct Alignments—Rotation Center，此时图像开始晃动，调整右面板上 Focus 的步长改变晃动幅度，利用左右面板上的多功能钮 MFX 和 MFY 使位于荧光屏中心区域的晃动降至最低即可。

(11) 调节物镜像散

(12) 对样品进行观察

(13) 结束操作

【结果与讨论】

对高分子样品进行观察，对样品的结构进行分析，并说明样品产生各种结构的原因。

【注意事项】

① 加入物镜光阑时，保证 $\alpha < \pm 25°$，$\beta < \pm 15°$。

② 镀双倾样品杆的镀圈所有部件均有毒，任何时候都不要用手触摸。无论插或拔样品杆之前，都要先确认 "Col. Valves Closed" 显示为黄色才能做下一步。插入样品杆后，一定不要忘记选择样品杆类型，并按旁边的回车键确认。拔出样品杆之前，一定不要忘记先 Reset 样品杆位置至零位。

③ 在荧光屏上调电子束光斑时，任何时候都要防止束斑聚得太细，以防止烧坏荧光屏，在 TEM 模式下，目测光斑直径以不小于 2mm 为宜，且不要在该尺寸保持太久。

【思考题】

① 为什么透射电镜的分辨能力强于光学显微镜？二者之间的区别主要在哪？

② 透射电镜的电子源有几种？它们分别有什么特点？

③ TEM 为什么对真空条件的要求如此苛刻？有哪几种实现高/超高真空的技术？它们各自有什么特点？

④ TEM 技术在高分子领域有哪些应用？

7.2 扫描电镜法

7.2.1 扫描电镜法的基础理论

扫描电子显微镜（SEM），简称扫描电镜。近十几年来，扫描电镜的发展非常迅速，应用也很广泛。它的成像原理与透射电子显微镜完全不同，它不用透镜放大成像，而是利用类似电视成像原理，以细聚焦电子束在试样表面光栅式扫描，激发试样表面产生各种信息来调制阴极射线管（CRT）的电子束强度而成像。

与光学显微镜作用相似，最初的扫描电镜主要用来观测固体表面形貌，但是它的放大倍数比光学显微镜高，并且它的景深很大，特别适用于观测断裂表面。现代的扫描电镜，不仅能利用电子束与试样表面的相互作用产生的信息来观察形貌，而且还能获得晶体方位、化学成分、磁结构、电位分布及晶体振动方面的信息来研究试样的各种特性。

(1) 电子束与物质的相互作用

电子束与固体物质的相互作用是一个很复杂的过程，是扫描电镜所能显示各种图像的依据。当高能电子束轰击固体试样表面时，由于入射电子束与样品表面的相互作用，将有99%以上的入射电子能量转变成样品热能，而余下约1%的入射电子能量将从样品中激发出各种有用的信息，如二次电子、背散射电子、吸收电子、透射电子、俄歇电子、X射线、阴极荧光等，如图7-8所示。

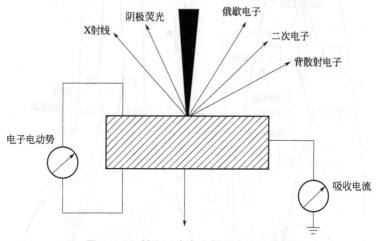

图 7-8 入射电子束轰击样品产生的信号

① 二次电子——从距样品表面10nm左右深度范围内激发出来的低能电子。二次电子能量约为0~50eV，大部分只有2~3eV。二次电子的发射与试样表面的形貌及物理、化学性质有关，所以二次电子成像能显示出试样表面丰富的微细结构。

② 背散射电子——入射电子中与试样表层原子碰撞发生弹性与非弹性散射后从试样表面反射回来的那部分一次电子统称为背散射电子。其能量近似于入射电子能量。背散射电子的发射深度约为50nm~1μm。

③ 吸收电子——随着入射电子在试样中发生非弹性散射次数的增多，其能量不断下降，最后被样品吸收。

④ 透射电子——当试样薄至 1μm 以下时，便有相当数量的入射电子可以穿透样品。透过样品的入射电子称为透射电子。其能量近似于入射电子能量。

⑤ 俄歇电子——从距样品表面几个埃深度范围内发射的并具有特征能量的二次电子。

⑥ X 射线——部分入射电子将试样原子中内层 K、L 或 M 层上的电子激发后，其外层电子就会补充到这些剩下的空位上，这时它们多余的能量便以 X 射线形式释放出来。每一元素的核外电子轨道的能级是特定的，因此所产生的 X 射线波长也有特征值。这些 K、L、M 系 X 射线的波长一经测定，就可确定发出这种 X 射线的元素；测定了 X 射线的强度，就可以确定该元素的含量。

⑦ 阴极荧光——入射电子束轰击发光材料表面时，从样品中激发出来的可见光或红外光。

(2) 扫描电子显微镜的成像原理

扫描电镜成像原理与透射电镜的成像原理完全不同。透射电镜是利用电磁透镜成像，并一次成像；而扫描电镜成像则不需要透镜成像，其图像是按一定时间、空间顺序逐点形成，并在显像管上显示。

二次电子像是用扫描电镜获得各种图像中应用最广泛、分辨本领最高的一种图像。以下以二次电子像为例，说明扫描电镜的成像原理。

图 7-9 是扫描电镜成像原理示意图。由电子枪发射能量最高可达 30keV 的电子束，经会聚透镜和物镜缩小，聚焦，在样品表面形成一个具有一定能量、强度、斑点直径的电子束。

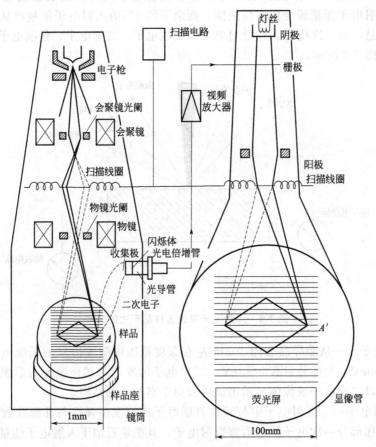

图 7-9 扫描电镜成像原理

在扫描线圈的磁场作用下，入射电子束在样品表面上将按一定时间、空间顺序做光栅式逐点扫描。由于入射电子与样品表面之间相互作用，将从样品中激发出二次电子。由于二次电子收集极的作用，可将向各方向发射的二次电子汇集起来，再经加速极加速射到闪烁体上转变成光信号，经过光导管到达光电倍增管，使光信号转变成电信号。这个信号又经视频放大器放大，并将其输出至显像管的栅极，调制与入射电子束同步扫描的显像管亮度。因而在荧光屏上便呈现一幅亮暗程度不同的、反映样品表面形貌的二次电子像。

对于扫描电镜，入射电子束在样品上的扫描和显像管中电子束在荧光屏上的扫描是用一个扫描发生器控制的，这样就保证了入射电子束的扫描和显像管中电子束的扫描完全同步，保证了样品台上的"物点"与荧光屏上的"像点"在时间和空间上一一对应。

(3) 扫描电镜的特点

① 可以观察直径为 10～30mm 的大块试样，在半导体工业可以观察到更大直径，制样方法简单。

② 景深大，是光学显微镜的 300 倍，适用于粗糙表面和断口的分析观察；图像富有立体感、真实感，易于识别和解释。

③ 放大倍数变化范围大，一般为 15～200000 倍，最大可达 $10～10^6$ 倍，对于多相、多组成的非均匀材料，便于低倍数下的普查和高倍数下的观察分析。

④ 具有相当的分辨率，一般为 2～6nm，最高可达 0.5nm。

⑤ 可以通过电子学方法有效地控制和改善图像的质量，如通过调制可改善图像反差的宽容度，使图像各部分亮暗适中。采用双放大倍数装置或图像选择器，可在荧光屏上同时观察不同放大倍数的图像或不同形式的图像。

⑥ 可进行多功能的分析，如与 X 射线光谱仪配接，可在观察形貌的同时进行微区成分分析；配有光学显微镜和单色仪等附件时，可观察阴极荧光图像和进行阴极荧光光谱分析等。

⑦ 可使用加热、冷却和拉伸等样品台进行动态试验，观察在不同环境条件下的相变及形态变化等。

7.2.2 扫描电镜的结构及性能指标

(1) 扫描电镜的结构

常规的扫描电子显微镜的结构如图 7-10 所示，主要由五部分组成：电子光学系统、扫描系统、信号检测和收集系统、图像显示系统、电源和真空系统。

电子光学系统由电子枪、电磁聚光镜、光阑、样品室等部件组成。它的作用是用来获得极细的、亮度高的电子束。电子束是使样品产生各种物理信号的激发源，它的亮度主要取决于电子枪发射电子的强度。电子枪的阴极一般为发夹式钨丝。阴极发射的电子经栅极会聚后，在阳极加速电压的作用下通过聚光镜。扫描电镜通常由 2～3 个聚光镜组成，它们都起缩小电子束斑的作用。钨丝发射电子束的斑点直径一般约为 0.1mm，经栅极会聚成的斑点直径可达 0.05mm。经过几个聚光镜缩小后，在试样上的斑点直径可达 6～7nm。

扫描系统的作用是使电子束能发生折射，提供入射电子束在试样上以及阴极射线管电子束在荧光屏上的同步扫描信号；改变入射电子束在试样表面上的扫描场的大小，从而获得所需放大倍数的扫描像。扫描电镜的扫描方式有光栅扫描和角光栅扫描。一般根据操作需要，用双偏转线圈来控制电子束在样品表面上的扫描。当上、下偏转线圈同时作用时，电子束在样品表面上进行光栅式扫描，即面扫描，常用于观察试样的表面形貌或某元素在试样表面的

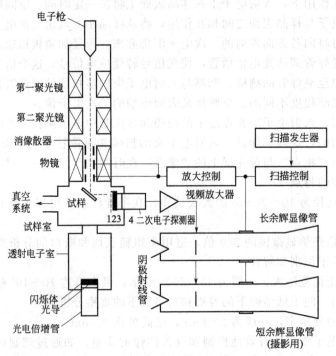

图 7-10 扫描电子显微镜的结构

电子枪

第一聚光镜
第二聚光镜
消像散器
物镜

真空系统
试样
试样室
透射电子室
闪烁体光导
光电倍增管

123 4 二次电子探测器

放大控制
视频放大器

扫描发生器
扫描控制

长余辉显像管
阴极射线管
短余辉显像管
(摄影用)

分布。若下偏转线圈不起作用，而末级聚光镜起着第二次偏转作用时，则使电子束在试样表面上进行角光栅扫描，即点扫描或线扫描。点扫描用于对试样表面的特定部位进行 X 射线元素分析。线扫描可以在元素分析时用来观察沿某一直线的分布状况。

信号检测和收集系统是对入射电子束和试样作用产生的各种不同的信号，采用各种相应的信号探测器，把这些信号转换成电信号加以放大，最后在显像管上成像或用记录仪记录下来。常用的有二次电子探测器和背散射电子探测器。

图像显示系统的作用是把信号收集系统输出的调制信号，转换到阴极射线管的荧光屏上，然后显示出试样表面特征的扫描图像，以便观察、显示和记录图像。

电源和真空系统由稳压、稳流及相应的安全保护电路所组成，提供扫描电子显微镜各部分所需的电源。真空系统的作用是建立能确保电子光学系统正常工作、防止样品污染所必需的真空度。

(2) 扫描电镜的性能指标

放大倍数和分辨率是扫描电子显微镜的主要性能指标。在扫描电镜中，电子束在试样表面上扫描与阴极射线管电子束在荧光屏上扫描保持精确的同步。扫描区域一般都是方形的，由大约 1000 条扫描线所组成。如果入射电子束在试样表面上扫描振幅为 A_s，阴极射线管电子束在荧光屏上扫描振幅为 A_e，那么在荧光屏上扫描像的放大倍数等于 A_e/A_s。电子束在试样表面上的扫描振幅 A_s 可根据需要通过扫描放大控制器来调节。荧光屏上扫描像放大倍数随 A_s 的缩小而增大。目前，大多数商品扫描电子显微镜的放大倍数，一般可以从 20 倍连续调节到 20 万倍左右，介于光学显微镜和透射电镜之间。

分辨率是扫描电镜的主要性能指标之一。通常在某一确定的放大倍数下拍摄图像，测量其能够分辨的两点之间的最小距离，然后除以此时确定的放大倍数，即为分辨率。入射电子束的束斑直径是扫描电镜分辨本领的极限。若电子束的直径为 10nm，那么成像的分辨率最高也达不到 10nm。热阴极电子枪的最小束斑直径 6nm，场发射电子枪可使束斑直径小于 3nm。分辨率既受仪器性能的限制，取决于末级透镜的像差（随光阑的减小而增加）；又受试样的性质及环境的影响。入射电子束在试样中的扩展体积的大小、仪器的机械稳定性、杂乱磁场、加速电压及透镜电流的漂移等都会影响分辨率。

7.2.3 扫描电镜的电子图像及衬度

(1) 二次电子像及形貌衬度

在单电子激发过程中，被入射电子激发出来的核外电子称为二次电子。由于价电子的结合能量较低，而内层电子的结合能量很高，因此价电子的激发概率很大，可以说二次电子主要是由价电子激发出来的。二次电子的能量很低，在固体试样中，其平均自由程只有 1～10nm，只能从试样表层 5～10nm 深度范围内激发出来。

利用二次电子所成的像，称为二次电子像。二次电子像的分辨率一般为 3～6nm，也表示扫描电镜的分辨率。

表面形貌衬度是由试样表面的不平整引起的，是利用对样品表面形貌变化敏感的物理信号作为调制信号得到的一种像衬度。二次电子的信息主要来源于样品表面层 5～10nm 的深度范围，它的强度与原子序数没有明确的关系，但对样品微区表面相对于入射束的取向非常敏感，随着样品表面相对于入射束的倾斜角增大，二次电子的发射量增多。另外，二次电子像分辨率比较高，所以适用于显示形貌衬度。

二次电子产额 δ 与入射电子束和试样表面法向夹角 θ（图 7-11）有关：$\delta \propto 1/\cos\theta$。$\theta$ 角越大，入射电子束作用体积更靠近表面层，作用体积内产生的大量自由电子离开表层的机会增多。

如图 7-12 所示，若样品含图中所示三个小刻面 A、B、C，由于 $\theta_C > \theta_A > \theta_B$，所以二次电子产量 $\delta_C > \delta_A > \delta_B$，结果在荧光屏上 C 小刻面的像比 A 和 B 都亮。因此在断口表面的尖棱、小粒子、坑穴边缘等部位会产生较多的二次电子，其图像较亮；而在沟槽、深坑及平面处产生的二次电子少，图像较暗，由此形成明暗清晰的断口表面形貌衬度。

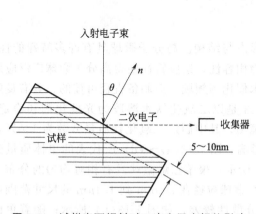

图 7-11 试样表面倾斜对二次电子产额的影响

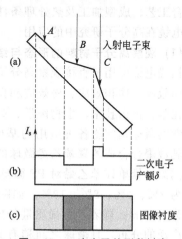

图 7-12 二次电子的形貌衬度

扫描电镜图像表面形貌衬度几乎可以用于显示任何样品表面的超微信息，其应用已渗透到许多科学研究领域，在失效分析、刑事案件侦破、病理诊断等技术部门也得到广泛应用。

(2) 背散射电子像及其衬度

扫描电子束入射试样产生的背散射电子、吸收电子、特征 X 射线等信号对试样表层微区的原子序数或化学成分的差异相当敏感。利用背散射电子的原子序数衬度成像时，要把样品表面抛光，并在电子检测器的收集罩上加 -50V 的偏压，突出原子序数衬度效应，排除表面形貌衬度的干扰。背散射电子既可以用来显示形貌衬度，也可以用来显示成分衬度。

形貌衬度用背散射信号进行形貌分析时，其分辨率远比二次电子低，因为背散射电子来自一个较大的作用体积。此外，背散射电子能量较高，它们以直线轨迹逸出样品表面，由于样品表面背向检测器，因此检测器无法收集到背散射电子，而掩盖了许多有用的细节。

对于成分衬度，背散射电子在样品中重元素区域图像是亮区，而轻元素在图像上是暗区。利用原子序数造成的衬度变化可以对样品进行定性分析。背散射电子信号强度要比二次电子低得多，所以粗糙表面的原子序数衬度往往被形貌衬度所掩盖。

对有些既要进行形貌观察又要进行成分分析的样品，将左右两个检测器各自得到的电信号进行电路上的加减处理，便能得到单一的信息，对原子序数信息来说，进入左右两个检测器的信号，其大小和极性相同；而对于形貌信息，左右两个检测器得到的信号绝对值相同，其极性相反。将两个检测器得到的信号相加，能得到反映样品原子序数的信息，相减得到形貌信息。

7.2.4 扫描电镜法在高分子领域的应用研究

扫描电镜是一种有效的理化分析工具，通过它可进行各种形式的图像观察、元素分析和晶体结构分析。在高分子研究方面，扫描电镜的应用相当广泛有效。就材料而言，有均聚物、共聚物及共混物等，其存在形式有粉体、粒状、块状及膜片、纤维状及其各种制品，以及由树脂、粉粒状聚合物与其他成分（如偶联剂、玻璃丝）制成的复合材料。通过扫描电镜可直接观察聚合物、共聚物、嵌段共聚物和共混物的状态，两相聚合物的细微结构、聚合物网络，粗糙和断裂的表面，填充物和纤维增强塑料，黏合剂及其失效，泡沫聚合物，有机涂料、塑料的挤压及模压成型性能等，进而为研究微观结构与宏观性能之间的关系，为选择合理聚合工艺、成型加工及热处理条件等提供直观的依据。以下通过一些实际例子，简要说明扫描电镜在高分子研究中的应用。

(1) 观察高分子材料的形态与结构

扫描电镜可用于直接观察高分子材料的形态与结构。高分子微球具有许多特殊的性质，如表面效应、体积效应、磁效应和良好的生物相容性，这些特性使得高分子微球广泛应用于分析化学、色谱技术、生物医学、微电子技术催化等领域。而制备直径可控的、具有良好单分散性的微球是实施各种应用的基础。图 7-13 是以二氧化钛水溶胶为光催化剂和稳定剂、通过乳液聚合合成的聚苯乙烯微球的扫描电镜图，其中固定二氧化钛质量分数为 1.0%，观察不同添加量单体苯乙烯对 PS 微球形态的影响。图 7-13(a)～(d) 所代表的单体质量分数分别为 2%、4%、8%、10%。如图 7-13(a) 所示，聚苯乙烯微球具有相对均匀的分布，粒径约为 520nm；随着苯乙烯质量分数的增加，微球粒径在 200nm 到 $1.4\mu m$ 的尺寸范围内呈现出广泛的分布，且微球之间稍有黏结，单分散性较差，如图 7-13(b) 所示；随着单体质量分数的进一步增加导致聚苯乙烯微球的严重凝聚，单分散性极差，且微球粒径分布更广，如图 7-13(c) 和图 7-13(d) 所示。此外，通过切片等处理后，还可通过扫描电镜观察微球内部结构，以弄清微球的聚合机理，进而改进微球的聚合工艺而提高产品的性能。

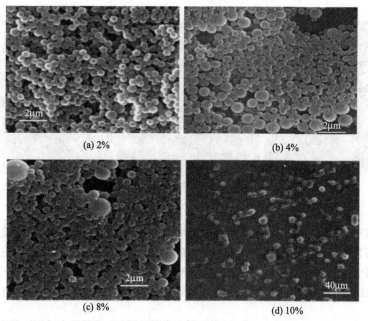

(a) 2%   (b) 4%

(c) 8%   (d) 10%

图 7-13 不同单体浓度下交联聚苯乙烯微球的 SEM 图

（2）观察高分子材料的晶态结构

扫描电镜可以直接观察大块高分子材料的结晶形态是它的一大优点，图 7-14 为聚偏二氟乙烯（PVDF）在较低温度下结晶形成极性的正交相 β 晶，图 7-15 为在较高温度下结晶形成非极性的单斜相 α 晶。如图所示，低温处理得到的薄膜以典型的球形颗粒堆积为主，且膜厚度小时以非晶态出现；在高温处理得到的薄膜中，晶相颗粒间已相互关联，更趋向于形成整体。同时，质量分数相同的薄膜在较低的温度下结晶时，分子链的扩散运动困难，分子链只能就近团聚，链节间相互作用形成 β-PVDF 亚稳晶相，以典型的球形颗粒存在，颗粒堆积疏松，空隙大，薄膜致密性较差，薄膜的厚度也较大。而当结晶温度较高时，聚合物分子链的扩散运动比较容易，颗粒之间逐步交融，消除薄膜间的空隙，体积收缩，致密性较好，薄膜厚度较小。同时，分子链间的进一步作用使薄膜向稳定的 α-PVDF 单斜相转变。

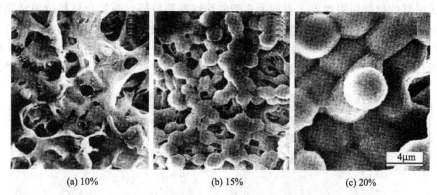

(a) 10%   (b) 15%   (c) 20%

图 7-14 60℃下结晶 48h 的不同厚度的 PVDF 薄膜的 SEM 图

（3）观察高分子材料的共混相容性

扫描电镜广泛应用于观察和分析共混复合材料的相容性。图 7-16 为不同配比下聚碳酸酯/聚对苯二甲酸乙二醇酯（PC/PET）共混合金的微观结构。结果显示，随着 PC 相含量的

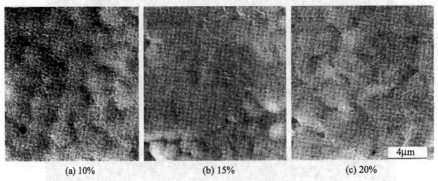

(a) 10%   (b) 15%   (c) 20%

图 7-15 150℃下结晶 24h 的不同厚度的 PVDF 薄膜的 SEM 图

增加 (PC/PET＝50/50)，PC 在基体中分散得更加紧密，分散相尺寸出现较大差别，但仍表现为规则的纤维状分布，断裂面上 PC 相表面整齐，塑性变形较少。PC/PET 配比为 70/30 时，由于所用 PET 黏度远小于 PC，PET 相仍表现为连续相，而 PC 相则由于相互间的挤压变形，纤维的形状尺寸变得很不规则，由图 7-16 可以看出两相界面清晰，相容性较差。

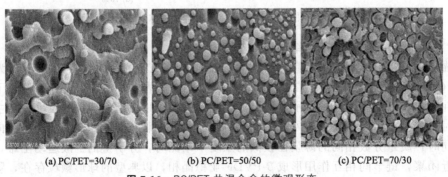

(a) PC/PET=30/70   (b) PC/PET=50/50   (c) PC/PET=70/30

图 7-16 PC/PET 共混合金的微观形态

(4) 观察高分子/纳米复合材料的结构

图 7-17 是壳聚糖和壳聚糖/蒙脱土纳米复合材料拉伸断面的 SEM 照片。壳聚糖拉伸断面较光滑，无明显的拉伸屈服现象，表现为典型的脆性断裂特征。而复合材料拉伸断面整体形貌呈粗糙的纤维状，从而说明复合材料断裂方式已从脆性断裂转变为典型的韧性断裂，表明蒙脱土纳米片层已与壳聚糖基体很好地结合。这主要是由于复合材料在受到外力作用时，纳米片层起到分散和传递应力的作用，在断裂过程中吸收了大量的塑性变形能，促使其韧性增加。

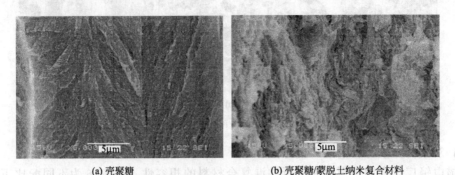

(a) 壳聚糖   (b) 壳聚糖/蒙脱土纳米复合材料

图 7-17 壳聚糖和壳聚糖/蒙脱土纳米复合材料拉伸断面的 SEM 图

（5）观察高分子材料的生物降解性

通过 SEM 观察材料表面被微生物侵蚀、降解及代谢后的形态变化，可初步判断高分子材料是否具有生物降解性。图 7-18 为聚己内酯（PCL）样条在海水中经历 10 个月的可降解性能。如图所示，降解前 PCL 样条韧性较好，故其淬断断面由于分子链间的缠结可以看到明显的抽丝拔出；降解 10 个月后 PCL 样条并没有出现明显的空洞和裂纹，但样品淬断断面变得光滑，没有抽丝拔出的现象。可以推断由于在海水中的降解作用减少了 PCL 分子链之间的相互作用，降低了材料的力学性能。PCL 的冲击强度、拉伸强度和断裂伸长率均随着在海水中降解时间的增加而逐渐减小；随着在海水中降解时间的增加 PCL 的冲击强度下降的趋势逐渐变缓；在海水中降解 3～7 个月时，拉伸强度和断裂伸长率下降的趋势变缓，之后其下降速度加快。

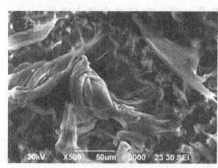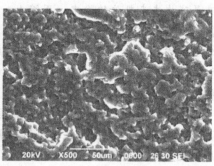

(a) 降解前　　　　　　　　　　(b) 海水中降解10个月后

图 7-18　海水中降解前后 PCL 断面的 SEM 图

7.2.5　扫描电镜实验

【实验目的】

① 了解扫描电子显微镜的基本结构和测试原理。
② 掌握扫描电镜制样的方法。
③ 掌握扫描电镜的操作方法。
④ 了解扫描电镜在高分子结构性能研究中的应用。

【实验原理】

扫描电子显微镜将电子束聚焦后，以扫描的方式将电子束与样品作用并产生信息后，通过信号采集器收集其中的二次电子、背散射电子等信息。这些信息通过处理后就能够形成样品表面形貌的放大图像。SEM 具体的测试原理已经在前面的部分进行阐述，本部分主要说明如何对 SEM 测试的样品进行处理。在进行测试前对样品进行合适的处理是正确获取样品表面形貌的必要步骤。

（1）对试样的要求

试样可以是块状或粉末颗粒，在真空中能保持稳定，含有水分的试样应先烘干除去水分。表面受到污染的试样，要在不破坏试样表面结构的前提下进行适当清洗、烘干。新断开的断口或断面，一般不需要进行处理，以免破坏断口或表面的结构状态。某些试样的表面、断口需要进行适当的侵蚀，才能暴露材料的某些细节，因此在侵蚀后应将表面或断口清洗干净，然后再烘干。对于含磁性的样品，要预先去磁，以免观察时电子束受到磁场的影响。试样大小要符合仪器专用样品座的尺寸，一般小型样品座为 3～5mm，大的样品座为 30～50mm，以分别来放置不同规格的试样。另外，样品的高度也有一定限制，一般在 5~10mm。

(2) 扫描电镜的块状样品制备

对于块状导电材料，除了大小要适合仪器样品座尺寸外，基本上不需要进行其他预处理，把试样用导电胶黏结在样品座上，即可放在扫描电镜中观察。对于块状的非导电或导电性较差的材料，要预先进行镀膜处理，在材料表面形成一层导电膜，以避免电荷积累，影响图像的质量，并且可以防止试样的热损伤。通常采用二次电子发射系数比较高的金、银或碳镀膜作导电层，膜厚度控制在 5~10nm 为宜。对于形状比较复杂的试样在喷镀过程中要不断旋转，才能获得较完整和均匀的导电层。

(3) 扫描电镜的粉末样品制备

对于粉末状的样品，首先将导电胶或双面胶纸粘在样品座上，再均匀地把粉末样品撒在上面，用洗耳球吹去未粘住的粉末，再镀上一层导电膜，即可在电镜上观察。

【仪器】

冷场发射扫描电镜（SEM），厂家为日立高新技术，型号为 S-4800。

【实验步骤】

(1) 样品制备

① 按待测样品数量选择样品台，如果需要观测截面可以选择带角度的样品台。

② 剪一小段导电胶，粘在样品台上，如果样品是粉末，将粉末撒在导电胶上，用洗耳球或者高压氮气吹扫掉导电胶上未粘紧的粉末；如果样品为块状，需要将样品粘牢至用手轻推不会晃动。

③ 样品粘贴完成后，需要用洗耳球或者高压氮气将样品台上的粉末、灰尘等杂物吹走。

(2) 开机

打开 Display 的开关，PC 自动开机并允许 PC_SEM 程序，以空口令登入。

(3) 装入样品

把样品托装入样品座，并用标尺确定高度并旋紧后，按 AIR 按钮。之后将样品座插在样品交换杆上，并锁紧。将交换杆拉至尽头卡紧后，关闭交换室，按下 EVAC 按钮。按下 OPEN 按钮打开 MV-1 后，推进交换杆，旋转样品杆至 UNLOCK 位置后拉出交换杆。最后按下 CLOSE 按钮。

(4) 图像观察以及保存

SC 真空恢复正常后（显示为 LE-3）→选择适当的加速电压（Vacc）→加高压→在低倍、TV 模式下将图像调节清楚→聚焦、消像散→Slow3 确认图像质量→点击 Capture 按钮拍照→点击下方 Save 按钮→选择保存位置、使用者以及样品信息，并保存。

(5) 结束观察

点击 OFF 按钮关闭加速高压，然后将放大倍率还原至×1.00K。按操作界面上的 home 使样品台回到初始位置，并依照装入样品的方式反序取出样品。之后退出 PC_SEM 程序，并关闭电脑，最后关闭 Display。

【思考题】

① 电子束与固体样品作用时产生的信号有哪些？简要说明扫描电镜二次电子像的成像原理。

② 二次电子像和背散射电子像在显示表面形貌衬度时有何相同与不同之处？

③ 扫描电镜和透射电镜的成像、制样技术有何异同点？

④ 扫描电镜衬度像有哪些？二次电子产额 δ 与样品表面有何关系？

7.3 原子力显微镜法

原子力显微镜（AFM）法是一种扫描探针显微技术，利用探针与试样之间的相互作用力来获取仪器所需的成像信号，能够获得导体和非导体材料在原子尺度的成像，弥补了扫描隧道显微镜的不足。除了能够以高空间分辨率获得物质表面的信息，AFM还可用以实现原子尺度的操作，对材料表面进行纳米尺度的操作。

7.3.1 原子力显微镜的工作原理以及工作模式

在AFM的测试过程中，安装在悬臂弹簧上的探针（探针尖端十分尖锐，曲率半径约为5~30nm）会在样品的表面进行扫描（图7-19）。

在扫描的过程中，当探针的针尖与样品的表面接触时会产生微弱的相互作用力，该作用力会使悬臂产生微小的弹性形变，其形变和作用力遵循胡克定律：

$$F = K \times z \tag{7-3}$$

式中，K 为悬臂的弹性常数；z 为悬臂的弹性形变量。在测试的过程中，激光会照射在悬臂的末端，其反射的光斑位置会由光检测器检测。当悬臂发生形变，光斑的位置也会发生改变，检测器就能通过光斑的位移获取悬臂的形变量，即可获得针尖与样品之间作用力的信息。在检测器获取信号后，反馈系统会以此信号当作反馈信号，以此作为调整信号调控扫描器的移动，以保持光斑位置偏移量的恒定，即针尖与样品之间的力恒定。然后通过扫描器在扫描过程中的位移，反推出样品表面的形貌数据。

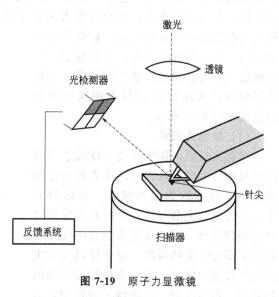

图 7-19 原子力显微镜

AFM探针是仪器的关键部件，包括能够感受微弱力的微悬臂和与试样发生作用的针尖两个组件，针尖固定于悬臂的一端，在与试样作用的过程中把力传导到微悬臂上使之发生形变。根据试样的种类和需要探测的信息，探针的种类也要随之变更，具体表现为探针表面涂层、探针的弹性模量以及探针针尖的几何形状的变更。

AFM所使用的探针的材料一般为Si或Si_3N_4，这两种材料的反光能力差，探针的表面需要通过涂敷反光薄层来提高对激光的反射能力，改善光检测器的检测效率。对于具有特殊探测需求的探针（例如磁力扫描模式以及扫描电容模式），需要通过改变涂层的性质（例如涂敷具有铁磁性的涂层以及具有电学性质的涂层）来赋予探针特殊的探测能力，满足其探测的需求。

对于不同的探测模式，由于探针与试样表面的作用方式存在差异，探针的弹性模量也要随之发生变化。对于接触模式，为了防止针尖对样品的损坏，需要选择软探针，而对于敲击模式和非接触模式则需要选择刚性强的探针来防止探针吸附在样品表面。

对于表面形貌不同的试样，所使用的探针针尖形状的选择会影响其表面信息的获取。市场上所提供的 AFM 针尖大致可以分为两类：高长宽比针尖和低长宽比针尖（图 7-20）。在使用 AFM 的过程中需要根据样品表面的性质选择针尖的形状。例如在样品表面较为粗糙时，需要使用高长宽比针尖，而低长宽比针尖则适用于样品表面比较平坦的情况。此外，针尖的曲率半径越小，AFM 的图像分辨率就越高，因此制作曲率半径更小的针尖是提高 AFM 分辨率的重要途径。

高长宽比针尖　　　　低长宽比针尖

图 7-20　不同长宽比的针尖

根据探针与样品之间作用力的形式，原子力显微镜的工作模式主要可以分为三种：接触模式、非接触模式和敲击模式。这三种工作模式主要通过调控试样表面与针尖之间的距离实现，无须使用特殊的探针。除了主要的三种工作模式以外，还有其他的特殊工作模式，例如力调制扫描模式、磁力扫描模式以及扫描电容模式等，这些模式可以通过更换探针以及更换探针工作区域实现。还有一种工作模式，探针在该模式下不作扫描，而是探测针尖与试样某给定点的相互作用，获取针尖力相对于试样-针尖间距离的函数关系，即获得力曲线，称为力曲线模式。这种模式能够提供试样表面与力相关的许多性质的丰富信息，同时确定试样所适用的扫描工作模式。三种主要操作模式在针尖-试样力曲线中所处的范围如图 7-21 所示。

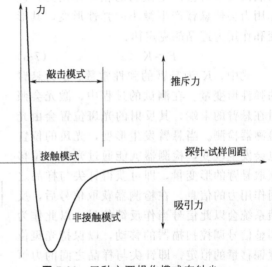

图 7-21　三种主要操作模式在针尖-试样力曲线中所处范围

(1) 接触式扫描

接触式扫描，探针针尖与样品表面的距离只有几个埃，探针与试样表面的作用为斥力，也被称为斥力模式。在该模式下，探针的针尖会与样品表面始终保持轻微的物理接触，同时反馈系统会不断改变样品表面与针尖的间距，保证样品与针尖之间的作用力恒定，进而获得样品表面的形貌图，即高度像。在接触式成像中，为了保证图像的质量，力的正确选定十分重要。例如对于多组分的不均匀多相聚合物，对于力学性能较弱的组分，针尖会引起更大的形变，进而产生高度像衬度。接触式成像模式除了能够获得高度像以外，还能获得侧向力像，即摩擦力像。侧向力像反映了材料表面各区域的力学和黏结性质，可以用来判断试样不同区域的不同组分。

由于接触式成像的探针直接与样品表面接触，虽然能够获得更高的分辨率，但是同时也容易导致探针针尖的损坏、样品表面的破坏以及探针的污染。这些缺陷都是由探针针尖与样品表面作用过强所导致，但是这种强的相互作用也有其优点。探针针尖与样品直接接触，除了能够保证获得高分辨率的图像外，还能够用于样品表面的加工，目前接触扫描技术已经应用于微纳米加工制造业中用以机械加工和表面改性。

(2) 非接触式扫描

AFM 接触式扫描的一个最大的缺陷就是针尖所引起的试样损伤和形变，而非接触式成像就是为了克服这个缺陷所引入的技术。在非接触式成像模式中，针尖与样品的间距为5～20nm。针尖会以一定频率和振幅振动，但始终不与试样表面接触，因此针尖不会对试样造成破坏，也不会受到试样的污染。此时，针尖与样品之间的作用力为范德瓦耳斯吸引力，这种微弱的吸引力远小于接触模式中试样与针尖之间的排斥力，所产生的信号也非常小。为了检测这种微小的信号除了需要使用十分灵敏的探测器之外，还需要对悬臂叠加一个小的振动信号以提高信噪比，这个振动信号的振幅通常小于10nm。

非接触式成像能够避免试样与针尖之间接触所导致的种种缺陷，而且对于多组分聚合物的测试，由于不需要与不同力学性能的组分直接接触，因此能够真实地反映样品的表面。但是由于非接触模式中针尖与试样之间的间距较大，其分辨率低于接触式成像。此外，由于较软的悬臂会被拉向样品使针尖与样品接触，导致数据图像的不稳定和对试样造成损伤，非接触式扫描所使用的悬臂硬度会更高，同时使用非接触模式的操作也会更为困难。

(3) 敲击式扫描

敲击式扫描是一种介于接触式和非接触式扫描模式之间的成像技术，在该模式下，探针会以固定频率在样品表面上下振动（振幅大于20nm），同时沿着试样表面扫描。在扫描的过程中，探针在一个振动的周期只会与样品表面接触一次。与接触式扫描相比，敲击式扫描消除了探针尖与试样之间的切向力，同时针尖与试样之间的垂直作用力也较小，对试样造成的损伤要少得多。与此同时，由于针尖与样品接触，分辨率与接触式扫描相近。在液体环境中进行敲击式扫描能够进一步降低针尖与样品之间的横向作用力，进一步避免样品的损伤，能够得到更加理想的样品表面图像。

敲击式扫描除了能够获取样品表面的形貌（即高度像）之外，还能够获取样品的相位像。在敲击式扫描中，与样品表面的接触会导致悬臂的振动振幅发生变化，即输出的相位与驱动的相位会有差异，而将这个差异记录下来并转化为图像即可得到相位图。对于表面黏弹性不同的材料，尽管其表面形貌相同，但是由于探针在经过不同材料时相位差不同，其相位图会有很大的差别。在AFM相位图中，亮区表示材料的黏弹性较强，而暗区则表示黏弹性较差，可以据此判断材料的力学性能。此外相位图可以应用于判断复合材料的混合程度以及不同组分的力学性质，与高度像结合判断能够给出材料表面的更多信息。

7.3.2 原子力显微镜在高分子领域的应用研究

(1) 观察高分子材料的形态和结构

作为一种具有纳米级侧向分辨率的成像技术，AFM能够直接观察到高分子材料的单个分子和原子，能够以直观的方式展现出高分子材料的形态学结构、构型的转变以及材料的组成。

在图7-22中展示了四种聚合物在云母底片下的AFM图像，其中图（a）为大分子引发剂pBPEM［聚(2-(2-溴丙甲氧基)-甲基丙烯酸乙酯］，而图（b）～（d）为由该大分子引发剂制备的三种不同的分子刷，其中图（b）为pnBuA（聚丙烯酸正丁酯）均聚物、图（c）为pnBuA-b-pS嵌段共聚物、图（d）为带有pS-b-pnBuA嵌段共聚物侧链的pBPEM倒刷，即pBPEM-g-(pnBuA-b-pS)。通过AFM可以直观地观察到大分子的聚集形态，并判断大分子的组成。其中pBPEM作为引发剂，其分子链的尺度要明显小于其他三种聚合物。对于pnBuA均聚物，其分子链的间距较大，这是由于极性pnBuA单元与极性云母底物之间相互作用力强，进而导致分子链舒张。而对于pnBuA-b-pS嵌段共聚物，由于带有了非极性嵌段，使分子链相对于均聚物更倾向于收缩，在AFM图上表示为分子链间距小于pnBuA均聚物。

对于带有 pnBuA 核和 pS 壳的 pBPEM-g-(pnBuA-b-pS)，由于非极性壳在外侧，使得聚合物分子链趋向于收缩，整体表现为接近于球状的形态。

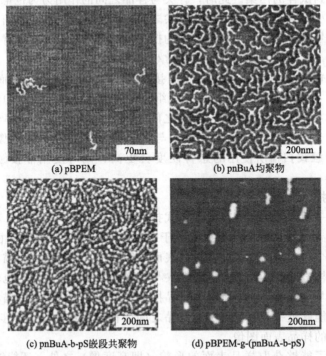

(a) pBPEM

(b) pnBuA均聚物

(c) pnBuA-b-pS嵌段共聚物

(d) pBPEM-g-(pnBuA-b-pS)

图 7-22 吸附在云母上的四种不同聚合物的 AFM 显微照片

(2) 观察高分子材料凝聚态的结构

早期的 AFM 技术在聚合物材料中的应用主要是对聚合物形态在微米尺度上的观察。随着技术的发展，AFM 高分辨率成像还能够在纳米级以及次纳米级尺度上对聚合物结构进行成像，补足了 TEM 和衍射技术在聚合物纳米级结构分析中的不足。除了 AFM，聚合物的形态和纳米结构还可以通过电子显微技术（SEM 和 TEM）进行研究，而这些方法需要精细的样品制备，而 AFM 对样品的要求则没那么高，在这些研究中更为方便。此外，利用 TEM 和 SEM 无法观测到厚样品表面附近的纳米级结构特征，而利用 AFM 则可以观察到。

在图 7-23 中，通过 AFM 技术成像，可以观察到纯 CPEST（共聚酯）和熔融共混 PC/CPEST 材料在经过退火后的挤出样品中，出现了类似的结晶、类球晶图案。相位图像〔图 7-23(b) 和 (c)〕显示熔体混合样品中的 CPEST 微晶由略微弯曲的叠层组成。此外，还在纯 CPEST 的图像中发现了具有交叉影线纳米结构的球晶图案。

(3) 观察热处理导致的结构变化

AFM 对试样的检测没有特定的要求，而且能够对聚合物形态进行高分辨率的检测，这两个特点使得聚合物的熔融、结晶等有序行为都能够通过 AFM 实时观察。控制温度对于观察聚合物的熔融以及结晶行为是必要的，而近代的 AFM 仪器都可以配备可稳定试样温度的附件，可以为多数聚合物在 0～250℃ 的熔融和结晶提供环境。而且 AFM 的环境控制组件还能够提供惰性气体和真空环境，能够满足对氧和水分敏感的聚合物在高温条件下观察的需要。

聚二乙基硅氧烷（PDES）是一种具有柔性无机主链 $[—Si(C_2H_5)_2—O—]_n$ 的聚合物。PDES 在 280K 的温度下处于结晶态，而当温度高于 320K 时，则处于非晶态，想要观察到 PDES 在不同温度下的晶态结构，需要改变测试环境的温度。在室温下，PDES 太软无法直

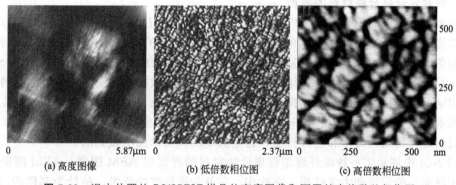

(a) 高度图像　　　　　(b) 低倍数相位图　　　　　(c) 高倍数相位图

图 7-23　退火处理的 PC/CPEST 样品的高度图像和不同放大倍数的相位图

接用 AFM 接触模式观察，在将其通过摩擦沉积在硅衬底上后，才能通过 AFM 进行观察，其图像如图 7-24 所示。亮区对应坚硬的基板区域，暗区对应无定形区。在无定形区可以观察到一些细长的纳米结构，这是由于在室温下，PDES 不会完全处于非晶态，仍有一部分结晶的存在，即在室温下 PDES 是部分介晶态和无定形态的混合物。

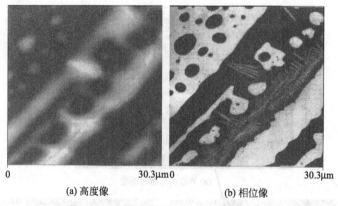

(a) 高度像　　　　　　　　　(b) 相位像

图 7-24　室温下 PDES 的高度像和相位像

而在 273K 的条件下，PDES 全部变为介晶态（图 7-25），而且在相位图中能够在 PDES 的许多区域观察到致密的层状堆积。

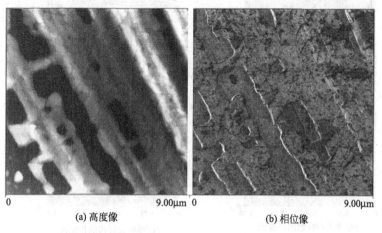

(a) 高度像　　　　　　　　　(b) 相位像

图 7-25　273K 下 PDES 的高度像和相位像

(4) 观察复合聚合物材料的界面

对于聚合物界面的观察，最为广泛使用的技术是电子显微技术（SEM 和 TEM），电子显微技术能够直观地给出界面结构的信息，但是也有明显的局限性。首先是 SEM 和 TEM 试样的制备，对于一些广泛应用的复合材料难以制得合适的能暴露界面的 TEM 和 SEM 试样。其次是设备的操作复杂而且费用昂贵。最后，电子显微技术无法用于非导体材料界面的观察也限制了其应用。而原子力显微技术在能够直观地给出界面区域结构的同时，克服了电子显微技术所具有的这些缺点。同时，AFM 还能以纳米尺度的高分辨率，在一定区域内测量复合材料界面物质的力学和物理性质，这是其他测试技术无法做到的。

在图 7-26 中展示了一种碳纤维增强聚合物材料的界面层 AFM 图像，AFM 图像直观地展现出了界面层的位置和力学性质。在途中，亮处为碳纤维的图像，暗处为基体的图像。其中图（a）为界面的显微镜（OM）图像，图（b）为横截面的高度像，图（c）为横截面的相位像，图（d）为单条碳纤维的高度像，图（e）为单条碳纤维的相位像。在该 AFM 扫描过程中，放大倍数不断增大，直到聚焦于界面区域。在图（b）和图（d）中可以观察到纤维/基质界面处的间隙，说明基质与碳纤维的结合能力并不好。而图（c）和图（e）中显示在碳纤维和聚合物基质的界面层有高亮的表示，说明界面层的性质与聚合物基质和碳纤维都有区别。

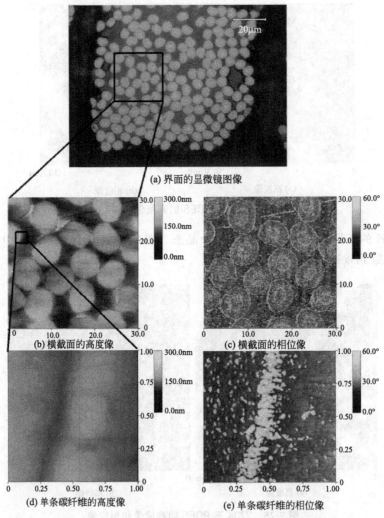

图 7-26 碳纤维增强聚合物材料的 OM 和 AFM 图像

7.3.3　原子力显微镜实验

【实验目的】

① 了解原子力显微镜的工作原理。

② 掌握原子力显微镜样品的制样方法。

③ 掌握原子力显微镜的操作方法。

④ 学会使用软件处理原子力显微镜所得到的图像。

【实验原理】

原子力显微术是利用分子间作用力来获取样品表面信息的一种扫描探针显微技术。当探针与试样表面的距离固定时，两者之间的分子作用力也会保持不变，而此时探针所扫过的路径就可以认为反映了试样表面的形貌（实际上是扫描器上下位移，针尖的位置并不改变），通过反馈系统所记录下扫描器的位移即可获取样品表面的形貌。由于使用的探测信息为极其微小的分子间作用力，使得 AFM 的分辨率超越了光学显微术和电子显微术，其侧向分辨率可达到纳米尺度，而垂直方向的则达到了埃的尺度。而且分子间作用力是一种普遍存在于各种分子之间的力，对样品要求更少，应用范围广泛，能用于观察非导电性样品。其不需要对样品进行特殊处理，能够做到无损检测。此外，除了能够获得直接反映材料表面形貌的高度像之外，通过 AFM 还能够获得反映材料力学性能的侧向力像（接触模式）和相位像（敲击模式）。通过更换探针，AFM 还能够用来获取试样的磁力图像和电学图像。AFM 以其优越的探测能力，广泛应用于高分子材料形貌和结构的表征中。

【仪器】

超高真空原子力扫描探针系统（LT-STM-AFM&XPS），包括图 7-19 中的各个组件以及计算机处理系统；旋涂机和切片机。

【实验步骤】

(1) 制备试样

① 固体试样：一般为薄膜、纤维状、片状以及块状物，需要保证观察面的光滑，可对样品表面进行切片或者抛光处理。

② 液体样品：需要事先通过旋涂或者烘干的方法制备成表面光滑的薄膜，在成膜后与基底一起进行观察。薄膜表面的光滑程度也会影响测试的结果。

③ 带有需要观测图案的样品：可以在清理干净表面后直接在原子力显微镜上观察。

一般来说样品不可大于样品台，厚度不大于 1cm。样品可以是导体、半导体和非导体。

(2) 反馈系统参数设置

扫描范围：样品测试区间面积的大小。

探针与样品的距离：需要根据不同操作模式设置。

扫描速率：探针扫描速率越快，扫描所需时间就越短，但是对于表面信息复杂的样品，过快的扫描速度也会导致样品表面信息的丢失。

振幅设定比：在敲击模式下，系统会给悬臂叠加一个振幅 A_{sp}，而悬臂本身在扫描的过程中也会具有一定的振幅 A_0，设定的振幅与悬臂本身的振幅之比即为振幅设定比。

积分增益：所表示的是系统的反应速度。积分增益大，悬臂上微小的改变也能够被反馈系统感知并调控扫描台进行位移。但是感知过于灵敏也会导致对噪声的敏感，因此需要根据测试的环境进行调控。

比例增益：每次调节的大小不超过积分增益的一半。

(3) 放置样品

在样品放置前探针需要调到最高处，在样品放置在样品台之前先用惰性气体将样品吹扫干净。

(4) 测试

实验前要先对原子力显微系统进行校正。校正完之后，再根据需要选择探针的种类以及对应的探针扫描参数。将探针移动至测试位点，调整激光位点使激光对准探针顶部。然后选择扫描的模式并设置反馈系统的参数。设置完之后系统会自动设置探针的振动频率，并调整探针与样品之间的间距，调整完之后即进行测试。

(5) 收集数据以及关机

得到样品的高度图后保存数据。将样品台清理后，先关闭激光，再关闭反馈系统。

【注意事项】

① 由于原子力显微镜的探针尖端十分容易变形，安装和拆卸探针时不要直接接触探针针尖，同时针尖向外，防止探针的损坏。

② 激光光源和主机的开机顺序为先开主机后开激光光源，关机顺序相反。

③ 在测试过程中测试系统需要保持严格的静止状态，需要在做好防振措施后开始测试，避免对系统的移动，细微的振动都会对精密的测量造成影响，导致图像失真。

④ 原子力显微镜的探针十分脆弱，要根据不同的测试方法以及材料的性质更换探针，而且在设置测试参数时，要根据操作手册或者文献设置，保证测试中探针不会损坏。

⑤ 原子力显微镜需要定期进行校正，以防止在操作过程中系统的细微变化对实验结果造成影响。

【思考题】

① 对于不同性质的样品，该如何选择 AFM 的扫描模式？AFM 的探针该如何进行选择？

② 为什么在 AFM 工作的过程中要进行严格的防振处理？在 AFM 工作过程中，系统的振动会对成像造成什么样的影响？

③ 在接触式 AFM 扫描的过程中，过大或者过小的针尖-试样间作用力会对实验造成什么影响？如何确定合适的针尖-试样间作用力？

④ 对于多相体系，该如何用 AFM 确定不同组分的力学性能以及分布区域？

⑤ 对于非接触式 AFM 和接触式 AFM，在对于表面有液体覆盖的聚合物试样的表面信息的测量中，两者所得的图像会有什么差别？

⑥ 如果两种样品的高度像和相位像的差距不大，该如何从原子力制样方法以及扫描方法或者从其他测试手段区分不同的样品？

7.4 比表面积分析法

比表面积指的是单位质量材料所具有的总面积。测定比表面积对于许多材料都有重要的意义，例如具有吸附性能的高分子材料。由于吸附现象是发生在材料的表面，当比表面积越大时，在同一种材质下材料的吸附能力也就越强。除了能够用以判断吸附性能外，比表面积的测定对于催化、色谱、冶金、陶瓷、建筑材料的生产和研究都具有重要意义。

7.4.1 比表面积分析法的基础理论

比表面积的研究主要是通过测定其吸附能力来进行的，对于比表面积的研究往往就是对其吸附能力的研究。吸附现象主要发生在固体表面，指的是材料表面吸住周围介质（液体或气体）中分子或者离子的现象。早在远古时期人们就对这种现象有所了解和应用，比如在古代，人们会利用木炭吸附红糖中的色素来制备白糖。而在现在，更多高比表面积的材料在人们的生活中得到了应用，用以处理污水、提取药物中的有效成分、净化血液等。

吸附分为物理吸附和化学吸附。对于物理吸附，吸附剂（用于吸附的部分）和吸附质（被吸附的部分）主要是通过范德瓦耳斯力相互吸引，这种吸附作用与气体液化和蒸汽冷凝的机理相类似，因此吸附作用的能量较小，一般低于 $63 \sim 84 kJ/mol$。一般来说，物理吸附是可逆的，几乎不需要活化能，因此吸附和解吸的速度都很快。化学吸附则是吸附剂与吸附质之间发生了化学作用，因此化学吸附的能量接近于化学反应的反应热，一般可达 $84 \sim 126 kJ/mol$。由于吸附过程中发生了化学反应，因此化学吸附对于吸附质的选择性更强，脱附也更困难。

7.4.1.1 吸附等温线

在温度一定时，吸附量与气相压力或者液相溶质浓度的关系曲线称为吸附等温线。吸附等温线是表示吸附性能最常用的方法，可以通过吸附等温线来计算固体的比表面积。当固体材料放置于密闭的气体体系时，其表面与吸附质气体相接触，发生物理吸附，材料的质量发生变化，该质量变化即为材料吸附的气体的质量。当吸附达到平衡时，测定平衡时的压力和吸附的气体的量，即可得到吸附等温线。

1940 年，在前人的研究基础上，Brunauer、Deming 和 Teller 对各种吸附等温线进行了分类（BDDT 分类），他们将其大致分为了五种类型。1985 在 BDDT 五种分类的基础上，IUPAC 提出了 IUPAC 的吸附等温线的六种分类，这六种吸附等温线如图 7-27 所示。

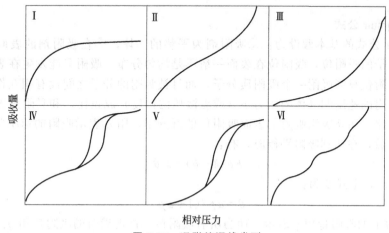

图 7-27 吸附等温线类型

如果将吸附剂表面与第一层吸附质的吸附能记为 E_1，第 n 层与第 $n+1$ 层的作用能记为 E_n。那么Ⅰ型吸附等温线分为Ⅰ-A 型（$E_1 \gg E_n$）和Ⅰ-B 型（微孔），Ⅱ型吸附等温线的 $E_1 > E_n$，Ⅲ型吸附等温线的 $E_1 < E_n$，Ⅳ型吸附等温线的 $E_1 > E_n$，Ⅴ型吸附等温线

的 $E_1 < E_n$。

Ⅰ-A 型等温线表示单分子层的吸附作用很强，表面吸附位的反应活性高，属于电子转移型相互作用。这种吸附大多数时候不可逆，被认为是化学吸附。这种类型的等温线常被称为 Langmuir 型等温线。Ⅰ-B 型曲线形状与Ⅰ-A 型一致，但是表示的是超微孔和极微孔的吸附。Ⅱ型吸附等温线表示的是非多孔性固体表面发生多分子层吸附。特点是在相对压力约 0.3 时，等温线向上凸，表示第一层吸附大致完成，随着相对压力的增加，开始形成第二层吸附，饱和层数无限大。Brunauer、Emmett 和 Teller 推导出这种吸附的理论方程，即 BET 方程，这种吸附等温线也称为 BET 等温线。Ⅲ型等温线表现的是在憎液性表面发生的多分子层吸附，或是吸附剂固体与吸附质的吸附作用小于吸附质之间的相互作用时的吸附，较为少见。Ⅳ型等温线与Ⅱ型等温线都是 $E_1 > E_n$，吸附分支的曲线形状相似。但是由于吸附剂表面存在中孔和大孔，在相对压力约为 0.4 时，吸附质发生毛细管凝聚，导致吸附量迅速上升。由于毛细管压力的关系，该区间的吸附等温线和脱附等温线不重合，脱附等温线在吸附等温线的上方形成一个滞后回线。在高压时，中孔吸附结束，吸附只在面积远小于内表面的外表面发生，所以吸附线趋于平坦。Ⅴ型吸附等温线的表面相互作用类型与Ⅲ型相同，但是由于存在中孔，曲线中会有滞后回线出现。水蒸气被活性炭或者憎水化处理过的硅胶的吸附属于这种类型。Ⅵ型等温线是阶梯上升的等温线，非极性的吸附质在物理、化学性质均匀的非多孔固体上的吸附呈现的就是这种吸附等温线。这种类型的吸附是一层层地吸附，即先形成第一层二维有序的分子层，再继续形成第二层，在第一层分子的影响下，吸附曲线呈现阶梯形。发生Ⅵ型相互作用时，达到吸附平衡所需的时间变长，此外，形成结晶水时也会出现明显的阶梯形状。

7.4.1.2　等温吸附方程

表达吸附等温线的数学公式称为吸附等温方程，不同类型的吸附等温线的方程不同，通过吸附等温方程可以获取材料的比表面积数据。其中，使用最为广泛的 BET 公式是在 Langmuir 单分子吸附理论的基础上得到的，在本部分中将主要介绍这两个公式以及 BET 公式的应用。

(1) Langmuir 公式

Langmuir 公式的基本假设为：①吸附剂为平整的固体；②在吸附剂的表面存在能够吸附分子或者原子的吸附位，吸附位在表面一般不是均匀分布，吸附只能发生在表面的特定位置；③一个吸附位只能吸附一个吸附质分子，而且被吸附的分子之间没有相互作用。在这三个假定下，吸附的速度和气体的压力 p（或者溶质的浓度）成正比，和吸附剂表面空吸附位的数量也成正比。用 θ 表示吸附剂表面吸附位的百分率，用 k 表示吸附的速率常数，k' 表示解吸的速率常数，在达到吸附平衡时，有：

$$kp(1-\theta)=k'\theta \tag{7-4}$$

令 $a = k/k'$，上式变为：

$$\theta = ap/(1+ap) \tag{7-5}$$

在 p 压力下的吸附量用 q 表示，而当所有吸附位都被占满时的吸附量用 q_m 表示，此时 $\theta = q/q_m$，将该关系式代入式(7-5)，整理得：

$$\frac{p}{q} = \frac{p}{q_m} + \frac{1}{aq_m} \tag{7-6}$$

用 p/q 对 p 作图，可以得到一条直线，从它的斜率 $1/q_m$ 可以求出单分子层的吸附量，因此能够求出吸附剂的比表面积。Langmuir 公式只有在吸附剂表面只形成单分子层时才能够使用，适用于Ⅰ型吸附等温线。

（2）BET公式

BET公式的基本假设为：①吸附剂为平整的固体；②吸附质分子在吸附剂上时按各个层次排列，这些分子可以无限累叠被吸附，并且各分子之间的相互作用可以忽略不计；③每一层吸附都符合Langmuir公式。BET公式主要适用于Ⅱ型曲线。BET公式的表达式如下：

$$\frac{p}{V(p_0-p)}=\frac{1}{V_mC}+\frac{C-1}{V_mC}\frac{p}{p_0} \tag{7-7}$$

式中，p 为平衡压力；p_0 为实验温度下气体的饱和蒸气压；V 为与平衡压力 p 对应的吸附量；V_m 为单分子层饱和吸附量；C 为与吸附热和凝聚热相关的常量。

将式（7-7）变形，令 $X=p/p_0$，$Y=p/[V(p_0-p)]$，$A=(C-1)/(V_mC)$，$B=1/(V_mC)$，可得：

$$Y=AX+B \tag{7-8}$$

以 Y 对 X 作图，斜率 $A=(C-1)/(V_mC)$，截距 $B=1/(V_mC)$。联立两式，可得：

$$V_m=\frac{1}{A+B} \tag{7-9}$$

$$C=\frac{A}{B}+1 \tag{7-10}$$

通过测定一系列相对压力 p/p_0 和吸附气体量 V，由 Y-X 的关系作回归方程求出斜率 A 和截距 B，即可求出单分子层的饱和吸附量 V_m 和常数 C。通常 V_m 的单位为 cm^3，把吸附气体看成理想气体，则单分子层吸附的分子物质的量为：

$$n=\frac{V_m}{2.24\times10^4\,cm^3/mol} \tag{7-11}$$

则吸附剂的总表面积为：

$$S=A_m\times L\times n \tag{7-12}$$

式中，A_m 为一个气体分子的截面积，可以查阅文献获得；L 为阿伏伽德罗常数（6.02×10^{23}）；n 为吸附气体的物质的量。比表面积为：

$$S_{BET}=\frac{S}{m} \tag{7-13}$$

式中，m 为所测样品的质量。

通常认为氮气是最适宜的吸附气体（惰性，与吸附质发生的吸附为物理吸附）。氮气在77K温度下的横截面为 $0.162nm^2$，代入式（7-13）中得：

$$S_{BET}=\frac{4.35V_m}{m} \tag{7-14}$$

在用BET方程计算样品的比表面积时，常使用相对压力为 $0.05\sim0.30$ 范围内的数据。在该范围内的数据线性较好，所得比表面积更为准确。

7.4.2 比表面积分析法在高分子领域的应用研究

对于高分子材料，比表面积的高低可以作为评价其吸附气体的能力、吸附重金属能力等与比表面积相关的能力的评价标准。

Xie 等制备了一种铬共轭微孔聚合物 Cr-CMP，能够在温和条件下有效固定 CO_2。其结

构和 CO_2 吸附-脱附曲线如图 7-28 所示。其比表面积可达 $738m^2/g$，在 298K 条件下，每克 Cr-CMP 可以吸收 71.7mg CO_2。

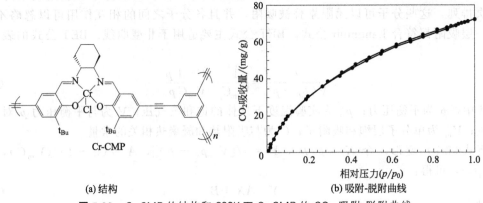

(a) 结构　　　　　　　　　　　(b) 吸附-脱附曲线

图 7-28　Cr-CMP 的结构和 298K 下 Cr-CMP 的 CO_2 吸附-脱附曲线

　　Fehmi 等研制了一种结合了溶胶凝胶处理和旋涂的离子印迹荧光膜传感器。这种膜对汞离子能够特异性吸附，在发生吸附的同时其荧光光谱也会发生变化，产生特异性响应，能够识别溶液中的汞离子。从氮气吸附曲线利用 BET 法分析了膜的比表面积，得到其比表面积为 $482m^2/g$。

7.4.3　BET 流动吸附法测定固态物质比表面积实验

【实验目的】

　　① 了解多孔固体表面吸附的特性，加深对 BET 多分子层吸附理论的理解，掌握测定固体比表面积的基本原理和实验方法。

　　② 掌握气流的控制和流速计的使用方法。

【实验原理】

　　放在气体体系中的样品，其物质表面在低温下会发生物理吸附。当吸附达到平衡时，测量平衡吸附压力和吸附的气体量，根据 BET 公式 (7-7) 可以求出试样单分子层的吸附量，从而可以计算出试样的比表面积。通过测定一系列相对压力 p/p_0 和吸附气体量 V，通过最小二乘法算出斜率 A 和截距 B 即可求出固体的饱和吸附量，并进一步求出固体的比表面积。本实验中甲醇为吸附质，其分子截面积为 $0.25nm^2$。甲醇的饱和蒸气压 p_0 由经验公式 (7-15) 得到：

$$\lg p_0 = A - B/(C+t) \tag{7-15}$$

　　式中，A、B 和 C 都是经验常数，在 $-20 \sim 140℃$ 范围内，$A=7.879$，$B=1473$，$C=230.0$；p_0 的单位为 mmHg（1mmHg=133.32Pa）；t 的单位为℃。

　　本实验中，使用甲醇作为吸附质，活性炭作为吸附剂，而氮气作为载气，$X=p/p_0$ 的控制由改变气流的速度实现，甲醇的吸附量则从吸附剂在实验前后质量的变化算得。按图 7-29 的装置，可由以下算法算得吸附质的相对压力 p/p_0。

　　氮气以流速 v_1 从流量计 K_1 进入饱和器 A，带走了饱和的甲醇蒸气，使气体的流速由 v_1 增加到 $v_1+\Delta v$，而 Δv 与 $v_1+\Delta v$ 之比等于混合气体中甲醇的摩尔分数，又等于 p_0/p_A（p_0 为该温度下甲醇的饱和蒸气压，p_A 为实验条件下的大气压），即：

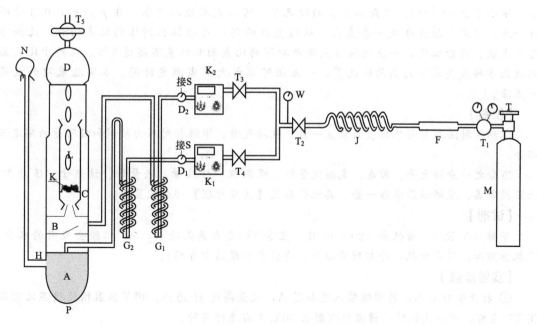

图 7-29 流动吸附法测定固体比表面积装置图

T—钢瓶阀门；T_1—减压阀；T_2—调压阀；T_3、T_4—微量调节阀；T_5—活塞；M—高压氮气瓶；F—净化器；J—稳流管；
W—压力表；K_1、K_2—DO8-1F 流量显示仪；D_1、D_2—三通阀；S—皂膜流量计；G_1、G_2—预热管；A—饱和器；
B—混合器；L—样品管；C—筛板；N、D—磨口塞；P—吸附仪（G_1、G_2 和 P 均置于恒温水浴中，
水浴高度以水面高过样品管中的样品为准）；K—玻璃丝

$$\frac{\Delta v}{v_1 + \Delta v} = \frac{p_0}{p_A} \tag{7-16}$$

$$\Delta v = \frac{p_0 v_1}{p_A - p_0} \tag{7-17}$$

混合气体从饱和器 A 进入混合器 B 之后，又被来自流量计 K_2 的氮气（流速为 v_2）冲稀，这时混合气流的总速度 v 等于 v_1、v_2 以及 Δv 之和，甲醇在混合气流中的分压为 $p_甲$（吸附平衡时吸附质的压力），$p_甲$ 与实验大气压 p_A 之比为：

$$\frac{p_甲}{p_A} = \frac{\Delta v}{v_1 + v_2 + \Delta v} = \frac{\Delta v}{v} \tag{7-18}$$

将式(7-17) 代入式(7-18) 中，整理得：

$$\frac{p_甲}{p_0} = \frac{v_1 + \Delta v}{v} = \frac{v - v_2}{v}$$

$$\frac{p_甲}{p_0} = \frac{v_1}{v_1 + v_2 - v_2 \dfrac{p_0}{p_A}} \tag{7-19}$$

式中，v_1 和 v_2 用皂膜流量计可以直接测得；p_A 由实验室内的气压计读出；p_0 为实验温度下甲醇的饱和蒸气压，可以由前述的经验公式计算得到。

由于流动体系的不稳定性，不易达到吸附平衡，也由于吸附剂和吸附质之间的相互作用，可能会引起甲醇的极化，这些因素都会影响测定的结果。但是由于该方法设备简单，操作方便，在缺乏低温高真空设备的实验室中仍得到广泛的采用。在比表面积不太

小（不小于 $200\mathrm{m}^2/\mathrm{g}$）、截距不太大的情况下，可以把截距取为零，在 $p_甲/p_0 \approx 0.3$ 处测得一点，该点与原点连成一条直线，从该直线的斜率可以算出固体的比表面积，此法称为一点法。实验证明，一点法与多点法所测得的比表面积相差不超过 5%，在对于比表面积数据准确度要求不太高的情况下，一点法可以大大节省测定时间。本实验采用的就是一点法。

【仪器】

流动吸附法测定固体比表面装置一套，包括气源、甲醇相对压力控制和吸附量的测定三部分。

万分之一分析天平、秒表、皂膜流量计、吸附仪、样品管、流量计、预热管、压力表、恒温控制器、玻璃恒温水浴一套、其他仪器见【实验原理】部分装置图。

【试剂】

甲醇（A.R.）、活性炭（20～40 目，在 300℃左右通高纯 N_2 3h，以除去吸附的水分、有机杂质等；停止加热，冷却到室温后，存放在干燥器中备用）。

【实验步骤】

① 打开磨口塞 N，将甲醇装入饱和器 A，装至高度 H 为止。调节恒温槽使槽温比室温高 2℃左右；室温较低时，槽温应控制在 30℃左右进行实验。

② 首先确认减压阀处于关闭状态，然后慢慢开启 T，调节减压阀 T_1 使表压在 $1.5\mathrm{kgf/cm}^2$（$1\mathrm{kgf/cm}^2=98066.5\mathrm{Pa}$）左右，旋转 D_1 和 D_2（D_1、D_2 合成一个双三通阀）接 S 位置（流速挡，连接皂膜流量计），关闭 T_3、T_4，调节 T_2 使压力表 W 指示在 $0.7\mathrm{kgf/cm}^2$ 左右，再开启 T_3、T_4，调节 T_4 到合适流速（约 5mL/min），再调节 T_3 到另一个合适流速（15mL/min），控制 $p_甲/p_0$ 为 0.2～0.3。流速可直接在 S 上测定。流速 v_1 和 v_2 需要平行测定三次，最后取平均流速。流速调好后，将 D_1、D_2 连接至 P（吸附挡）。流速准确是实验成功的关键，必须测准，并保持流速稳定。

③ 于样品管 L 的筛板上铺一层薄玻璃丝，盖好管塞，在分析天平上称量。然后装入 0.4～0.5g 已处理好的活性炭，盖好管塞后称量，即得样品质量。取下管塞，把样品管 L 置于吸附仪 P 中的 K 上，盖上吸附仪的磨口塞 D，把 T_5 通向大气。

④ 在稳定的流速下通气 50～60min，打开 D 后取下样品管 L，盖好管塞，称量，再装入 P 中的 K 上。在上述稳定流速下，持续通气 15min 左右，再取出称量，直至两次称量的质量差不大于 0.5mg。

⑤ 实验完毕，将样品管洗净干燥，置于干燥器中。

【数据处理】

记录实验原始数据，利用原理中所述数据方法作图，并算得活性炭的比表面积。

【思考题】

① 在 IUPAC 分类下有几种吸附等温线？这几种吸附等温线各自代表了什么样的吸附？

② Langmuir 公式和 BET 公式各自的基本假设是什么？各自适用于什么情况？

③ 应用于什么方面的高分子材料需要对比表面积进行测定？比表面积高的材料有什么优势？

④ 为什么通常认为氮气是最适宜的吸附气体？

⑤ 在用 BET 方程计算样品的比表面积时，为什么常使用相对压力为 0.05～0.30 范围内的数据？

⑥ 气体在固体表面吸附过程的热力学状态函数（ΔG、ΔH、ΔS）会怎样变化？

7.5 金相显微镜法

显微技术（microscopy）是利用光学系统或电子光学系统设备，观察肉眼所不能分辨的微小物体形态结构及其特性的技术，前者称为光学显微镜，后者称为电子显微镜。金相显微镜是光学显微镜的一种，通过反射照明系统来观察不透明物质的表面形貌。早期主要用于观察金属等材料，因此称为金相显微镜。随着科技的进步，该技术已广泛应用于观察芯片、印刷电路板、液晶板、线材、纤维、镀涂层、矿物、陶瓷等材料表面的显微组织；另外，配合透射照明系统，可用于观察透明或透光性比较好的样品的形貌；配合冷热台，可在一定的温度程序下观察样品形貌变化的动态过程；除了目视观察功能，与计算机通过光电转换有机结合，可在计算机显示屏幕上观察实时动态图像，并还能对所需图片进行编辑、保存和打印等操作。随着新原理、新结构、新辐射源、新接收器以及光电转换技术的发展，现代显微镜已成为光、机、电、微型计算机相结合的现代化精密光学仪器。

7.5.1 金相显微镜法的基础理论

7.5.1.1 高分子的光学效应

（1）光的性质

自然光是指太阳光、电灯光等，光的振动矢量随机分布，光振动在各个方向是均衡的，垂直于传播方向，如图 7-30 所示，也就是说，自然光总可以分解为相等的两个互相垂直的偏振分量。若光振动局限在垂直于传播方向的平面内一个方向上，这种光称为偏振光。这时 $E_1 \neq E_2$ 或者 E_1 或 E_2 其中一个为 0，为线偏振光。

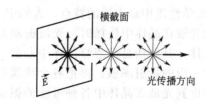

(a) 自然光（垂直于光的传播方向振动，在垂直于光传播方向的平面内的任意方向振动）

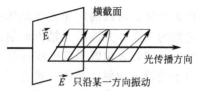

(b) 偏振光（垂直于光的传播方向振动，且只在垂直于光的传播方向的平面内的某一方向振动）

图 7-30 自然光与偏振光传播方向示意图

（2）光在各向同性介质内的传播

在传播过程中，介质内光的各方向振动矢量的折射率相同，即他们的传播速度相同，只是因为介质的吸收，他们的振幅都降低一些而已。

当光在两种透明介质的界面折射时，如图 7-31 所示。

因此，光在两种介质中传播速度的差异是折射现象产生的根本原因。在这种情况下，不论介质 1 中还是介质 2 中，光的各个方向振动分量传播速度是相同的。

(3) 光在各向异性介质中的传播

在这种介质中，光的一个分量与跟它不同方向的分量传播速度不同，即两个不同的振动分量的折射率不同。当自然光斜入射到各向异性介质表面时，如图 7-32 所示，设介质中，平行于纸面的振动矢量折射率为 n_1，垂直于纸面的振动矢量折射率为 n_2，因为 $n_2 > n_1$，所以 $\beta_2 > \beta_1$，这是各向异性介质的双折射现象。当光波射入晶体，除特殊方向（光轴方向）外，都要发生双折射，分解成振动方向互相垂直、传播速度不同、折射率不等的两条偏振光。两条偏振光折射率之差叫双折射率。

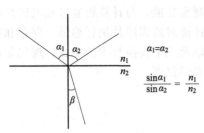

图 7-31　光在各向同性介质中的
双折射现象（n 为折射率）

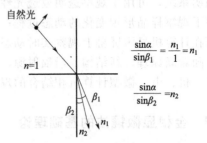

图 7-32　光在各向异性介质中的
双折射现象（n 为折射率）

前面提到的光轴是指光波沿此方向射入晶体时不发生双折射的特殊方向。在等轴晶系（立体晶系）中，不发生双折射；中级晶系（六方、四方、三方晶系）只有一个光轴方向，叫作一轴晶；低级晶系（斜方、单斜、三斜晶系）有两个光轴方向，叫作二轴晶。

(4) 结晶聚合物的光学效应

简单方便地反映晶体光学性质中最本质的特点，人们引入了"光率体"的重要概念。它

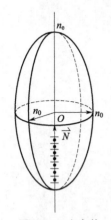

图 7-33　光率体

是表示光波在晶体中传播时，光波振动方向与相应折射率之间的一种光性指示体。其做法是设想自晶体中心起，沿光波的各个振动方向，按比例截取相应的折射率值，再把各个线端的端点连接起来，便构成了光率体。考虑到光波在晶体中各种可能的振动方向，我们把图中的椭圆以其 Z 轴为旋转轴旋转 180° 角构成一个椭球，这椭球就是一个光率体（图 7-33）。

应用光率体，可以确定光波在晶体中的传播方向、振动方向及相应折射率之间的关系。光波沿光轴方向射入晶体，垂直于入射光波的光率体切面为一个圆，表示既不发生双折射，也不改变入射光波的振动方向。光沿垂直于光轴方向射入晶体，垂直于入射光波的光率体切面为椭球的最大切面，发生最大的双折射，折射率分别为 n_0 和 n_e。光波沿其他方向射入晶体时，则垂直于入射光波的光率体切面为一椭圆，其长短半径方向分别代表入射光波发生双折射后分解形成的两条偏振光的振动方向，半径的长短 n_e^1 和 n_0 分别代表这两条偏振光相应的折射率值，是在 n_0 和 n_e 之间，即：

$$n_e^1 = \frac{n_e n_0}{\sqrt{n_e^2 \sin^2\theta + n_0^2 \sin^2\theta}}$$

(7-20)

（5）透明单轴晶体的反射光学

当光垂直入射到透明单轴晶体的表面时，除了投射光会产生双折射现象外，反射光也会产生双折射现象，其反射率与试片的切割方式有关。

① 试片表面垂直于光率体的光轴时，试片表面的光率体截面是一个以 n_0 为半径的圆，各方向的电矢量的折射率皆为 n_0（图7-34），其光学性质与透明均质物质无异，其反射率为：

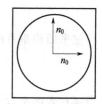

图7-34 试片表面垂直于光轴时的光率体截面

$$R = \frac{(n_0 - n_s)^2}{(n_0 + n_s)^2} \tag{7-21}$$

式中，n_s 为浸没介质的折射率。

② 试片表面平行于光轴时，试片表面上光率体的截面是主平面，是以 n_e 和 n_0 为长短轴的椭圆（图7-35），试片呈现出最显著的非均质现象，产生最大的双折射现象。

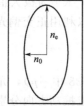

图7-35 试片表面平行于光轴时的光率体截面

平行于 n_0 方向的电振动分量的反射率为：

$$R_0 = \frac{(n_0 - n_s)^2}{(n_0 + n_s)^2} \tag{7-22}$$

平行于 n_e 方向的电振动分量的反射率为：

$$R_e = \frac{(n_e - n_s)^2}{(n_e + n_s)^2} \tag{7-23}$$

③ 试片表面与光轴斜交时，试片表面上的截面为任意中心截面，即以 n_e^1 和 n_0 为长短半轴的椭圆（图7-36）。

平行于 n_0 方向的振动分量的反射率为：

$$R_0 = \frac{(n_0 - n_s)^2}{(n_0 + n_s)^2} \tag{7-24}$$

平行于 n_e^1 方向的振动分量的反射率为：

$$R_e^1 = \frac{(n_e^1 - n_s)^2}{(n_e^1 + n_s)^2} \tag{7-25}$$

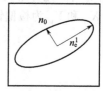

图7-36 试片表面与光轴斜交时的光率体截面

（6）不透明单轴晶体的反射光学

对于不透明吸收性的单轴晶体，不仅它的折射率 n 各向异性，而且它的吸收系数 k 也各向异性。吸收性单轴晶体的光率体不再是单纯的旋转椭球体，而是由一个绕光轴旋转的两个旋转椭球体组成。

图7-37是两椭球体的其中一个主切面，因为与光轴C垂直并切割 n 和 k 椭球体的中心截面是圆形，所以沿光轴传播的光不发生双折射，其折射率为 n_0；吸收系数为正常光吸收系数。当光沿其他方向传播时，将产生双折射现象，其中在主平面振动的电矢量分量折射率为 n_e^1，吸收系数为 k_e^1；在与主平面相垂直的平面上振动的电矢量的折射率和吸收系数分别为 n_0 和 k_0。

因此，当光垂直入射到这种物质的光面时，其双反射程度除了与物质本身性质有关之外，还将与

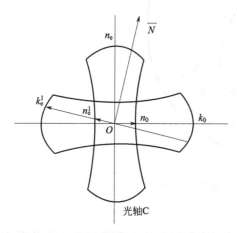

图7-37 两个椭球体的主切面

试片的切割方式有关，即当试片表面与晶体光轴垂直时，试片显示出均质特性，试片表面与光轴斜交时，产生反射现象。其中，在主平面振动的电矢量反射率为：

$$R_0 = \frac{(n_0 - n_s)^2 + k_0^2}{(n_0 + n_s)^2 + k_0^2} \tag{7-26}$$

与主平面相垂直的电矢量的反射率为：

$$R_e^1 = \frac{(n_e^1 - n_s)^2 + k_e^1}{(n_e^1 + n_s)^2 + k_e^1} \tag{7-27}$$

当试片表面平行于光轴时，双反射现象显著，对于吸收性晶轴晶体来说，在正交偏光条件下，反射的相对亮度为：

$$R_+ = \sin^2 2\phi \left\{ \frac{n_s^2 (n_1 - n_2)^2 + (k_1 + k_2)}{[(n_1 + n_2)^2 + k_1^2][(n_1 + n_2)^2 + k_2^2]} \right\} \tag{7-28}$$

由公式(7-28)可知，当 $\phi = 0°$、$90°$、$180°$ 和 $270°$ 时，即试片中两主反射方向之一与入射光振幅平行时，$R_+ = 0$，晶体消光；当 $\phi = 45°$、$135°$、$225°$ 和 $315°$ 时，R_+ 为极大值，此时晶体最亮。这就是单轴晶体在正交偏光下的四次消光现象。因此，可以利用正交偏光的四次消光现象来检测是否为单轴晶体。

将一个晶体放在偏光显微镜下，我们将观察到什么光学现象呢？

当光通过起偏镜时，它只允许在一定平面内振动的光通过（如图 7-38 中 pp），光从起偏镜出来后，不再改变其振动面，进入到晶体的光线发生双折射，分解成振动方向分别平行于椭圆长短半径的两条光线 X 和 Y，折射率分别为 n_a 和 n_p；从晶体出来后，光线继续在这两个方向上振动，但随后要遇到检偏镜只允许具有振动 aa 面的光线通过，所以在检偏镜中具有 X 方向的光分解为沿 X_a 和 X_p 振动的两条光，光线 Y 也分解为沿 Y_p 和 Y_a 振动的两条光，X_p 和 Y_p 为检偏镜所消光，而 X_a 和 Y_a 相互干涉后通过检偏器。

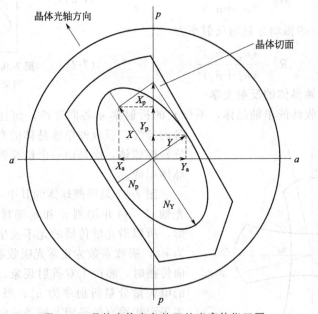

图 7-38 晶体在偏光条件下的光率体指示图

(7) 高分子在正交偏光显微镜下材料的光学效应

① 对于无定形聚合物薄片，因为是光均匀体，没有双折射现象，光线被两正交的偏光

片所阻挡，因此视场是暗的。

②聚合物单晶根据对于偏光镜的相对位置，可呈现出不同程度的明或暗图形，其边界和棱角清晰，当把工作台旋转一周时，会出现四明四暗。

③聚合物球晶在正交偏光金相显微镜下面观察到特有的黑十字消光现象（图7-39）。黑十字的两臂分别平行于起偏镜和检偏镜的振动方向，我们可以利用这一特性来判别聚合物晶体是否具有球晶的结构。

图7-39　球晶在正交偏光金相显微镜下的黑十字消光现象

如图7-40所示，球晶在正交棱镜下，入射光通过下面的起偏镜时，只允许在 pp 方向上振动的光通过；光进入球晶后，由于在 pp 和 aa 方向上晶体的光率体切面的两个轴分别平行于 pp 方向和 aa 方向，因此光线通过 pp 方向和 aa 方向上的晶体时，光波继续沿 pp 方向振动，而在 aa 方向上振动的分量为零；光线从晶体出来进入检偏镜时，由于它只允许在 aa 方向上振动的光通过，经过 pp 和 aa 方向上的晶体的光就都消光了，而介于 pp 和 aa 方向之间的区域则由于光率体切面的两个轴与 pp 和 aa 方向斜交，从起偏镜出来的光通过晶体后进入到检偏镜时，光振动在 aa 方向上有分量，所以这四个区域变得明亮。因此，球晶出现黑十字消光现象，转动工作台，这种消光现象不改变，其原因在于球晶是沿半径排列的微晶所组成，这些微晶均是光的不均匀体，具有双折射现象，对整个球晶来说是中心对称的，因此，除了偏振片的振动方向外，其余部分就出现了折射而产生的亮光。

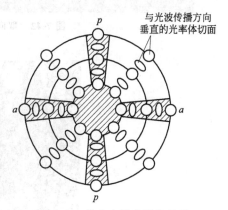

图7-40　黑十字消光现象原理

④由微晶组成的晶粒或晶块看不见黑十字图像，一般没有规整的边界和棱角，当把工作台旋转一周时，虽然其内部各点有可能发生明暗的变化，但整块来看，不会出现四明四暗的情况，如图7-41所示。

⑤当聚合物中发生分子链的取向时，会出现光的干涉现象，在正交偏光镜下多色光会出现彩色的条纹，从条纹的颜色、多少、条纹间距及条纹的清晰度等，可以计算出取向程度或材料中应力的大小，如图7-42所示。

⑥在有杂质、气泡、填料、玻璃纤维等的聚合物中，其界面上往往会出现诱导结晶或存在内应力等现象，在偏光片正交的情况下均能观察到，如图7-43所示。

图 7-41 微晶、碎晶等在偏光下的光学照片

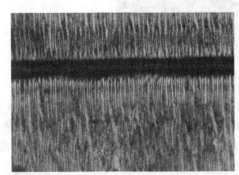

图 7-42 取向高分子在偏光下的光学照片

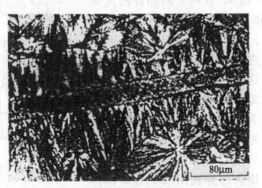

80μm

图 7-43 含杂质、填料等的聚合物在偏光下的光学照片

7.5.1.2 金相显微镜的成像原理

　　显微镜是利用凸透镜的放大成像原理，将人眼不能分辨的微小物体放大到人眼能分辨的尺寸，其主要是增大近处微小物体对眼睛的张角（视角大的物体在视网膜上成像大），用角放大率 M 表示它们的放大本领。因同一件物体对眼睛的张角与物体离眼睛的距离有关，所以一般规定像离眼睛距离为 25cm（明视距离）处的放大率为仪器的放大率。显微镜观察物体时通常视角甚小，因此视角之比可用其正切之比代替。

　　显微镜的光路图如图 7-44 所示，一般由两个会聚透镜组成，物体（object）位于物镜（objective）前方，离开物镜的距离大于物镜的焦距，但小于两倍物镜焦距。物体表面的反射光经过物镜以后，在物镜的物方焦距外，目镜（eyepiece）的物方焦点（F_e）内形成一个放大的倒立实像 I_1，经过 I_1 的光线经目镜后在明视距离处成放大的虚像 I_2。

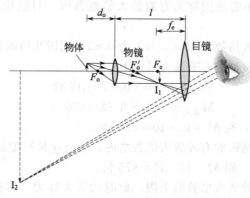

图 7-44 金相显微镜的光学原理图

在金相显微镜的成像原理中，有几个重要概念需要理解：

① 光学镜筒长度（Δ）：指的是物镜的像方焦点 F_o' 和目镜的物方焦点 F_e 间的距离。

② 机械镜筒长度（L）：指从物镜的支承面到目镜筒上端口的距离。现代显微镜的机械镜筒长度已经标准化，规定为 160mm、170mm 和 ∞，我国多采用 160mm。

③ 分辨率：能够把两个点分辨开的最小距离。人眼睛的分辨率大约为 0.1mm，所以，要想看清比 0.1mm 还小的东西，就要借助于放大镜和显微镜。即利用显微镜把所要观察的物体至少放大到 0.1mm 以上，我们才能看清。

在显微镜的整个成像过程中，物镜是最重要的光学元件，显微镜的分辨能力及成像质量主要取决于物镜的性能。它是由各种透镜固定在金属圆筒内的复式透镜组。物镜的优劣决定了显微镜成像的质量。

物镜的性能除了对相差的校正外，还有以下几项重要的特性指标，包括数值孔径、分辨能力、有效放大倍数、景深（垂直分辨能力）等。

① 数值孔径：表示物镜的聚光能力，常用 NA（numerical aperture）表示。对显微镜的分辨能力有很大的影响。

$$NA = n \sin\theta \tag{7-29}$$

式中，n 为物镜与试样间介质的折射率；θ 为孔径角，是指入射光对透镜最大张角的一半。

② 分辨能力：指物镜对显微组织构成清晰可分映像的能力。一般用能分辨两点间最小距离 d 的倒数（$1/d$）表示。因此，通过采用高折射率的介质或增大孔径角的办法可以提高物镜的数值孔径。当成像光束的波长一定时，物镜的数值孔径越大，分辨能力越高。

③ 有效放大倍数：物镜的放大倍数为光学镜筒长度 Δ 与物镜焦距 f 的比值。为了合理选择显微镜的放大倍数，充分利用物镜的分辨能力，常引入有效放大倍数的概念。

普通人眼睛最小分辨视角为 $2' \sim 4'$，相当于在明视距离处的分辨距离为 $0.15 \sim 0.3$mm，用 δ 表示。用黄绿光（$\lambda = 5.5 \times 10^{-4}$）照明时，物镜的最佳分辨能力 $d = 0.2\mu m$。这样小的数值人眼是无法直接察觉的，需借助显微镜中物镜和目镜二次放大后，方能达到。可见显微镜总的放大倍数 M 应为：

$$d \times M = 0.15 \sim 0.30 \text{mm}$$
$$M = (0.3 \sim 0.6) NA / \lambda$$

因此，若取 $\lambda = 0.55 \times 10^{-6}$ m，则：

$$M = 500\mathrm{NA} \sim 1000\mathrm{NA}$$

上述 M 最大和 M 最小的范围称为有效放大倍数范围。目镜应根据有效放大倍数进行选择。

例如，某一物镜的放大倍数为 45×，NA 为 0.63，配用几倍的目镜才合适？

采用这个物镜时，显微镜的有效放大倍数为：

$$M_{最小} = 500 \times 0.63 = 315 \text{ 倍}$$
$$M_{最大} = 1000 \times 0.63 = 630 \text{ 倍}$$

若选配一只 10× 目镜，则 $M = 45 \times 10 = 450$ 倍。

显然，这个数值在该物镜的有效放大倍数之内，因而这种选配是合理的。

若选配一只 15× 目镜，则 $M = 45 \times 15 = 675$ 倍。

此值已超出该物镜有效放大倍数的上限，此时的放大称为"虚伪放大"，并不能看到有效放大倍数内所不能分辨的纤细部分，因而这种匹配不合适。

如果放大倍数不足 500NA，虽然这时物镜可分辨细节，但没有充分发挥物镜的分辨能力。

④ 景深（垂直分辨能力）：指物镜对于高低不平的物体能清晰成像的能力。物镜的垂直分辨能力与它的数值孔径、放大倍数成反比，同时，显微镜上的孔径光阑也会影响景深。

7.5.1.3 金相显微镜的结构组成和光路系统

(1) 金相显微镜的结构组成

金相显微镜一般由照明系统、光学放大系统、目视系统和摄影系统四个部分组成。来自照明系统的光束在金相试样的表面反射后，经过物镜、目镜等一套光学放大系统使试样表面的显微组织放大，筒内成像，以供观察或投射到屏幕上供摄照。其中光学放大系统是金相显微镜的核心部分（图 7-45）。

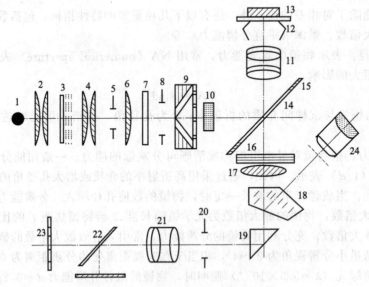

图 7-45 金相显微镜光学放大系统示意图

1—光源；2,4,6—聚光镜；3—透过滤色片组；5—光径光阑；7—起偏片；8—视场光阑；9—暗场套圈；10—透镜；11—物镜；12—锥形反射镜；13—试样；14—半透明反射；15—暗场反射；16—检偏振片；17—辅助物镜；18—五角棱镜；19—直角棱镜；20—快门；21—摄影目镜；22—反射镜；23—底片；24—目镜

（2）金相显微镜的光路系统

照明系统根据研究的需要主要包括明场照明系统、暗场照明系统和偏光照明系统。

图 7-46 显示的是明场垂直照明系统光路图。由光源发出的光经聚光镜后成平行光束，透过滤色片组，由聚光镜会聚在孔径光阑上，再经过聚光镜将光束变为平行光，然后经过视场光阑、透镜、半透镜反射会聚于物镜的后焦点附近，则通过物镜改变平行光束照明试样。明场垂直照明相当于普通反射显微观察，这种观察方式主要用于研究试样的表面结构。

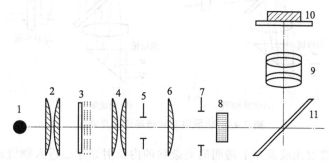

图 7-46 明场垂直照明系统光路图

1—光源；2,4,6—聚光镜；3—滤色片组；5—孔径光阑；7—视场光阑；8—透镜；9—物镜；10—试样；11—半透镜

在整个光路里面，除了光学透镜，还有滤色片组、孔径光阑和视场光阑这几个器件，下面加以介绍。

① 滤色片组：滤色片组的作用是吸收光源发出的白色光中波长不符合需要的光线，只让一定波长的光线通过。其主要作用是：

a. 增加黑白金相照片上组织的衬度；

b. 有助于鉴别色彩组织的细微部分；

c. 校正残余色差；

d. 提高分辨能力。

② 孔径光阑：安装在聚光镜后面，调节光阑孔的大小便改变了成像光束的孔径，控制了实际进入光学系统的光通量。物镜的孔径角随着孔径光阑的大小而改变，因而图像的清晰度及景深都受到影响。

③ 视场光阑：限制成像范围的光阑，调节它的大小便可改变试样表面被照亮的区域大小。视场光阑的大小对显微镜的分辨能力没有影响，适当缩小可减少镜筒内的杂散光，增加图像的衬度。

明场照明的特点是将来自光源的光束经过垂直照明器转向后，穿过物镜近于垂直地投射到试样表面，然后，试样表面的反射光，再经过物镜放大成像，即光束两次穿过物镜。因此，物镜起着聚光和放大的双重作用［图 7-47(a)］。

但是这种照明方式有严重缺点，因为照明试样的光要通过物镜，而物镜是由几个透镜结合而成，光在几个透镜的表面上所产生的反射光进入成像系统成为一片光亮的背景，使像的反差降低，特别是在使用高倍放大的物镜时更是如此。因此，常通过特殊的光学系统或附件［斜照或暗场，图 7-47(b)］，或偏振光系统来加以改进。

图 7-48 显示的是暗场垂直照明的光路图。采用暗场照明时，要将锥形反射镜推入光路，同时将半透镜拉出光路，然后加上暗场套圈。这时从视场光阑来的平行光束经锥形反射镜反射成为环形光束，再经暗场反射镜和暗场套圈将光斜射在试样上。采用这种照明方式时，因为照明试样的光线是斜射在试样上，这些光线经试样反射后不能进入物镜成像，只有试样表

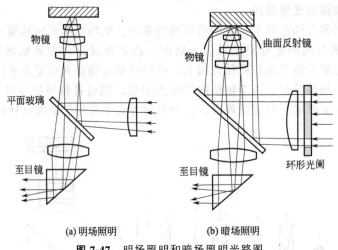

(a) 明场照明　　　　　　　(b) 暗场照明

图 7-47　明场照明和暗场照明光路图

面的裂纹和凹陷的散射光或表面上透明的夹杂物的内反射光才能进入物镜成像，这样在目镜像平面一片黑暗的背景上会闪耀着试样表面上的裂纹、缺陷和透镜夹杂物反射来的亮光，因此暗场主要用于观察试样表面的裂纹、缺陷和透明夹杂物。使用暗场照明应将孔径光阑和视场光阑尽量放大。

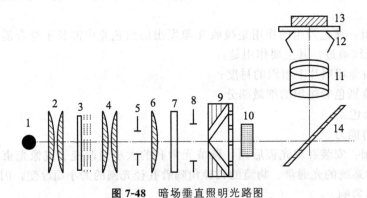

图 7-48　暗场垂直照明光路图

1—光源；2,4,6—聚光镜；3—透过滤色片组；5—光径光阑；7—起偏片；8—视场光阑；9—暗场套圈；
10—透镜；11—物镜；12—锥形反射镜；13—试样；14—暗场反射镜

　　偏振光的原理是将有位相差的光转化为有强度差的光，从而提高衬度以鉴别组织。能将自然光改变为偏振光的器件叫作起偏器；检验光线是否为偏振光的器件叫作检偏器。这两者均可由相同的人造偏振片构成，只是安放的部位不同而已。起偏器放在光源之后进入物镜之前，而检偏器则置于样品反射光之后（图 7-45）。起偏器与检偏器两者可以相对转动，即两者的振动面可以从相互平行转至相互垂直的正交位置。

　　进行正交偏光观察时，插入起偏片和检偏片，并调节检偏片与起偏片严格正交。正交偏光常用于金相组织的显示及金属内非金属夹杂物的定性鉴定，因为在正交偏光条件下，转动载物台一周，单轴非金属夹杂物会出现四次消光现象。另外正如前面所述，单轴晶导电吸收性物质等在正交偏光条件下转动载物台一周也会出现四次消光现象，因此正交偏光在定性鉴定这些物质上是很有用的。

7.5.1.4　金相显微镜的调整

　　一般观察前对显微镜的调整包括光源的调整和光阑的调整。

（1）光源的调整

光源的调整包括径向调整与轴向调整，前者的目的是将发光点调到仪器光学系统的光轴上；后者主要是让灯丝通过聚光镜后会聚在孔径光阑上，以得到"平行光照明"。光源精确调整好后应达到：视野照明最明亮且均匀；视野内无灯丝像。

（2）光阑的调整

孔径光阑的大小对于显微镜图像的质量有一定的影响，缩小孔径光阑时，光线进入物镜的孔径角减小，因而降低了物镜的数值孔径，必然使物镜的分辨率降低。张大孔径光阑可使物镜的孔径角充分利用，有利于分辨组织细节。理论上，当入射光束恰好充满物镜后透镜时，物镜的分辨率即达到设计的额定值，但孔径光阑张开过大，使物镜边缘也有光线透过，物镜边缘部分像差的影响增加，同时加剧了光程中的反射和炫光，结果使映像质量反而降低了。因此，综合考虑分辨率和映像质量，应将孔径光阑调节到使入射光束不完全充满物镜后透镜，实际操作是在目镜筒内看到孔径光阑在物镜后焦面上成像达物镜孔径的 80%～90% 时为最好。物镜的数值孔径不同，透镜组尺寸也不同，更换物镜后必须重新调节孔径光阑。

视场光阑用以改变视场大小，减少镜筒内部的反射与炫光以提高映像的衬度而不影响物镜的分辨能力。视场光阑的调节方法是在显微镜调焦后，缩小视场光阑，在目镜中观察其像，然后扩大它，使其边缘正好包围整个视场。有时为了观察某一试样的局部细致组织，也可将视场光阑缩小到刚包围此局部组织，以收到更好的效果。

总之，孔径光阑和视场光阑都是为了提高成像质量而加入光学系统中去的，通过调节这些光阑可最大限度地利用物镜的鉴别率并得到良好的衬度。

7.5.2　金相显微镜法在高分子领域的应用研究

7.5.2.1　观察聚合物凝聚态结构

晶体和无定形体是聚合物凝聚态的两种基本形式，很多聚合物都能结晶。结晶聚合物材料的实际使用性能（如光学透明性、冲击强度等）与材料内部的结晶形态、晶粒大小及完善程度有着密切的联系。因此，对于聚合物结晶形态等的研究具有重要的理论和实际意义。聚合物在不同条件下形成不同的结晶，比如单晶、球晶、纤维晶等等，聚合物从熔融状态冷却时主要生成球晶，它是聚合物结晶时最常见的一种形式，对制品性能有很大影响。

球晶是以晶核为中心成放射状增长构成球形而得名，是"三维结构"，但在极薄的试片中也可以近似地看成是圆盘形的"二维结构"。球晶是多面体，由分子链构成晶胞，晶胞的堆积构成晶片，晶片叠合构成微纤束，微纤束沿半径方向增长构成球晶。晶片间存在着结晶缺陷，微纤束之间存在着无定形夹杂物。球晶的大小取决于聚合物的分子结构及结晶条件，因此随着聚合物种类和结晶条件的不同，球晶尺寸差别很大，直径可以从微米级到毫米级，甚至可以大到厘米。球晶分散在无定形聚合物中，一般说来无定形是连续相，球晶的周边可以相交，成为不规则的多边形。球晶具有光学各向异性，对光线有折射作用，因此能够用偏光显微镜进行观察。聚合物球晶在偏光显微镜的正交偏振片之间呈现出特有的黑十字消光现象。有些聚合物生成球晶时，晶片沿半径增长时可以进行螺旋性扭曲，因此还能在偏光显微镜下看到同心圆消光现象。

偏光显微镜的最佳分辨率为 200nm，有效放大倍数超过 500～1000 倍，与电子显微镜、X 射线衍射法结合可提供较全面的晶体结构信息。

光是电磁波，也就是横波，它的传播方向与振动方向垂直。但对于自然光来说，它的振动方向均匀分布，没有任何方向占优势。但是自然光通过反射、折射或选择吸收后，可以转变为只在一个方向上振动的光波，即偏振光。一束自然光经过两片偏振片，如果两个偏振轴相互垂直，光线就无法通过了。光波在各向异性介质中传播时，其传播速度随振动方向不同而变化，折射率值也随之改变，一般都发生双折射，分解成振动方向相互垂直、传播速度不同、折射率不同的两条偏振光。这两束偏振光通过第二个偏振片时，只有在与第二偏振轴平行方向的光线可以通过，而通过的两束光由于光程差将会发生干涉现象。

在正交偏光显微镜下观察，非晶体聚合物因为其各向同性，没有发生双折射现象，光线被正交的偏振镜阻碍，视场黑暗。球晶会呈现出特有的黑十字消光现象，黑十字的两臂分别平行于两偏振轴的方向。而除了偏振片的振动方向外，其余部分就出现了因折射而产生的光亮。如图 7-49 是等规聚丙烯的球晶照片。

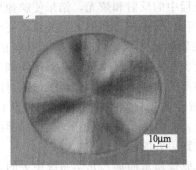

图 7-49 等规聚丙烯的球晶照片

在偏振光条件下，还可以观察晶体的形态，测定晶粒大小和研究晶体的多色性等。

7.5.2.2 研究聚合物结晶的动力学

由于成核与球晶生长的速度与透射光的解偏振光强成正比，即：

$$I_t \propto 1 - \exp(-kt^n) \tag{7-30}$$

式中，I_t 为 t 时刻下的成核与球晶生长速度；k 为与成核及核成长有关的结晶速度常数；n 为 Avrami 指数，为整数，它与成核机理和生长方式有关。

结晶动力学过程观测：用偏光显微镜观察聚合物的结晶过程，将聚合物样品熔融压成薄片，放置于配有热态的偏光显微镜下，在一定温度下恒温观察样品的结晶过程。目镜视野将由暗场，逐渐出现小亮点，小亮点逐渐长大。这是聚合物出现晶核到晶体增长的过程。用目镜数尺记录不同时间聚合物结晶的尺寸变化，可定性求出晶体的生长速度。

7.5.2.3 研究液晶聚合物的光学性质与织构

利用液晶态的光学双折射现象，在带有控温热台的偏光显微镜下，可以观察到液晶织构。液晶的织构，一般是指液晶薄膜（厚度约 $1\sim10\mu m$）在正交偏光显微镜下观察到的图像，包括小光点和颜色的差异。各种织构特征均是由不同类型的缺陷结构引起的，厚度不同、杂质、表面等可导致位错与向错，从而产生非常丰富的液晶织构。常见的液晶态织构有纹影织构、焦锥织构、扇形织构、镶嵌织构、指纹织构和条带织构等。

7.5.2.4 其他应用

① 研究聚合物共混体系。通过观察混合物的形态、结晶规整度、晶体大小等定性判断共混体系配比。

② 确定聚合物的熔点。在正交偏光视场下，由于结晶聚合物的双折射视野呈亮场。随着温度上升至聚合物熔点前，视野开始逐渐变暗，至完全熔融呈黑暗场，此温度为聚合物的熔点。实验室，把试样放在热台上，控制升温速率（一般为 $1\sim3℃$）加热，测量在高分子结晶相光学各向异性现象消失时的温度。

③ 球晶正负性的确定。在球晶半径方向上振动的光的折射率大于在球晶切线方向上振动的光的折射率时，球晶的光学符号为正，反之为负。从球晶的正负光性出发，有时可以确定在微纤束内大分子链的走向，例如 PE 球晶的光学符号总是负的，而在 PE 拉伸纤维中，晶区的取向平行于纤维轴，垂直于纤维轴方向振动的光的折射率小于纤维轴方向上振动的光的折射率，因此可以确定在 PE 球晶内，大分子链取向在与球晶半径相垂直的方向上。

7.5.3 金相显微镜实验

【实验目的】

① 了解金相显微镜的基本原理、构造及使用规则。
② 了解冷热台的构造、功能及使用方法。
③ 了解金相显微镜在高分子科学研究中的应用。
④ 掌握金相显微镜试样制备的基本操作方法。
⑤ 掌握 DM 2700P 偏光显微镜、THMS600 冷热台连用操作规程。
⑥ 学习使用金相显微镜观察聚合物的结晶过程及结晶形貌。

【实验原理】

本实验利用带偏光系统的光学显微镜，配合可升降温的冷热台，观察高分子结晶性高分子和液晶高分子在不同程序升降温过程中的结晶熔融和结晶生长行为，以及其在明场照明条件和正交偏光条件下的光学效应。

【仪器】

徕卡 DM2700M 型显微镜（图 7-50），英国 linkam 公司 THMS600 冷热台和制冷系统（图 7-51）。

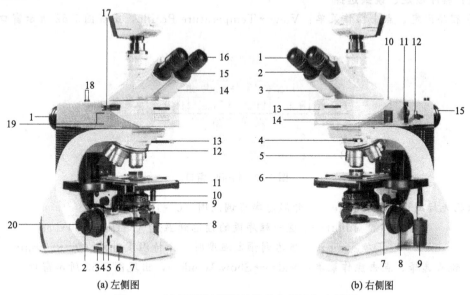

(a) 左侧图 (b) 右侧图

图 7-50 DM2700M 型显微镜的左侧图和右侧图

（a）1—LED 灯罩；2—粗/细调焦旋钮；3—亮度调节旋钮；4—聚光镜高度调节旋钮；5—视场光阑调节旋钮；6—开/关按钮；7—起偏镜；8—台面 X/Y 轴方向移动的同轴齿轮；9—孔径光阑；10—聚光镜；11—带样品支架的样品台；12—带物镜的物镜转台；13—物镜棱镜片；14—筒；15—目镜筒；16—目镜；17—检偏镜；18—光圈居中调节；19—光圈居中；20—透射光/入射光切换按钮

（b）1～9—同（a）；10—入射光轴；11—彩色编码光圈和斜侧照明调节旋钮；12—滤光镜；13—滤光镜转台；14—起偏镜；15—LED 灯罩

(a) 冷热台

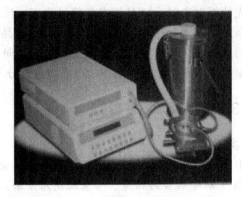
(b) 制冷系统

图 7-51　THMS600 冷热台和制冷系统

【试剂】

聚乙烯（PE）粒料、聚丙烯（PP）粒料、芳香聚酯液晶高分子（LCP）材料。

【实验步骤】

(1) 开机

① 先插好电源，开电脑，电脑正常开机后再开冷热台。

② 打开显微镜开关，检查滤光镜转台，非荧光测试请选择"1"。

③ 进入软件，联机，点击操作菜单：File→Connect，选择 COM1。

(2) 程序设定、镜头选择

① 程序设定。点击操作菜单：View→Temperature Profile，出现图 7-52 所示窗口。

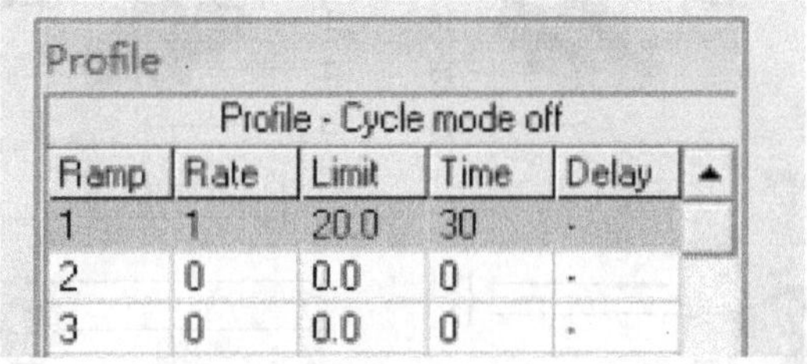

Profile					
Profile - Cycle mode off					
Ramp	Rate	Limit	Time	Delay	▲
1	1	20.0	30	·	
2	0	0.0	0	·	
3	0	0.0	0	·	

图 7-52　Profile 窗口

依据光标提示输入：Rate——升温速率可调范围（0～130℃/min）；

　　　　　　　　　　Limit——这一程序段的预达到温度（-196～600℃）；

　　　　　　　　　　Time——当达到预定温度时，保持温度时间（0～9999min）。

② 镜头选择。点击操作菜单：Video→Show Window，出现图 7-53 所示窗口。

图 7-53　Preview Video at 3.2 fps 窗口

在窗口点击右键，弹出 Video Setup 选项窗口（图 7-54）。

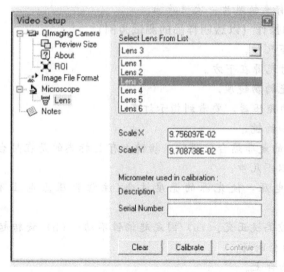

图 7-54　Video Setup 窗口

点击 Microscope，选择镜头（图 7-55）。

图 7-55　选择镜头

选择好镜头后直接关闭 Video Setup 选项窗口，不能点击 Clear/Calibrate，如点击则要重新校正镜头标尺。

③ 关于拍照、照片导出。单拍请点击 📷 拍照。如果连拍请在 小方框输入数据 n，即每隔 n 秒拍照一次（图 7-56）。

图 7-56　连拍设置

④ 数据保存。在停止数据采集时，系统会提示保存数据，请按系统提供路径（Link32、datafile）保存数据，若改变路径保存的数据将会是无效的！

⑤ 数据转换。在 File 下拉菜单点击 Open→Data File，调出 Data Chart 图框（图 7-57）。

图 7-57　Data Chart 图框

点击可查看连拍所有照片，再选择其中所需照片单张导出（右键）。

📷 点击可以把所有连拍照片一次性导出。

(3) 金相显微镜的操作（以透明样品的测试为例）

① 开机主要有以下几步。

a. 插上电源，此时光源在下方。

b. 装上垂直入射光的物镜座。

c. 打开调节光源的变压器，要看到指示灯亮。

d. 依次装上目镜和物镜。

物镜上有 PL 标志的是非热台使用的，物镜上有 L 标志的是在热台上使用的。

② 调节主要分为以下几步。

a. 调节变压器的电压，使光源的亮度适合（注意变压器电压不能超过电压表红线位置）。

b. 调节起偏镜与控偏镜正交：（a）固定起偏镜不动；（b）旋转起偏镜的调节旋钮，使其视场在空气介质下为全暗场。

c. 将样品放在载物台上。

d. 顺时针旋转焦距粗调旋钮，使载物台向上行至十分接近物镜。

e. 逆时针旋转焦距粗调旋钮，使载物台下行，远离物镜，从目镜中观察视场，直至调节焦距微调旋钮至图像清晰。

f. 样品（固体样品）的放置：安装好进样器，用真空镊子将直径为 16mm 的玻片小心地放在银台上，再将样品置于玻片上（样品为小薄片较好，粉末样则量少），最后用真空镊子将直径为 16mm 的玻片小心地覆盖在样品上。

g. 按 START 键开始工作。

h. 采集图像：有连拍模式，图片存在预设的文件里；单张拍照，则另存一新的文件。

i. 工作终止与停止，点击 STOP 键。暂停、保持，点击 HOLD 键。

(4) 冷热台的操作

① 设置制冷过程。主要包括充装液氮罐和连接冷却管。

a. 充装液氮罐。把 2L Dewar（液氮罐）放在地上，打开液氮罐的盖，有毛细管的一面向上。这根毛细管容易损坏并对 LNP 的效果影响很大。

向液氮罐中倒入约 2/3 的液氮，立刻把盖子盖上，但不要扣上两侧的夹子。等到液氮停止沸腾后（没有白色云雾从盖口溢出），扣紧两侧的夹子并把它放在温度控制器和显微镜之间。

b. 连接冷却管。把虹吸管（带厚白色保护管）接入 THMS600 台的一个冷却管，毛细管插入管中，并旋转几下以保证固定好；把来自 LNP 前面板标有"STAGE"的硅橡胶管接到台另一个冷却管。

来自前面板标有"WINDOW"的细硅胶管带有氮气，用于吹扫台盖上的窗口。管子用一个不锈钢支架固定在盖子上的孔中，但不要挡住物镜。

② 从样品室中排出空气。白色塑料接头有一根硅胶管连接到台体的侧面，这就是排气管。这根排气管的头有一个开关阀，把此阀插入台体侧面的阀口，阀打开，取出则阀关闭。台体的另一面也有一个相同的阀口，标准配置中也有两个开关阀。

来自 LNP 的第二根管是窗口管，它把再循环的热氮气吹向窗口的顶部以防止冷凝。用左手捏住此管，并用手指堵住白色接头排气管反面的排气孔，用右手把开关阀插入台体另一端的阀口，并堵住和松开阀口多次。这一过程将把空气和氮气的混合物排出样品室。当块体温度为 25℃ 时，任何残留的水蒸气将冷凝在冷却管上。取下开关阀，松开泵接头和窗口管。

把窗口管放回台体盖顶部，但不要阻挡物镜。

【注意事项】

(1) 程序设计阶段

① 程序的修改：设完程序，测试尚未开始时，可进行程序的修改。在测试中，只能更改当前段的温度、升温速度、保持时间，不能进行其他段的修改，否则仪器出错。

② 为保护仪器，最后一段程序的设定温度为25℃。

③ 温度在300℃以上、恒温工作时间在6h以上操作时，需要配备冷却水泵对热台的台体进行冷却（请用纯净水或蒸馏水）。

④ 在室温到-196℃区间进行操作时，要进行密闭排气操作。

⑤ 在样品变化敏感区域，将温度变化速率调整到较小的范围内，以便观察样品的变化及图像系统的采集工作。

(2) 冷热台使用过程中

① 样品绝对不能直接放在银台上。

② 液氮沸腾的过程在于把罐内的空气排出。

【数据处理】

拍摄观察过程中的图片或视频，并做好保存，标注清楚观察时所用物镜和目镜的放大倍数，标注清楚拍摄照片时所对应的温度及观察条件，如是否采用偏光系统等。

【结果与讨论】

① 根据不同升温速率下所观察到的PE或PP材料的结晶形貌图讨论结晶条件对聚合物结晶形貌的影响及规律。

② 根据所获得PE和PP的结晶形貌图讨论聚合物化学结构对其结晶行为和结晶形貌的影响及规律。

③ 分析芳香聚酯液晶高分子材料液晶织构的特点及影响因素。

【思考题】

① 简述金相显微镜的基本原理和主要结构。

② 扼要说明金相显微镜的使用方法和注意事项。

③ 如何设计合理的实验方案来研究结晶条件对聚合物结晶行为的影响？

参 考 文 献

[1] 陈厚. 高分子材料分析测试与研究方法 [M]. 北京：化学工业出版社，2018.

[2] 李炎. 材料现代微观分析技术：基本原理及应用 [M]. 北京：化学工业出版社，2011.

[3] 威廉斯. 透射电子显微学：第2版上册 [M]. 李建奇，等译. 北京：高等教育出版社，2015.

[4] 岳钦艳，赵华章，高宝玉. 利用透射电镜和扫描电镜观察PDMDAAC系列絮凝剂的结构形貌 [J]. 山东大学学报（理学版），2002，4：334-338.

[5] Qian D, Dickey E C. In-situ transmission electron microscopy studies of polymer-carbon nanotube composite deformation [J]. Journal of Microscopy, 2001, 204：39-45.

[6] Trujillo M, Arnal M L, Müller A J, et al. Supernucleation and crystallization regime change provoked by MWNT addition to poly (ε-caprolactone) [J]. Polymer, 2012, 53：832-841.

[7] 阎捷，杨序纲. PC/ABS高分子合金的微观结构和冲击断裂面的电镜观察 [J]. 中国

纺织大学学报，2000，5：16-23.

[8] 金桂萍，赵红，周恩乐. 高分子材料的冷冻超薄切片技术 [J]. 电子显微学报，1989，1：11-14.

[9] 曾幸荣. 高分子近代分析测试技术 [M]. 广州：华南理工大学出版社，2007.

[10] 张倩. 高分子近代分析方法 [M]. 成都：四川大学出版社，2010.

[11] 张美珍. 聚合物研究方法 [M]. 北京：中国轻工业出版社，2006.

[12] 陈厚. 高分子材料分析测试与研究方法 [M]. 北京：化学工业出版社，2011.

[13] 任鑫，胡文全. 高分子材料分析技术 [M]. 北京：北京大学出版社，2012.

[14] 杨序纲. 聚合物电子显微术 [M]. 北京：化学工业出版社，2014.

[15] 傅万里，杜丕一，翁文剑，等. 聚偏氟乙烯压电薄膜的制备及结构 [J]. 材料研究学报，2005，19 (3)：243-248.

[16] 薛继荣，宁平. PC/PET 共混合金相容性的研究 [J]. 中国塑料，2010，24 (1)：23-27.

[17] 徐云龙，肖宏，钱秀珍. 壳聚糖/蒙脱土纳米复合材料的结构与性能研究 [J]. 功能高分子学报，2005，18 (3)：383-386.

[18] 陈晓蕾，石建高，史航，等. 聚己内酯在海水中降解性能的研究 [J]. 海洋渔业，2010，32 (1)：82-88.

[19] 杨序纲. 原子力显微镜及其应用 [M]. 北京：化学工业出版社，2012.

[20] 张倩. 高分子近代分析方法 [M]. 2 版. 成都：四川大学出版社，2015.

[21] 周天楠. 聚合物材料结构表征与分析实验教程 [M]. 成都：四川大学出版社，2016.

[22] 李晓刚. 原子力显微镜（AFM）的几种成像模式研究 [D]. 大连：大连理工大学，2004.

[23] Butt H, Cappella B, Kappl M. Force measurements with the atomic force microscope：technique, interpretation and applications [J]. Surface Science Reports，2005，59：1-152.

[24] Börner H G, Beers K, Matyjaszewski K, et al. Synthesis of molecular brushes with block copolymer side chains using atom transfer radical polymerization [J]. Macromolecules，2001，34：4375-4383.

[25] Magonov S N, Reneker D H. Characterization of polymer surfaces with atomic force microscopy [J]. Annual Review of Materials Science，1997，27：175-222.

[26] Wawkuschewski A, Cantow H J, Magonov S N. Surface nano-topography of drawn polyethylene and its modification using scanning force microscopy [J]. Advanced Materials，1994，6：476-480.

[27] Magonov S N, Elings V, Papkov V S. AFM study of thermotropic structural transitions in poly(diethylsiloxane)[J]. Polymer，1997，38：297-307.

[28] Wang Y, Hahn Y H. AFM characterization of the interfacial properties of carbon fiber reinforced polymer composites subjected to hygrothermal treatments [J]. Composites Science and Technology，2007，67：92-101.

[29] 李炎. 材料现代微观分析技术：基本原理及其应用 [M]. 北京：化学工业出版社，2011.

[30] 陈六平，戴宗. 现代化学实验与技术 [M]. 2 版. 北京：科学出版社，2015.

[31] 何余生，李忠，奚红霞，等. 气固吸附等温线的研究进展 [J]. 离子交换与吸附，

2004（4）：376-384.

[32] Xie Y，Yang R X，Huang N Y，et al. Efficient fixation of CO_2 at mild conditions by a Cr-conjugated microporous polymer [J]. Journal of Energy Chemistry，2014，23：22-28.

[33] Karagoz F，Guney O. Development and characterization of ion-imprinted sol-gelderived fluorescent film for selective recognition of mercury（Ⅱ）ion [J]. Journal of Sol-Gel Science and Technology，2015，76：349-357.

[34] Hemsley D A. The light microscopy of synthetic polymers [M]. New York：Oxford University Press，1984.

[35] 北京大学化学系高分子化学教研室. 高分子物理实验 [M]. 北京：北京大学出版社，1983.

[36] 中山大学高分子研究所. 高分子物理研究方法：下册 [M]. 广州：中山大学出版社，1985.

[37] 刘振兴. 高分子物理实验讲义 [M]. 广州：中山大学出版社，1991.

[38] 上海交通大学《金相分析》编写组. 金相分析 [M]. 上海：国防工业出版社，1982.

[39] 汪守朴. 金相分析基础 [M]. 北京：机械工业出版社，1986.

[40] 冯开才，李谷，符若文，等. 高分子物理实验 [M]. 北京：化学工业出版社，2004.

[41] 王岚，杨平，李长荣. 金相实验技术 [M]. 2版. 北京：冶金工业出版社，2010.

[42] 陈洪玉. 金相显微分析 [M]. 哈尔滨：哈尔滨工业大学出版社，2013.